岩　波　現　代　文　庫

増補

軍隊と地域

郷土部隊と民衆意識のゆくえ

荒川章二

Shoji Arakawa

学術 436

岩波書店

目　次

はじめに

本書の課題は、近代日本の地域社会と軍隊が、どのような関係を結んできたのか、一八八〇年代から敗戦まで約六〇年間を対象に跡づけることにある。近代日本の地域社会が、軍隊およびその軍隊が出動する戦争にどのように動員され、軍隊・戦争をいかに受容し、かついかなる矛盾と緊張を抱えたのか、を長期的経緯のなかで追跡することを通じて、軍隊という存在の意味と軍隊(そして戦争)があるがゆえに刻印された地域社会の特質を考えてみたい[1]。

軍隊と地域を関係史的にみる視点は、沖縄の基地問題に関する観察から得られたものである[2]。米軍施設三九を数え、在日米軍専用施設面積の約七五%、沖縄県土面積の一〇・七%(本島面積の約二〇%)、米軍軍人・軍属・家族を含め五万人、さらに自衛隊基地が存在する沖縄からみると、一口に基地問題といっても多様であり、軍隊はさまざまな相貌を示しつつ地域社会に存在している。基地と総称されるなかにはキャンプ、訓練場、飛行場、軍港、補給施設、通信施設等があるが、飛行場付近では航空騒音や墜落事故の危険性が付きまとい、実弾射撃訓練場付近では山火事・海の汚染などの大規模な環境破壊が常態となっている。基地の機能・性格により基地公害も多様であり、基地と地域社会との関係にも差異がある。キャンプから外出した軍人や軍属の沖縄県民に対する犯罪は、自治体や市民団体のたび重なる抗議にもかかわらず止まることはなく、その犯罪も殺人、強盗、放火、強姦などの性犯罪、暴行、傷害、窃盗と多岐にわたる。しかし、他方で不労所得が保障された軍用地主、基地需要を前提として営業する飲食業者、基地のなかで働く基地従業員、建設・不動産・物品販売・サービス・運輸通信まで広がる基地関連業者など、基地に生活を依存する人びとも少なくない。また米軍人たちは――米軍占領支配がからむが――沖縄の食文化や音楽、文学にも大きな影響を与え、他方で巨大な基地があるがゆえに起きた、米軍基地の縮小・返還を求める運動は、沖縄戦という凄惨な地上戦体験、および沖縄の政治的自治・経済的自立欲求とも結びつきつつ、沖縄民衆の精神史の重要な柱を形作ってきた。そして、沖縄の人びとの軍隊・基地認識、さまざまな対基地行動が、米軍に対する無視できぬ制約・規制要因ともなっている。基地と軍隊とは、地域の政治、経済、社会、文化、さらに都市環境（都市の発展の阻害要因としての基地）や自然環境までおよぶ広領域の問題を日常的に、不断に惹起しているのであり、だからこそ両者の関係は多面的で、かつ双方向的である。このような基地・軍隊と地域社会の多様で、具体的なかかわり方を念頭において、近代日本と軍隊との関係を追跡したい。

従来の近代日本を対象とする軍事史研究は、第一に軍隊史・戦争史、第二に政治勢力としての軍部研究[3]、第三に国民の組織化・国民統合・国民動員的視点からの在郷軍人会・青年訓練所研究[4]などを中心にすぐれた成果をあげてきた。また近年、兵事行政の仕組み、兵士（または将校）の意識、戦争協力態勢、戦没者の慰霊などの研究も広がってきた[5]。しかし、戦争協力態勢・軍事援護などの研究はなおいくつかの事例研究にとどまっており、また戦時の実態研究が中心であるために、戦争協力態勢の構築と戦争以前からの諸団体組織化や軍による指導との関係、あるいは戦時体験を重ねるごとに戦争協力態勢がどのように発展、変化したのかという時期的比較を折り込んだ分析は弱い。政―軍関係研究の進展にもかかわらず「軍隊と社会との関係という視角」が見失われつつあると、吉田裕が指摘するように、軍隊と日本社会の関係史的研究をより重視する必要があるように思われる(6)。

さて、そこで軍隊と社会という時の本書のスタンスは、兵事行政、在郷軍人会など軍関係団体の育成、出征と世論、戦争協力態勢、民衆の対軍感情、青年訓練などから、軍隊がある地域に新設されることの意味、演習場設置とその後の演習場運営を含む軍と地域民衆の関係など軍隊と社会の接点をできるだけ広く探り(第一の課題)、時間軸的には、戦時へつなぐ平時の軍隊協力組織化、あるいは平時における守備隊としての派遣・平時における軍隊の演習・部隊行動が与える地域社会への影響など、戦時と平時の両面(第二の課題)、および「軍―社会」関係の時期的差異(第三の課題)に留意する。そしてこれらの諸領域に目配りするために、定点観測的な対象地域を設定したい。戦前の日本陸軍の基幹であった歩兵連隊は、一府県ないし二府県にまたがる一連隊区(徴集管区)からの徴集兵を入隊させる地域的軍隊編制(故郷＝本籍地を同じくする兵隊で構成された部隊)をとっていた。歩兵以外の特科連隊の場合も基本的に同一師管区域(各師団長が管轄)に本籍地をもつ徴集兵が配属された。したがって個々の部隊と個々の地域社会との結びつきは強く、「郷土部隊」として意識されやすい構造

――とくに歩兵連隊――になっている。そして、それぞれの地域に兵営を設置した部隊は、その地域周辺で日常的な演習を行ない、地域の在郷兵の教育を定期的に行ない、時に青年訓練や防空演習に協力し、精神面では地域における軍事的祝祭を組織し、経済面では地域から日常物資の一部を仕入れた。また、兵士は休日を地域の繁華街で消費し、入隊営日の前後は、衛戍地(兵営所在地)の旅館や飲食街、土産物屋が潤った。これらの関係を念頭においた時、〈地域〉は、軍隊の存在を戦時の非常時から平時の日常まで含めて多面的に検討していく場合、有効な視角の一つになりうるのである。地域を限定してもなお、実際にカヴァーできる領域には限界があるが、こうした視野から、戦前期日本民衆の戦争体験と軍隊体験をからませながら、軍隊がどのように地域に根づき、各歴史的段階においてどのような地域との関係・矛盾をもち、アジア太平洋戦争(＝太平洋戦争)段階で最終的に地域社会から離脱ないし地域社会を破壊してゆくさまを描いていく。

このように、日本社会の一地域から軍隊・戦争に接近すると、戦地や占領地域における日本軍・日本人の加害の側面はえぐり出しにくく、アジア太平洋戦争末期については、被害者的側面が強調されることになりがちである。そして、本書でも、戦地での加害――とくに十五年戦争期――の描写は少ない。行政側史料や地域紙を主要史料として、地域から軍隊をみていく方法論(と史料収集のあり方)の限界であろう。しかし、本書では、地域社会が軍隊との緊張関係・軍隊の行動などを制約する関係をもちつつも、軍隊への支持と戦時の銃後後援態勢を強め、整備充実させ、侵略戦争体制を支える加害者に一面で仕立てられ、かつ他面では、その方向を一歩一歩支持・選択していく過程に焦点を当てたつもりである。戦争支持体験の蓄積、偏狭な国家意識の浸透、優秀民族意識と裏腹の差別意識の広がりなどが相乗しつつ、一定の歴史的段階から侵略戦争を――しだいに積極的になりつつ――支える、加害者としての国民に転化していき、それゆえに被害者にもなっていくと想定している。その場合の被害者とは、敗北した側の国家の国民であるがゆえの被害者（戦争の被害者）であるとともに、日本という国家（当時の天皇制国家権力）の被害者でもある。加害者側に位置するがゆえに、ある一定の歴史的条件のもとで被害者となる、そして天皇制国家権力が国家権力そのものの保持（生き残り）を自己目的化するにつれ、国民に対する人的資源としてのまなざしは強まり、国民は国家権力の被害者としての側面を強めていったのである。本書の最後で扱う地域と「郷土部隊」の切断、「郷土部隊」の壊滅、地域の生活を破壊する地域の軍事化の様相は、そのような国家権力のありようの一例としてとらえられ、それは同時に軍隊と国民との矛盾の劇的なあらわれでもある。

その場合の地域とは、前述の本籍地徴集原則による地域的軍隊編制とかかわるが、主として、県域、または郡市（町村）域を念頭においている。日露戦争期から、各地の歩兵連隊は、連隊所在都市の名を冠した通称、あるいは郷土を象徴する名称（後述のように、本書の対象は静岡県だが、静岡市の歩兵第三十四連隊の場合は、静岡連隊・岳南連隊、それに属する兵士は「我岳南健児」などと呼ばれる）が定着し、のちには歩兵連隊以外でも連隊所在都市名を冠して「浜松飛行第七連隊」などと呼び習わした。その呼称の定着には、日露戦争前後から相対的には経営が安定しはじめた地域ジャーナリズムが、日露戦時を通じて地元部隊の奮戦ぶりを大々的に報道しつづけたことが、大きく影響していよう。日中全面戦争期には「郷土部隊」というより直截的表現が広がるが、この郷土部隊意識が、地域民衆の軍隊受容・戦時の銃後後援（戦争熱高揚）の重要な鍵であり、そのような郷土部隊意識は、最小で連隊所在市域、最大で県域レベルで共有される意識であった。

軍隊と地域という表題設定のもう一つの意図は、地域史の方法への問題提起である。近代日本を対象とする地域史は、通例、政治行政、経済、文化、社会（諸団体・諸運動）、生活などの分野から描かれ、国家権力にかかわる軍事、警察、司法等の分野が、地域論に占める比重は小さい。最近の自治体史では、従来に比べると、軍事史が重視されているが、それでも、大規模な対外戦争時における地域からの戦争動員、地域における部隊の新設、在郷軍人会などに限定される場合がほとんどである。軍隊が地域に存在しつづけたこと、あるいは地域に軍事施設が存在したことが、地域民衆の生活や意識にどのような影響を与えたのか、逆に、地域民衆の対軍意識が、軍隊側にどのような拘束をもたらしたのか、などにつき継続的に追求した地域史研究は少ないように思う[7]。軍事政策は、国家レベルで構想され、国民の総力動員を必要とするがゆえに、軍事史に関する諸研究は、軍制と国民動員政策（とその影響）、対軍世論の動向などを、「軍部と国民」という視角から問題にしてきたが、こうした視角を地域史に適用し、よりきめ細かく、軍隊と戦争の論理に取り込まれつつ、軍隊側にさまざまな制約を強いていった〈地域の軍隊と地域行政・地域民衆〉の相互関係を跡づけてみる必要があろう。「よりきめ細かく」とは、徴兵制度、戦争動員、局地戦や守備隊としての派遣、戦争協力体制、部隊の新設・廃止、地域における軍の演習、軍隊への地域世論や軍にかかわって地域に流れる情報、第二次世界大戦期の軍用地拡大と部隊増設、戦後であれば米軍駐留、自衛隊の設置・駐屯と演習などまで含めて考察するという意味である。いうまでもなく、これらすべてが、地域の政治・社会・経済に多大な影響を与えてきた。沖縄の基地問題にみるように、軍隊の存在が、「広領域にまたがる地域問題」であるゆえに、今後地域史の機軸の一つに据えられねばならない分野であると考える。

地域の対象は、筆者がこの一〇年余、二、三の自治体史編纂にかかわってきた静岡県を中心にし、必要な範囲で、名古屋(静岡県内に設置された諸部隊を隷下に置いた第三師団司令部の所在地)・豊橋(日露戦後の軍拡時に設置され、宇垣軍縮で廃止された第十五師団司令部所在地)などの周辺地域を含めて構成する。(8) 静岡県という地域は、明治期に静岡市および浜松町に二つの歩兵連隊が設置されるが(日露戦争後の国内歩兵連隊数は、近衛連隊を除き七二)、大正末の宇垣軍縮で浜松の歩兵連隊は廃止される。代わって、浜松には日本陸軍初の爆撃専門部隊である飛行第七連隊が設置され、その関連で高射砲第一連隊も移転してきた。静岡県は第一次世界大戦後の、総力戦に対応した陸軍のスクラップ・アンド・ビルドが典型的に展開した地域なのである。他方、県東部では、日露戦争後に富士裾野演習場が設置され、それは大正期の陸軍近代化の一環としての野戦重砲兵旅団(三島)設置につながってくる。静岡県は、歩兵連隊時代の地域民衆の対軍意識と総力戦時代に対応して新設された新しい部隊への地域民衆の意識を比較することが可能な地域であり、実弾射撃演習場への地域の対応など軍―地域社会関係の多角的検討が可能なフィールドなのである。さらに、日中全面戦争期以降、浜松の飛行第七連隊を核にして、浜松市および周辺地域に、陸軍航空関連部隊が次々と設置され、遠州灘の本土決戦準備とあいまって、浜松市とその周辺は、陸海軍部隊にほとんどおおわれる状態になる。また、沼津市およびその周辺の場合は、海軍施設の分散・疎開の集中地域となり、海軍の特攻部隊が沼津沿岸部に配備された。アジア太平洋戦争の末期において、軍隊および軍事施設が集中したがゆえに、地域の生活が寸断され、破壊されていく事例をみることができるのである(9)。

本書は、第一期として、免役特権の廃止、本籍地徴集原則が確立していく一八八〇年代を起点に戦争熱・戦争協力態勢の基本形が創出される日清戦争期、および静岡県地域に歩兵連隊が設置される日清戦後軍拡期(歩兵連隊の設置府県は、全国府県数の六割になった)、第二期として、当時の世界史のなかでは無比の長期戦・消耗戦として国民を戦争に動員した日露戦争と戦後の軍拡により軍と地域社会との矛盾がしだいに強まる時期、第三期として、第一次世界大戦から一九二〇年代末(満州事変前)までの、軍縮の実施など軍隊と地域社会が比較的強い緊張関係をもちつつ、軍が改めて地域社会への浸透基盤を形成していった時期、第四に戦争熱の異常な高揚をつくりだし、軍と地域社会との関係を大きく変貌させていった満州事変から、それまでつくりあげてきた地域と軍隊との関係が切断され、稀薄化していくアジア太平洋戦争期までの十五年戦争期に時期区分し、それぞれを各一章、計四章として構成した。

冷戦の崩壊以後、軍事力による平和の維持は、自明のことではなくなりつつあり、軍隊という存在の必要性、有効性を改めて問い直す時期に差しかかっているように思われる。軍隊と地域社会という視角からこの問題に一歩でも接近してみたい。

第1章　徴兵制と地域

1　地域に根づきはじめた軍隊と民衆の反応

国民皆兵の現実と徴兵令の改正

最初に、「国民皆兵」理念に沿った徴兵令改正の過程と「郷土部隊」意識形成の前提となる本籍地徴集原則の確立までを概観しておこう。「国民皆兵」化により、まずは地方行政の軍事化が進み、地方行政組織の外郭団体である徴兵援護団体が叢生することで、地方行政・地域民衆の日常と意識に、軍隊という存在が深く浸透していくからである。

広範な免役規定を盛り込んだ一八七三年制定の「徴兵令」は、陸軍の定員確保を困難にした。そのため陸軍省は、免役条項を狭め、国民すべてが兵役義務を負う方向で徴兵制の確立方策を進めた。三度にわたる「徴兵令」改正の要点は、表1のとおりである。一八八九年までの三度の改正を通じて、兵役期間が延長され、内実が強化され、あわせて免役・徴兵猶予規定が削除あるいは限定される形で「国民皆兵」の形式が整えられた。

以上の制度改正に対し、現実の徴兵人員の動向を静岡県安倍郡（以下、静岡県内の場合、県名

表1　徴兵令の改正

年月日	改正の要点
1873.1.10 (7年間)	常備軍(3年)→第1後備軍(2年，戦時召集準備のため年1度屯営召集)→第2後備軍(2年，平時屯営召集なし) 常備兵欠員補充要員として補充兵(1年) 国民軍(17～40歳男子全員を兵籍)
1879.10.27 (10年間)	常備軍(3年)→予備軍(3年，戦時召集準備のため年1度屯営召集)→後備軍(4年，予備軍に次ぎ戦時召集，年1度便宜の地に召集) 補充兵(1年) 国民軍(17～40歳男子全員を兵籍)
1883.12.28 (12年間)	常備兵役7年(うち現役3年→予備役4年，戦時召集準備のため年1度60日以内の召集，年1度点呼)→後備兵役(5年，予備役に次ぎ戦時召集，年1度召集，点呼) 補充兵(1年) 国民兵役(17～40歳常備兵・後備兵役以外の男子全員) 1年志願兵制(代人料支払いによる免役制度の全廃) 免役条項→徴兵猶予条項に切り替え，免役は身体上の問題で「兵役に堪へさる者」に限定，また徴兵養子による免役はほとんど不可能となる
1889.1.21 (12年間)	17～40歳男子すべての兵役義務を明記(新徴兵令第1条)，兵役制度は同上，戸主などの平時徴集猶予制全廃，本籍地徴集原則の確立(従来は寄留地の徴集も可)

出典)『官報』各号により作成.
注) 下線部は改正点を示す.

表2　安倍郡の徴兵人員　(単位：人)

年	壮丁人員	陸軍徴集人員			徴集猶予	不参	除役	国民兵編入
		総数	現役	補充兵				
1884	1,077	465(43)	105(10)	360	575	18(2)	19	
85	1,200	496(41)	63(5)	433	440	54(5)	210	
86	1,332	690(52)	44(3)	646	314	81(6)	229	
87	2,040	416(20)	69(3)	347	538	162(8)	924	
88	1,339	391(29)	49(4)	342	317	71(5)	560	
89	698	172(25)	46(7)	126	26	26(4)	474	
90	723	295(41)	48(7)	247	48		190	190
91	768	346(45)	51(7)	295	43		137	242
92	862	427(50)	49(6)	378	47		47	341
93	900	255(28)	48(5)	207	28		79	538
94	872	244(28)	53(6)	191	43		90	495

出典) 静岡県安倍郡教育会編『静岡県安倍郡誌』(1914年)より作成．壮丁人員および総数欄を一部修正した．
注 1)（　）は壮丁人員に対する構成比(%)．
　2) 1889年までは有渡・安倍両郡の計．

は略す）の事例からみてみよう。**表2**により、一八八三年一二月の「徴兵令」第二次改正から一八八九年の第三次改正を経て日清戦争にいたる時期の推移をみると、徴集人員率は二割台から五割の間、現役人員は八九年以降比率を高めたが、なお対壮丁人員比六〜七％程度、対徴集人員総数比でも四〜八人に一人程度であったこと、特権的な徴集猶予（事実上の免役）は、同年の改正で激減したこと、同年まで徴兵検査不参者が五％前後存在したこと、身長不足・疾病など身体上の理由によると思われる除役（兵役免除）が相当数を占めたことがわかる。全県的なデータは継続的に揃わないが、一八八五年一一月から翌年三月まで行なわれた徴兵検査の場合、検査壮丁総員一万一七四〇人、うち合格壮丁数は五九九八人であり、同じ年の「各府県徴兵区分比較」表によると、徴集相当人員(壮丁から除役と徴集猶予を除いた数)五一七一人中、現役兵数は三五三人であった。[1]この数字や壮丁数に対する現役比率の全国動向と比較しても安倍郡の事例は、特殊な事例ではなさそうである。また、八七年の駿東郡第二次徴兵検査では、壮丁総員五九九人中合格一四二人(なかでも「完全の体軀を備ふるもの」は三三人)、不合格者三八一人にのぼり、不参四九人、翌年廻し二七人という実状であった(『静岡大務新聞』一八八七年一〇月一五日)。なお、一八八八年の静岡県からの入営者数は、近衛兵五〇人、第三師団四一三人(うち三五四人は豊橋の歩兵第十八連隊)、海軍(横須賀鎮守府)一三人であり、近衛兵の比率が一割以上を占めている(『静岡大務新聞』一八八八年一一月二五日)。

したがって、ここでの「国民皆兵」とは、成年男子すべてが特権や貧富の差にかかわりなく、現役兵になる可能性を開いたことであり、現実には、検査の合否と合格者への抽選によって、同世代の数%の壮健な男性だけが現役兵となり、その後も予備・後備に編入され、一二年もの兵役義務を負う制度であった。

しかし、このような限られた国民だけが武装訓練を受ける軍隊のあり方に対しては、陸軍部内でも、士族軍隊論や民兵制の立場から反対論があった。[3]『静岡大務新聞』が一八八四年五月二〇日から六月一七日まで七回にわたって連載した「強兵論」および「強兵余論」も、一部の国民を数年間兵役に専念させる兵制を退け、国民を「挙テ兵トナス」国防のあり方を最善とし、現実策として民間における武装訓練の奨励を提唱した。現実の徴兵軍隊と「強兵論」の軍隊論は、国民武装の権利に対する認識のうえで大きな差異が存在した。前者は、一般社会から切り離された軍隊であり、内乱鎮圧と外征に適しており、後者は、基本的には、国土と国民の防衛に主眼をおいた軍隊論であった。この時期に、地方の新聞まで含めて国防と軍隊のあり方が論議された事例（軍事に対するいくつかの選択肢の存在）として興味深いが、徴兵令改正から日清戦争準備の過程で前者の軍隊構想が確立し、自由な軍隊論議の時期も終わりを告げた。

また、一八八九年の徴兵令改正で本籍地徴集原則が確立したことで、兵員個々人は本籍地に配備された軍隊との結びつきを強め、兵士と地域住民の「郷土部隊」意識形成を促進する最初の契機となった。抽選に当たった「運のなかった」賦役者は、一転して、「郷土」の兵役義務遂行の名誉ある代表とされていくのである[4]。

徴兵事務の整備

「国民皆兵」理念に沿って徴兵検査を厳密に実施し、予備・後備兵に対する召集態勢を整備するためにも、地方行政機構末端にいたるまでの徴兵事務機構整備は急務となった。一八八四年の『陸軍省第十年報』は、「人民ハ徴兵ノ何事タルヲ弁知セス百方規避ノ術ヲ図リ又地方官吏ニ在テモ事務未タ整頓ニ至ラサル」状況が、各府県の兵事課設置（一八八三年一月、兵事課設置に関する太政官達）によって、変わりつつあることを指摘している[5]。

静岡県でも、太政官達後まもない一八八三年三月末発行の『静岡県職員録』によると、庶務課副長兼任の兵事課長がおかれ、「兵兼庶」が六人、「庶兼兵」二人、「兵」専任は准判任に一人、計一〇人で、従来庶務課の分掌であった県の兵事事務が一応固有の事務体制を整えはじめた。ただし、翌八四年八月の『静岡県職員録』[6]でも、他課副長兼任の課長は兵事課のみであり、しばらくはなお県行政における兵事事務の比重は低かった。

しかし、県兵事課設置の影響は、すぐに郡行政にも及び、一八八三年五月三〇日付各郡宛県達は、「兵事ニ関スル事務取扱フ主任ノ吏員増員」を求めた。[7] こうして始まった兵事事務整備は、やや先行して始まっていた徴発事務機構(県—郡—戸長)の整備の必要とあいまって、地方行政内での軍事行政下請事務の比重を急速に高めた。東京鎮台「明治十七年予備兵召集規則」(一八八四年二月二八日付、静岡県令より駿豆郡町村へ達。『静岡大務新聞』一八八四年三月一〜五日)によれば、各予備兵への召集通達は、県駐在官→各郡駐在官(召集名簿作成)→郡長→戸長→本人と定められている(当時の静岡県は、伊豆が第一軍管区、駿河・遠江が第三軍管区でそれぞれ三島・静岡に県駐在官がおかれた)。駐在官は、陸軍省派遣の武官であり、郡以下の地方行政ルートの協力態勢が、召集事務整備の要であった。同年七月の有渡(うど)・安倍郡予後備兵点呼でも、県の兵事係と郡書記が立ちあうなど地方行政の協力(責任)が求められた(『静岡大務新聞』一八八四年七月一八日)。

徴兵検査の関係では、一八八三年一二月二八日の徴兵令改正を受けた八四年七月一九日の徴兵事務条例は第一条で徴兵事務官八者を定め、そのなかに県令、府県兵事課長、郡長を含めるとともに、同七月、全県的に官選が実施(戸長公選制廃止)された戸長の役割も規定した

(同日『官報』)。それによると、末端の事務手続きのほか、第一一五条には「戸長ヲシテ壮丁ヲ引纏メ指定ノ日時場所ニ出頭セシム可シ」とある。すでにみたように、当時徴兵検査不参者の割合は高く、一八八四年九月三日付『静岡大務新聞』が、同年の「徴兵相当人失踪」を四〇五人にのぼると報じているように、徴兵逃れの衝動は強くあらわれていた(『静岡県史　資料編17　近現代二』一九九〇年、二二九頁)。一八八三年の改正徴兵令による国民皆兵原則の強調、徴兵範囲の拡大は、反動として非合法的な徴兵忌避者の増大をもたらしたといわれるが、静岡県も例外ではない[(8)]。こうした状況のなかで、郡長—官選戸長ルートでの徴兵忌避防止の役割が強く求められたのである。一八八三年における静岡県域の町村数二〇二三、これに対し戸長役場数は一六〇一であったが(一・二五町村に戸長役場一)、戸長官選後の八四年の戸長役場数は二七六と激減した。また、静岡県の場合、町村側の推挙を受け付けない完全な官の任命方式が採用され、戸長職未経験者も相当数任命された。このような強力な行政的権限を有し、旧来の町村の慣行と切れた存在としての新戸長によって、改正徴兵令後の兵事事務が担われることになったのである[(9)]。

兵事事務遂行の力量を高め、全県的に兵事事務を整備するという面では、地方行政機関内兵事事務担当者の協議機関である兵事会(県により兵事事務協議会、兵事事務諮詢会など名称は異なる)が設置されていった。県兵事課主催の兵事会は、一八八三年の愛媛県を皮切りに八四年福岡、静岡、千葉に広がり、八五年以降全国に拡大した。早期からの開催県である静岡県では、八四年九月七〜九日、県兵事課長を会頭に、県兵事課員と郡役所兵事担当書記各一名を集めて最初の「兵事事務協議会」が開催され、九月下旬、兵事課員による各町村の徴兵相当者名簿整備の調査が実施された(『官報』一八八四年九月二四日)。同協議会は、一八八五年八月にも一週間にわたり開催され、その直後から県兵事課員による郡役所と戸長役場の徴兵帳簿検査が行なわれた(『官報』一八八五年八月二五日、『静岡大務新聞』一八八五年九月四日、一〇月一三日)。兵事事務協議会の検討を経て、県兵事課による全県的な徴兵検査態勢の点検、訓練が行なわれていったのである。当然、これらの兵事会開催に先立ち、陸軍側からさまざまな要望や指示が与えられたと思われる。一八八五年五月の第一軍管区内徴兵事務に関する兵事諮問会議開催(静岡県を含む一府七県の兵事課長を招集)、同年夏の陸軍省における徴兵事務会(県兵事課長招集)、第三軍管区八県(静岡県を含む)の連合兵事会議など、事前に陸軍主催の兵事会議が相次いで開かれていた(『静岡大務新聞』一八八五年五月一二日、一七日、七月三日、二九日、八月二日)。

兵事会は、郡単位でも開催され、さらに兵事事務が町村民に伝達される仕組みもつくられた。一八八五年四月二二日、静岡県令は「郡町村兵事協議会」開設の県達を発し、ひきつづき五月一一日「町村兵事説示会概則」を示した(10)。前者は郡長を会長に「主務ノ郡吏及戸長」を会員とし、「兵事ニ関スル一切ノ事件ヲ協議シ事務上ノ便益ヲ計ル」機関であり、後者は、戸長が毎年一回「部内人民ヲ会合シ兵事ノ要務ヲ説示」することを目的とし、具体的には、徴兵制度の意義を説き、検査・入営・召集に際しての諸注意を与える場であった。先の徴兵事務条例の位置づけを反映して、徴兵制度の意義を町村民に知らしめることが、戸長の役割とされたのである。郡兵事会について、富士郡の事例をみると、県兵事課の指導で年一回開かれた模様である(『静岡大務新聞』一八八七年八月三一日、八八年八月二一日)。町村兵事説示会については、一八八八年九月の賀茂郡下小野村ほか六カ村、石井村ほか五カ村、一〇月の佐野郡南西郷村ほか八カ村の例が確認されるが、戸長役場や寺院、有力者の家を会場に数十名を集め、戸長が郡書記などの協力を得て戸長役場部内一、二カ所で開催している(『静岡大務新聞』一八八八年九月一六日、一〇月二四日)。同じころの富士郡の郡兵事諮問会の記事によると、この時期には各村に兵事掛がおかれることが一般的であったようだ(『静岡大務新聞』一八八八年八月二一日)。町村説示会概則は一八九三年一月に改正され、説明されるべき規則類がさらに詳細に規定された。[11] 当時の事例をみると、会も大規模化し、軍の係官が派遣されている(『静岡民友新聞』一八九四年二月二三日)。

以上の徴兵事務整備は、地方行政の兵事下請け事務量を飛躍的に増やしていった。一八八五年一一月～八六年二月の徴兵検査では駐在官が県兵事課長以下兵事課員、郡御用掛を動員し、八六年春の教導団(下士教育機関)生徒募集時には県兵事課員が出動し戸長と協議を行ない、八六年一一月～八七年二月の徴兵検査では、戸長立会を含め、戸長役場を挙げて対応した(『静岡大務新聞』一八八五年一一月五日、一五日、八六年二月一一日、四月三〇日、五月一一日、一一月一二日、一二月一〇日)。軍と地方行政との関係は、後述する静岡大隊区司令部設置(一八八八年五月、徴兵・召集事務を管掌)以降、より強まったものと思われる。

すでに若干ふれたが、召集事務に関しても、地方行政の整備が求められ、召集対象である在郷兵への監視が地方行政側に促された。在郷兵監視の関係では、一八八六年五月一七日、静岡県令は、在郷諸兵官給被服保存取扱概則により軍服の取扱を定めたが、あわせて、七月二一日、軍服取扱に対する戸長の監視・検査の責任につき心得を発した(『静岡大務新聞』一八八六年五月二八日、七月二九日)。軍服取扱を通じた在郷兵の精神的管理は、その後も陸軍が地方行政に注意を促しつづけた重要な在郷兵対策であった。召集事務整備では、一八八六年一〇月九日公布の陸軍召集条例(八七年四月二〇日施行)が画期となろう。郡役所、戸長の役割が詳しく定められるとともに、警察のかかわり方も規定された。静岡県では、一八八七年四月二五日〜五月二日にかけて兵事協議会を開催、県庁、郡長、警察署、戸長などが事務分担細則を協議し、五月三〇日付で「在郷諸兵召集心得書」も定めた。続いて、各郡の兵事協議会で末端までの趣旨徹底をはかるとともに、召集に関する戸長の努力を求める訓令が二度にわたって出された[12]。

全国レベルでは、一八八〇年代末から召集事務演習が実施されはじめている。静岡県の場合、現時点で確認できる限りでは、一八九二年一二月に駿東郡で実施された陸軍臨時充員召集演習が最初である。静岡大隊区副官、監視区長の視察を含むこの演習は「町村事務ノ適否、兵員参著ノ遅速及不参届、諸表竝(ならび)ニ令状ニ至ルマテ審査」が行なわれた(『官報』一八九三年一月一三日)。この時期には、徴兵事務・召集事務対応能力が町村行政の重大な要件となったのである。召集事務の一つの前提は、在郷兵員数の把握である。『官報』には、一八八九年から各県ごとの在郷兵員数が掲載されはじめ、静岡県の場合、一八九二年一二月末をもって在郷兵籍者調べが行なわれている。調査によれば九一六五人、この在郷兵員の蓄積が後述する在郷軍人団体結成の前提となる(『官報』一八九三年四月二七日)。

軍は地域での演習に関しても、地方行政の協力を求めた。一八八八年二月一日付『静岡大務新聞』は、演習事務効率化の観点から軍人を兵事行政に用いるべしとの名古屋鎮台武官の話を紹介しているが、地元紙の記事から判断して、静岡県地域での軍隊演習への行政の関与は一八八五年末からと思われる。それ以前にも地元民の自主的な協力例はあるが、組織的には、この年一〇月の行軍演習に際しての県兵事課員出動、そして翌八六年三月三〇日の行軍演習に関する郡町村への県達が画期となろう。内容は、戸長・吏員による沿道での軍隊休息準備、軍隊への「不敬ノ所為」の予防、休泊宿舎について軍の派遣官の指揮を受けて調査、戸長による食糧・薪炭などの物品提供手配などである。四月の行軍演習では地元の飲料供給が行なわれ、行軍演習部隊への沿道町村の飲料供給は、この年一〇月八日の県の文書で義務化されていった。さらに一一月の名古屋鎮台兵演習の際には、宿主に、部屋と便所の掃除、入浴支度、足洗い用意、枕紙の取り換え、清潔な寝具の用意、食事の際の茶の提供、火鉢・煙草盆用意、兵士からの依頼への速やかな対応まで事細かに求める「兵士取扱心得書」までが定められた[13]。軍隊の行軍演習時の接遇方法の基本形は、この年に出揃ったようである。

徴兵慰労・援護事業の開始

地方行政機関の兵事事務が整備される一方で、徴兵服役者に対する慰労や家族の生活援護は、地方行政機関の外郭的事業として推進された。この種のとり組みは、服役援護につき本来責任をもつべき国家が関与を避けたため、各地で地方有力者有志の事業として始まった。静岡県の場合、有志的服役援護事業は少なかったようで、全国の事例を情報として提供していた『官報』にも一八八五年まではまったく県内の事例を見いだせないが、『静岡大務新聞』紙上から一八八四年二月、城東郡内で組織された「共同忠恕憐恤社」の例および八五年の山名郡大原村の事例を拾うことができる。前者は金銭積立に賛同する者の有志組織で、現役となった場合救助金が支給される互助組織、後者は日頃の拠金により村ぐるみで兵士の家族を援助することを目的とした(『静岡大務新聞』一八八四年四月二四日、二六日、二七日、三〇日、八五年五月二二日)。

しかし郡単位の兵事会開催が広がると、徴兵慰労・援護は半ば公的な形で広く展開しはじめる。『官報』および『静岡大務新聞』から、一八八六〜八七年中の静岡県内の動きをまとめると**表3**のとおりである。

史料上地域的偏りがあるが、一八八六年以降郡レベルの兵事会が開催されはじめ、そこでは兵事事務整備とともに徴兵慰労が重要議題であったことがわかる。現役満期慰労は、徴兵慰労義会(あるいは徴兵慰労会という名称)の組織化と慰労会開催の二つの形態である。徴兵慰労義会は、兵役奨励を目的とし満期兵に金一封を授与し、あるいは戦死者などへの扶助料支給を主たる目的としている。その際、現役時代の成績の差(出世)が贈与金額に反映した。郡単位の場合、長上・敷知・浜名各町村の例でみられる在営中の農務補助、入営中の生活困難

表3　1886〜87年の兵事会と徴兵慰労活動

年月日	事　　柄
1886. 6. 27	志太・益津両郡招魂祭および慰労会．両郡兵事協議会決定．資金は有志者拠金と1戸5厘の一律割当．県令，軍人，役人中心に160〜170人(『大務』6. 16，7. 1)
7. 8-9	榛原郡兵事会．徴兵慰労義会興起(『官報』7. 28)
7. 16-17	志太・益津郡兵事会．徴兵下調準備方法，兵員非常召集準備方法(『官報』7. 28)
7. 18, 8. 1-2	有渡・安倍郡兵事協議会．兵役隆盛をはかるため，義捐金を募り現役満期優等者へ金一封贈与(5〜15円)，戦死・公務死亡者への遺族扶助料などの義会規則議了(『官報』8. 21，『大務』8. 29)
8. 21	豊田郡加茂西村ほか10カ村戸長など主唱にて成績優秀帰休兵の慰労会(『大務』8. 26)
8. 31	引佐・麁玉郡兵事会．徴兵事務取扱手続，現役兵待遇方法，予備後備兵点呼の際の弁当支給方法議了(『官報』9. 22)
1887. 4. 3	榛原郡坂部村ほか2カ村戸長役場内人民総代主唱，現役満期慰労宴会．90余名(『大務』4. 8)
6. 7	佐野・城東郡兵事協議会．陸軍召集条例中戸長役場関係事項協議(『官報』6. 24)
6. 26	志太・益津両郡郡村吏主唱(郡役所第二課で事務取扱)，満期帰郷兵員慰労会・招魂祭．知事を含む213人出席，酒宴(『官報』7. 5，『大務』6. 9，6. 29)
7. 3	引佐・麁玉郡長主唱，満期帰郷兵員慰労会148人(『官報』7. 21)
-	長上・敷知・浜名3郡各町村，徴兵慰労方法設置．満期慰労金，入営帰郷送迎，在営中農務補助，入営中の生活困難家族への援護(『官報』1888. 1. 26)
11. 13	豊田郡見取村ほか7カ村戸長役場部内有志主催満期兵士慰労宴会(『大務』11. 18)
12. 18	庵原郡内帰郷兵士慰労会．知事，兵事課長，郡長ほか郡吏員，教員有志など200余人(『大務』12. 22)

出典）『官報』および『静岡大務新聞』(『大務』と略)より作成．

家族への援護などは対象外である。資金は有志の義捐金と部分的には一律賦課もとり入れている。慰労会は、慰労義会が主催した場合、式典の場を兼ね、ほかに慰労義会と無関係に開催される場合もあった。ただしこの場合も、有志主催の形はとっているが、郡役所あるいは戸長役場を核とした行政主導で始まっている。県側は来賓として参加し、主催には加わらない。徴兵慰労の実施主体の面では、国・県は関与しない立場をとり、郡役所―戸長役場の線で有志的形態も利用しつつ行なわれたのである。そして、郡の場合、現役満期という兵役義務達成結果に対する慰労に限られ、服役中の家族生活援護は、村レベルに押し付けられたのである。

〈慰労〉の最大の目的は、兵事行政を補完する兵役奨励である。そのために郡、戸長役場を単位としたこの時期の慰労では、役場吏員と地域有力者有志が一堂に会し、兵士とその家族の名誉を称えることを最重点とした。兵役中の公務による死者には、招魂祭をあわせてとり行なう場合もみられた。名誉を称える地域ぐるみの慰労会と地域ぐるみの慰霊儀式を通じて、兵役を「不公平」「無関係」と考える地域民衆の意識転換を目指したのである。町村兵事説示会が、兵役義務を理念的に説こうとしたのに対し、慰労は一方で感情を操り、他方で地域の監視(兵士の義務遂行への評価)・拘束機能をはたすものであった。

徴兵に対する民衆の意識転換をはかるうえで、もう一つ大きな意味をもっていたのが入営者への送別である。『静岡大務新聞』紙上に、送別記事があらわれるのは一八八五年春ころからであり、それ以前は簡単な入営記事である。同年五月三日、同紙は、村内有志の送別宴会二例と、志太・益津郡長が入営兵士を郡境まで送別した記事を掲載し、これ以降送別記事が増えていった。以下表4に送別記事をまとめておこう。

表4によれば、一八八五年に郡長が郡境まで入営兵を見送る行動があらわれ、戸長役場主導の送別(宴)会は、まず近衛兵から始まる。この時期の動きは兵事会による兵事事務指導の強化の時期と照応していよう。一八八六年には、近衛兵や志願兵以外の送別会のケースもあらわれ、八七年になると戸長役場吏員や訓導など地域役職者主唱の送別会が広がり、あわせて行政上の境界(村境、郡境、県境)まで入営者を見送る行為が増えるのである。送別会も慰労会と同じく、有志の形をとりつつ地方の兵事行政の一端を担う催しとして広がったものであった。送別会と出発当日の盛大な見送りにより入営を祝うことで栄誉を意識させ、あわせて徴兵忌避防止効果を期待したのである。

送別会(宴会)は、翌一八八八年秋にいっそう数を増して地域社会に定着していく。送別の際、餞別を贈る場合がみられるが、この時期の場合は、公的な入営旅費では不足するため、その不足分を地域で補う意味もあったようである(『静岡大務新聞』一八八八年一二月六日)。徴兵制は、こうした面まで含めて、地域の半ば公的な援護に頼った制度であったといえる。

再び徴兵慰労に戻り、一八八八年以降の送別行事の一般化動向をあわせて考えていこう。徴兵慰労事業もまた、一八八八年を画期に短期間で全県的に整備されていった(表5)。一八八八年は、全国レベルでも郡・町村段階での徴兵慰労規定の整備が進みはじめた年であるが、静岡県では、先にふれたように、一八八六年から郡の徴兵慰労義会が設置され、翌八七年末

1887.11. -	有渡・安倍両郡内入営(第二次徴兵)につき兵事課員，戸長出張(11.26)
11.23	豊田郡深見村ほか6カ村戸長役場主催送別会，議員・教員など有志100余人(11.27)
11.23	田方郡門野原村ほか6カ村・青羽根村ほか7カ村戸長役場有志主催送別会，80余人(11.30)
11.25	磐田郡見附宿有志主催送別会，80人(11.30)
11. -	富士郡長，入営者を郡境まで見送り(11.30)
11.26	城東郡中方村ほか5カ村送別会，戸長・訓導など40余人参加(12.1)
11.25	城東郡池新田村ほか5カ村送別会，役場吏員，人民総代，病院長，50余人(12.3)
11.28	山名郡鎌田村ほか13カ村，有志主催送別会，119人(12.4)
12. -	庵原郡下にて送別会，50余人，「同地方にては近来になき大会なりし」(12.7)
12. -	敷知郡篠原村送別会，村境まで見送り(12.8)

注）(　)内の数字は掲載された『静岡大務新聞』の日付.

から郡の指導で町村段階(「村」については、主として戸長役場部内または一八八九年町村制施行以後は行政村)の徴兵慰労規定がつくられはじめた。これらの規定の多くは入営者送別規定を含んでおり、入営送別―入営中の家族生活援護―兵役満期慰労が、町村のひとくくりの徴兵援護事業として把握されはじめたことがみてとれる。徴兵慰労規約をみると、規約の骨子はかなり画一的で、モデルの存在をうかがわせる。規約の特徴は、第一に、運営は公的だが、資金が義捐金によってまかなわれており、公的な金は支出されていない。第二に、満期慰労者の慰労金贈与が中心である。町村での慰労金は当初兵士ごとの格差がなかったようであるが、賀茂・那賀両郡での軍内勤怠(精勤賞、賞罰)・軍内等級などを理由とした格差導

表4　1885〜87年の入営兵士送別行動

年月日	事　　柄
1885. 6. 7	引佐・麁玉郡長，入営兵士を郡界まで送別，酒肴(6.11)
7. 1	城東郡半済村より近衛兵入隊者．戸長主唱送別宴会，数十名．(7.7)
7. 7	近衛兵入営につき県令，三島まで出張見送り(7.10)
1886. 4.16	志太郡小土村ほか志願兵送別宴会，有志主催，100余名(4.20)
6. 1	豊田郡中瀬村ほか6カ村戸長役場吏員主唱，入営者送別宴会，50余人(6.9)
6.10	引佐郡井伊谷村ほか3カ村戸長主唱，引佐・麁玉郡内入営者送別会，123人(6.16)
1887. -	山名郡福田村ほか6カ村戸長役場員主唱の送別会，50余人(5.3)
5. 8	豊田郡善地村ほか7カ村戸長・用係主唱の送別宴会(5.11)
5.10	山名郡中野村ほか5カ村戸長役場員主唱の送別会，76人(5.15)
5.10	引佐郡下，有志主催(戸長出席)送別会，50余人，「同地に稀なる宴会」(5.17)
5.12	有渡郡高松3カ村戸長役場員主唱，40余人，「同役場部内にて入営者の為めに送別会を開きしは之を以て嚆矢」(5.17)
5. -	知事，郡役所，戸長吏員による県境・郡境まで見送り・付き添い(5.15，5.18，5.21)
5.15	豊田郡小島村ほか13カ村戸長役場内，送別会，100余人(5.20)
5.15	長上郡掛塚村，有志主催送別会，150余人．有志が家族に生計費補助金贈呈(5.20)
5.16	豊田・山名両郡近衛兵送別小宴，付き添い戸長主催(5.20)
5.17	豊田郡山田村ほか7カ村戸長役場吏員主唱送別会，50余人，18日戸長以下村境まで見送り(5.22)
5.18	敷知郡伊左地村ほか5カ村戸長役場吏員，出征兵士を村境まで見送り(5.22)
11. 6	佐野郡伊達方村送別会，戸長役場吏員・学校教員主唱，50余人(11.10)

表5　徴兵慰労規定設置地域の広がりと慰労・送別会の一般化

年 月 日	事　　柄
1887. -（大務 11.5）	山名郡中野村ほか5カ村「兵員待遇規約」
1888. -（官報 2.2）	庵原郡蒲原町ほか4カ村有志，徴兵現役者慰労規約申し合わせ
-（官報 2.7）	豊田郡見取村ほか7カ村，同郡小島村ほか13カ村，同郡加茂西村ほか10カ村，同郡寺谷村ほか15カ村，同郡山田村ほか7カ村，同郡中平松村ほか12カ村，山名郡中野村ほか5カ村，同郡鎌田村ほか13カ村で徴兵慰労方法設置・施行
3.5-6	志太・益津郡兵事協議会．徴兵事務取扱手続，現役満期兵慰労会並招魂祭施行規則方法書改正（『官報』3.17）
-（官報 3.16）	豊田郡宮本村ほか9カ村，城東郡池新田村ほか5カ村，同郡半済村ほか4カ村徴兵慰労規定設置．満期慰労金，入営帰郷送迎，在営中家業補助
3.25	志太・益津郡有志者主催招魂祭・現役満期兵慰労会施行（『官報』4.9，『大務』3.11によるとこれが同郡第3回現役満期兵慰労会）
-（官報 4.16）	城東郡板沢村ほか4カ村徴兵慰労規定設置．満期慰労金，入営帰郷送迎，在営中家業補助
4.2	引佐・麁玉郡第2回現役満期兵慰労会，100有余人（『大務』4.7）
4.3（官報 4.24）	富士郡有志主唱，郡徴兵慰労会および現役中戦病没者招魂祭
4.4（同上）	富士郡書記・戸長，陸軍召集条例研究会
-（官報 4.24）	城東郡高橋村ほか3カ村，佐野郡成瀧村ほか6カ村，豊田郡善地村ほか6カ村徴兵慰労規定設置．満期慰労金，入営帰郷送迎，在営中家業補助
-（大務 5.2）	佐野郡成瀧村ほか6カ村「在郷兵員待遇法」．4.27帰郷兵員慰労会，80余人
-（大務 5.13）	豊田郡中善地村ほか7カ村，帰郷慰労会，35人．戸長役場
-（大務 5.24）	豊田郡大見村ほか10カ村戸長役場用係主唱，現役満期兵慰労会．
6.3	有渡・安倍郡慰労会・招魂祭．千数百人，知事以下出席．遺族390人，余興，芸妓，

	花火(『大務』5.30〜6.5)
1888. -(官報6.19)	豊田郡中瀬村ほか6カ村，同郡大井村ほか4カ村，同郡宮乃一色村ほか10カ村，兵員待遇方法規定．金員贈与，入営帰郷送迎(戸長以下村境または郡境まで)，在営中家業補助
-(官報7.9)	賀茂・那賀郡役所管内各町村，徴兵慰労義会規約設置．満期慰労金→等級による金額格差
7.29	浜名郡戸長主唱慰労会，参会者600有余名，前代未聞の大盛会(『大務』8.2)
7(官報8.30)	引佐・麁玉郡役所管内各町村，徴兵慰労義会規約設置．義捐金を徴収し満期慰労金贈与→等級による金額格差
-(官報9.3)	駿東郡役所管内各町村，徴兵慰労義会規約設置．義捐金を徴収し満期慰労金贈与→等級による金額格差
10.20	佐野郡南西郷村ほか8カ村徴兵慰労会・新兵送別，89人(『大務』10.24)
10.21	豊田郡谷山村慰労会，戸長以下40余人(『大務』10.25)
10.21	山名郡中野村ほか5カ村兵員待遇組合，現役兵送迎および贈与金授与式．駿東郡杉名沢村戸長主唱慰労会，郡書記演説(『大務』10.26)
11.11	志太郡小川村，慰労と送別会，60人(『大務』11.16)
11.20	城東郡横須賀町ほか3カ村送迎慰労，150人(『大務』11.25)
11.21	城東郡東大淵村ほか2カ村，送迎慰労会，戸長以下．兵事説示，金員贈与，70余人(『大務』11.25)
12.16	庵原郡招魂祭・慰労会，200余人(『大務』12.19)
12.17	那賀郡安良里村満期兵慰労会，50人(『大務』12.22)
1889.2.11	引佐・麁玉郡役所管内各町村，徴兵慰労義会規約に従い慰労金贈与式．監視区長，郡村吏，有志者100余人(『官報』4.18)
4.4-9	静岡県兵事会(各郡長，兵事主任書記)，徴兵事務取扱(『官報』5.4)

1889. 9. 30	城東郡中村，有志主催満期兵慰労会，村長，80人(『民友』10. 3)
10. 6	佐野郡垂木村役場員主催満期兵慰労会，60人(『民友』10. 9)
12. －	安倍郡徴兵慰労会創立(『静岡県安倍郡誌』)
1890. －(官報5. 28)	富士郡管内町村，徴兵慰労会規則創設，義捐金を募る．兵役中の勤怠，身分，等級などで金額格差．有渡・安倍両郡郡役所管内町村，徴兵慰労規約設置．山名郡東朝羽村，徴兵慰労規約設置
－(官報7. 5)	庵原郡徴兵慰労規則設置，慰労金等級制
－(官報10. 31)	豊田郡上阿多古村徴兵慰労規約設置，慰労金等級制，在郷兵点呼召集の際，弁当料として若干の金員供与
10. －	周智郡兵員慰労会創立(『静岡県周智郡誌』)
－(官報11. 28)	豊田郡浦川村および城東郡大須賀村，徴兵慰労規約設置，慰労金等級制
－(官報 '91. 1. 6)	志太郡島田町，尚兵会組織，義捐金を募り徴兵奨励金付与．駿東郡沼津町徴兵慰労会，金員贈呈．駿東郡御厨町有志，徴兵慰労会，金員贈呈
1891. －(官報5. 25)	佐野・城東両郡連合，徴兵慰労規約設置(郡徴兵慰労会創立)．慰労金等級制
－(官報9. 28)	長上・敷知・浜名三郡各町村，徴兵慰労規約設置．慰労金等級制
－(官報12. 28)	磐田郡見付町，徴兵慰労規約設置．現役以外の毎戸出金

注 1) 日付不明分は，出典日付で代替．その際，『 』は省略した．『静岡民友新聞』は『民友』と略．
2) 1889年以降の『静岡大務新聞』は断片的にしか残っていないので事例は少ない．

入以来、この方式が広がり、格差のなかった地域でも規約改正例が生まれている。第三に、慰労金のほかは送迎の方法、在営中の家業補助が主要な内容であるが、時期が下ると、慰労金の比重が大きくなる。

　このように、静岡県での徴兵援護事業は、現役満期帰郷者に対する慰労が中心をなしていた。他県では生活援護その他を目的とする組織が相当つくられている場合もあるが、早い時期からの(県兵事課)―郡長―戸長ラインの行政指導により画一的に広がったことがこのような形態上の特色と関係すると思われる。村レベル(近世以来の村)の徴兵援護事務が広がっていれば現役家族の援護がより重視されたと思われるが、行政主導により、在営留守中の生活困難に対する援護ではなく、現役満期という名誉に報いることが重視され、「地域」(この場合は、村ではなく、郡または戸長役場部内)を挙げてその功績を表彰する形をつくったのである。したがって、軍隊内での昇進や勲功によりその功績が左右されることに容易につながった。現役当選者は、単に三年間の兵役を務めあげるという姿勢だけでは不十分で、軍内で質のよい兵士として認められ出世することが、「地域」ぐるみの徴兵慰労を通じて課せられたのである。家業補助は、満期慰労への格差導入とともにいっそう後景に退き、地域が共同的に兵士と兵士家族を支えることで兵役の「不公平」感に対処するのではなく、兵士個人の昇進努力と生活維持についての遺家族の自助努力が求められた[14]。

　戸長らを中心とする「私的」な送別会と公的な村境・郡境・県境までの各級行政機関の送別行事で送り出し、郡単位と村単位(戸長役場部内、次いで行政村)の二重の帰郷の宴で迎える慣行は、このような徴兵慰労規定の整備のなかで成立した。そして、兵士は、こうした行事を通じて、村・故郷を背負わされることになった。他面、軍事関連の地域行事の慣例化により、しだいに地域行事の一画に軍関係行事が食い込み、兵事は役場兵事係の仕事の枠を超えて、村の日常風景として浸透しはじめていった。また、慰労に軍内等級格差を持ち込んだことは、軍内の上下関係による編成原理が地域社会に持ち込まれる契機になったと思われる。この章で最初にふれた徴兵令改定過程を想起すると、一八八九年の徴兵令改正は、以上のように軍隊と地域との関係が大きく変わり、「国民皆兵」理念を地域的に支える態勢がつくられたこの時期に実施されたのである。

豊橋歩兵第十八連隊の設置

壬午軍乱さなかの一八八二年八月、陸軍参謀本部長山県有朋は、朝鮮をめぐる日清両国の対立激化を強く意識して、太政官に陸海軍拡張案を提出し、これをきっかけに陸海軍の大拡張計画が具体化した。軍事費は、翌八三年以後急増し、一般会計歳出に占める軍事費の比率は、八二年の一七%から九〇年には三一%を超えた。この軍拡は、明確に外征を想定したものであり、陸軍の場合、八四年からの一〇カ年計画で歩兵を一四個連隊から二四個連隊（近衛歩兵連隊を除く）に拡大するなどの外征軍建設が推進された。

豊橋歩兵第十八連隊は、この軍拡計画のなかで一八八四年六月二五日、名古屋鎮台の下に誕生した。当初名古屋城内に仮屯営を設置し、八五年（第二、第三大隊）から八七年（連隊本部、第一大隊）までに、新築の豊橋分営に集結を完了した。[15] 先にふれたように、一八八三年までの陸軍軍管区では駿河・伊豆が第一軍管区（東京鎮台）、遠江が第三軍管区（名古屋鎮台）であったが、八三年一二月の徴兵令改正から駿河が第三軍管区に変更になり（『官報』一八八三年一二月二八日)、駿東郡以西、すなわち伊豆以外の静岡県地域が第三軍管区に属した関係で、歩兵第十八連隊は、静岡歩兵第三十四連隊設置以前において、最も静岡県に縁の深い部隊となった。前述のように、一八八八年の静岡県からの歩兵第十八連隊入営者数は三五四人であるが、この年の歩兵第十八連隊新兵入営人員は四八〇人(兵卒数全体は一四五一人)であり、新兵の四分の三を占めた(16)。なお、一八八四年の歩兵第十八連隊設置の年、陸軍歩兵の編制法が更新された。この新編制法によって、歩兵一個連隊は三大隊(一二中隊)平時人員一七〇七人、戦時二四九六人と定められた(17)。また、同連隊は、歩兵第六連隊(名古屋)とともに、第五旅団を編成した。

ところで、豊橋分営設置に際して、静岡県側からの異論もあったようである。一八八四年六月六日付『静岡大務新聞』は、「分営ヲ浜松ニ置クノ議」と題して、「夫レ豊橋ハ敢テ肝要ノ地ニアラス。而シテ我駿遠二国ハ安寧ヲ欠ク所アリトセハ、豊橋ノ分営ヲ転シテ我静岡若クハ浜松ニ移スノ議ヲ起スヲ得ハ、我輩ハ甚タ満足ヲ得ヘキナリ」と、まず駿遠地域の防衛の観点から県下設置を提唱し、浜松への分営設置策は、浜松県が廃止され「衰状」を来している浜松(宿)にとって多数の兵卒への被服・食糧の提供により、製造業と商業を進行させ、新設工事関連の利益もあろうとの経済効果を説いた。現実には、国内防衛軍から外征軍への転換構想が進んでいたわけだが、地域社会では、地域の部隊による地域防衛論がなお大きな説得力をもっていたのであり、それ以上に兵卒一人一月平均一〇円の費用とし、浜松に落ちる金額を年間一〇万円以上と見積もる経済効果論は具体的であった。この時点では、のちにみられるような地域ぐるみの軍隊誘致運動は起こっていないようだが、この議論は、以後の軍隊誘致論にもあらわれる地域防衛論と地域経済振興論を先駆的に示した議論であり、軍隊と地域が結びつくもう一つの経路、しかも軍隊を積極的に地域に呼び込む経路を示していた。

次いで、一八八八年五月一二日、外征軍建設に照応した軍事力編成への転換をはかるため、従来の鎮台制から師団制への改編が実施されたが、これと同時に、大隊区司令部条例が制定され、静岡(宿、一八八九年より市制)にも大隊区司令部が設置されることになった。大隊区司令部は司令官(少佐)ほか一〇名程度で構成され、旅団長の下で徴兵・召集事務をつかさどった組織であり、のちに連隊区司令部に業務が引き継がれる。静岡大隊区は、遠州の西側八郡(長上・敷知・引佐・浜名・麁玉・豊田・山名・磐田)を除く静岡県のほぼ全域を管轄し(前記八郡は豊橋大隊区)、これ以降日露戦後まで県内全域が名古屋の第三師団の徴募区となった。[18] 静岡県を本籍地とする兵士の大多数が第三師団、とくに歩兵第十八連隊に入隊したことは、日清戦争下の県民的一体感を醸成するうえで無視できない役割をはたしたものと思われる。

豊橋という近隣地域に歩兵連隊が設置されると、しだいに静岡県内(とくに中西部)での行軍演習が頻繁に行なわれるようになった。先にふれた一八八六年を画期とする地域演習部隊接遇方法への行政指導の強化は、歩兵第十八連隊の豊橋集結の動向と密接にかかわっていよう。地域演習は、連隊を超える規模でも行なわれはじめ、一八八六年の四〇〇〇人規模の名古屋鎮台秋季演習時には、浜松から掛川、島田、藤枝、静岡地域が広く演習地となり、関係戸長役場には大量の米・大麦・魚菜・味噌醤油・馬・藁の準備、あるいは宿泊所の確保が割り当てられた（『静岡大務新聞』一八八六年一〇月八日、九日、一五日）。兵士の飲食で暴利をもくろむ商人もあらわれたが、地方行政当局と多くの人びとは演習に振り回されたのである。しかし、一方で同年一一月二三日の『静岡大務新聞』は、この秋季演習にともなう静岡市（宿）内のにぎわいを「兵士来岡のことを聞き伝へ、市中は勿論、近在近郷より老幼男女の別ちなくぞろ〳〵と丸子宿辺迄見物に出かけ、新通辺の往来も止まりし程なりし。中にも我が愛子は如何に成長をせしや、又我弟は健全なるや、と父兄が兵士の顔に気をつけ、途中涙ぐみて親愛の情を物語るものもありて、実に近頃稀なる大賑ひなりし。殊に各戸には国旗をあげ、宿泊所又各町辻々へは夜に入て提灯を点したるより最と派手やかなりし」と伝えている。身内の兵士が郷里で演習を実施することからも軍隊と地域の関係は強まり、軍の側からすれば、行軍演習は軍の存在を社会的にアピールする格好の機会でもあり、「国旗」掲揚の機会をつくることで軍隊支持の基盤である国家意識を促進する契機ともなった。演習の社会的効果の点では、遠州地方の子どもが「皆な腰に木又は竹の棒切をつるしてサーベルに擬し、喇叭を吹きならして遊ぶこと大に流行する」との記事が雄弁に語っている（『静岡大務新聞』一八八六年五月二九日）。日清戦争はこれから八年後、おそらくそれ以前には子どもの遊びの世界になかったであろう「軍隊ごっこ」を始めたこの子どもたちが、青年期から壮丁にさしかかった時期であった。

徴兵忌避と徴兵逃れ祈願

ここまで軍隊と地域の関係が密接化する側面に光を当ててみてきたが、こうした方針が一路順調に進んだわけではない。一八八〇年代から日清戦争期にかけて、徴兵を忌避し失踪する人員数は、全国で毎年三〇〇〇～六〇〇〇人台に達した[19]。この数は、各年壮丁人員の一～二％に当たる。これに加えて、故意に身体を傷つけたり、病気になることで徴兵を忌避する行為もあり、徴兵令改正ごとに非合法的な徴兵忌避の罰則を強化しても、また地域を挙げて徴兵を慰労し、現役の名誉を称えても、故意に徴兵を逃れる行為は跡を絶たなかった。

静岡県本籍者の失踪逃亡者数は、一八八二年三八人、八三年三九人、八四年四〇人、八五年六二人、八六年七二人、八七年一〇二人、八八年五九人、八九年四四人である（『官報』一八八九年一二月一一日）。この数字の増減からは、一八八三年の徴兵令改正で養子縁組などの合法的な徴兵忌避が困難になった影響と、徴兵慰労事業の整備の画期となった一八八八年から徴兵忌避が減少しているさまが読みとれる。

民衆の徴兵忌避の心情の強さについては、一八八三年の徴兵令改正を契機に広がった徴兵逃れの神仏祈願もあわせてみておかねばならない。

静岡県内の初期の徴兵逃れ祈願で最も人気を集めたのは、遠州引佐郡の奥山半僧坊であった。一八八四年三月一日付の『静岡大務新聞』は、今年の「参詣者の多は全く徴兵令改正に付きてのゆえなり」と報じ、三日三夜の村会議の結果一村こぞって徴兵逃れの参詣にくり出した例も紹介している。また八六年一一月一三日付同紙は、浜松の昨今のにぎわいは「全く徴兵適齢者の父兄親戚が堂か運よく免れます様にとて、半僧坊や竜禅寺の観音に願がけをなす者あるに依ってなり」と伝えている。奥山半僧坊にやや遅れて徴兵逃れ、さらに戦時に際しての弾丸除け信仰の対象としてにぎわったのは、静岡市の竜爪山穂積神社である。時期が下るが、日清戦争時の一八九四年の御札発行数は一万三三四八枚に達し、その後、昭和に入って竜爪山の弾丸除け信仰は爆発的に広がったという[20]。また、一八九二年から九六年の間の祈禱者名を記した同神社所有の「開運祭人名手扣」の分析によれば、祈禱者数は九二年四二人、九三年八〇人、九四年九七人、九五年一九七人、九六年九人と日清戦争の影響が明瞭にあらわれており、祈禱者の分布をみると年を追って広がり、静岡市周辺を越えて、富士から御前崎まで駿河湾西部地域一帯の信仰を集めていた[21]。記載された祈禱者名が、祈願者全体の氷山の一角でしかないことは、いうまでもなかろう。

ところで、日清戦争という本格的な戦争をする前においても、民衆がこれほど徴兵を忌避した理由はどこにあったのか。第一は、経済的要因であろう。三年間の現役ともなれば、その間の収入は途絶え、農村では耕作に差し支えが生じた。前記の一八八四年三月『静岡大務新聞』記事によれば、耕作者の問題は個々の入営者家族の問題にとどまらず、村(集落)全体で会議を開き対策を練らねばならない深刻な問題として意識されざるをえなかった。入営者の旅費さえも、地域の補助のない場合、入営者個人の持ち出しを余儀なくされており、僅少なりとはいえ、「農家の財力にとっては容易なら」ざる負担であった(『静岡大務新聞』一八八八年一二月六日)。すでにみたように、各地の徴兵慰労は地域共同体に労働負担と経済的負担を強いるこの問題を避けて行なわれたのであり、徴兵忌避にこの面から対応することはそれ以降もしばらくできなかったのである。第二は、一八八八年一〇月三一日付『静岡大務新聞』の指摘をかりれば、何事であろうと上官に対し抗論できず、兵士が「何事も唯〻牛馬の如く士官の命令を聞きて使役さるゝ」ことであった。課業や行軍の苦しさよりも、精神的苦痛こそが問題であった。学校教育などを通じた近代的な組織規律に対する馴致（じゅんち）を十分に受ける前の時期ゆえに、このような不満が強くあらわれたのであろうが、それにしても日本軍の基本的な軍律を問う、民衆の根源的な不信・不満であり、兵役が自由を束縛することへの不満は、以後も軍隊忌避の大きな要因でありつづけた。精神面での不満には、差し当たり兵役の名誉という精神論を対置する以外に打つ手はなかったと思われるが、のちには（少なくとも大正期には）、名誉の付与の裏返しである、国民的義務をはたさない「非国民」「脱法者」などの〝非難〟が併用されていく[22]。しかし、軍内規律の見直しに踏み出すことは、大正期の部分的対応を除けば、基本的にはなかった。いずれも、徴兵忌避への根本的対処はなされず、徴兵忌避と忌避感情は長く続くことになる。

こうした徴兵に対する不満が常に渦巻いているとすれば、軍紀の確立はむずかしかったと思われる。一八九一年六月二五日付『静岡大務新聞』「豊橋通信」は、歩兵第十八連隊兵士の脱営事件、兵営内での賭博の横行（賭博の嫌疑者一〇〇余名の外出禁止）、少女強姦事件と第一大隊兵卒の外出禁止による加害者調査など、重ねて起こった深刻な軍紀の乱れを伝えていた。「名誉」とされる兵役の内実が問われていたのである。

2　本格的対外戦争の経験と〝静岡連隊〟の設置

歩兵第十八連隊の出征と静岡県下の兵力動員

一八九四年七月、在朝鮮の清国軍に対する日本軍の武力行使が始まり、八月一日、宣戦の詔勅が公布された。こうして、翌年三月の休戦まで、二四万人の兵力動員(戦地出動一七万八〇〇〇人)を行なった、近代日本最初の本格的対外戦争である日清戦争が始まった[23]。戦争目的は、朝鮮に対する清国の宗主権を排除し、日本の朝鮮支配を確立することであった。

八月四日、第三師団に動員令が出、歩兵第十八連隊は同月末に朝鮮半島東海岸北部の元山に上陸、平壌の清国軍総攻撃に際し北方から戦闘に加わった。平壌戦闘での戦死・負傷者計一八六人という数字は第五師団の歩兵第二十一連隊(広島)の二五六人に次ぐ犠牲者数であり、平壌戦での戦死負傷率の二七%を占めた[24]。その後、翌年三月の休戦まで第一軍のもとで、鴨緑江、海城、牛荘、田庄台の戦闘に加わり、六月に豊橋に帰還した。牛荘では、凄惨な市街戦が、田庄台では、余燼数日にわたる焼き打ち作戦が実施された。静岡県富士郡の兵士(一等卒)の戦功記録に牛荘戦で「夜ニ入リテ市街ニ放火シ火炎天ヲ焫ス機ニ乗シテ勇戦」とあり、焼き打ちは牛荘でも実施された模様である[25]。厳しい寒気、氷と雪のなかで凍傷に苦しんだ戦いでもあった。戦時動員のため歩兵第十八連隊は、**表6**のように増員されたが、出征者は三七五二人、うち戦死者一二七人、病死一一五人、死者計二四二人、負傷四三一人、凍傷

表6　豊橋歩兵第十八連隊の人員　(単位：人)

年	士　官	下　士	見習士官	兵　卒	計
1892	61	139	10	1,357	1,567
93	61	144	13	1,391	1,609
94	77	159	8	1,856	2,100
94	5	136		1,813	1,954

注 1)『陸軍省統計年報』第6〜8回より作成.
2) 士官は上長官・准士官の計，見習士官は士官候補生を含む.
3) 94年下段は召集による予備後備軍人数.

一四三人、病気後送六六二人である。死亡率は六・四％、全国平均と同じくらいであるが平壌戦の犠牲のため戦死者率が高い。戦死傷病者率は出征者の三九・四％であった[26]。出征した兵卒は明治生まれであり、明治生まれの若者を動員した最初の戦争であった。

日清戦争時の静岡県下の兵力動員数は統計上不明であるが、断片的な数字をつなぎあわせてまとめると**表7**のとおりである。現役出征および応召者を含め陸海軍合計で約六〇〇〇人程度が第三師団隷下の諸部隊や近衛連隊へ動員された模様であり、その多くは大陸や台湾へ派遣された。台湾は、一八九五年四月の講和条約で清から日本に割譲されたが、台湾では中国系住民を中心に植民地化への激しい抵抗が展開され、当初近衛師団が抵抗鎮圧に派遣された。**表7**の軍事統計は、台湾が一応軍事的に制圧された翌九六年五月までを含んでいる。静岡県に本籍をおく兵士たちも、ほぼ一年の間、一五〇人程度が台湾に派遣されたとみられるがその死亡率(死者三八人中三四人が病死。「陸軍戦病死者統計」では、戦病死者七〇人)は、きわめて高い。朝鮮半島・中国戦線での死者は、三〇〇人程度、死亡率五％程度とみられ

表7　日清戦争中の静岡県下兵力動員数と戦病死者

（単位：人）

郡市名	動員数	現役出征および応召者	戦病死者
賀茂郡	350	307（海 11，内 17，台 7）	10（8，台 3）
田方郡	441	354（海 14，内 8，台 14）	17（12，台 5）
駿東郡	352	282（海 9，内 7，台 9）	18（7，台 2）
富士郡	385	233（海 5，内 8，台 8）	17（3，台 2）
庵原郡	261	210（海 2，内 2，台 5）	7（4，台 0）
安倍郡	459	318（海 10，内 6，台 10）	29（15，台 3）
志太郡		324（海 4，内 6，台 6）	25（15，台 3）
榛原郡		305（海 21，内 10，台 8）	20（13，台 2）
小笠郡	485	381（海 7，内 11，台 15）	22（17，台 4）
周智郡	243	78（海 0，内 2，台 3）	4（2，台 0）
磐田郡	674	374（海 7，内 16，台 9）	25（17，台 5）
浜名郡	1,010	597（海 15，内 19，台 21）	37（23，台 7）
引佐郡	184	128（海 0，内 2，台 7）	10（8，台 2，不 1）
静岡市	144	105（海 0，内 2，台 0）	6（6，台 0）
計	4,988	3,996（海 105，内 116，台 122）	247（150，台 38）

注 1）動員数は各郡誌（『南豆風土記』『静岡県田方郡誌』『静岡県駿東郡誌』『静岡県富士郡誌』『静岡県庵原郡誌』『静岡県安倍郡誌』『静岡県志太郡誌』『静岡県周智郡誌』『浜名郡誌』『静岡県引佐郡誌』『静岡市史』）による．志太・榛原両郡誌には日清戦争動員数の記載がない．

2）その他のデータは，『日清交戦静岡県武鑑』（松鶴堂，1896年）による．各町村の日清戦争出征者に関する報告をまとめたものであり，浜松町をはじめ欠落している町村も多いが，全県で8割程度の町村はカヴァーしていると思われる．

3）現役出征および応召者のうち，「海」—海軍応召者．内—応召者中の国内勤務者．台—台湾出征者．戦病死者欄の（　）内は病死者数．戦病死者には，戦死・病死以外の出征中の事故死なども含む．台—台湾での死亡者数．不—行方不明者．（　）内の数字はすべて内数である．

る（「陸軍戦病死者統計」では二七七人）。なお、のちに静岡市内の招魂社に合祀された日清戦争の戦死者数は、三六三人である。静岡県護国神社の前身である静岡県共祭招魂社は、この未曽有の戦病死者を祀るという現実のなかで、一八九六年七月の県下郡市町村会議に設立趣意書が提出され、九九年静岡市内に創建された。「国家ノタメニ死シタル」戦病死者を、「殉難忠死」「殉国忠義ノ英霊」（設立趣意書）として、国家・天皇への忠誠という観点から顕彰する行為は、この時点から静岡県内でも広がっていくのである[27]。

人的動員と並行し、大量の馬匹（ばひつ）徴発が行なわれた。全県的数字は不明だが、富士郡の例では前後四回にわたり徴発頭数は一六〇〇余頭に達した[28]。開戦直後の八月四日付で豊田・山名・磐田郡長から熊村村長に出された軍馬徴発命令書をみると、命令受領着後二四時間以内に属具を含む準備をし、一日八里の行程で名古屋まで届けることとされている[29]。

戦争協力態勢と戦争熱

先の表6に戻ると、日清開戦に際しての歩兵第十八連隊における現役・応召兵比率は、下士以下ではほぼ半々である。また、田方郡の兵力動員数四四一人（表7）に対し、当時の現役兵数は、一六三人であり、動員総数の四割に満たない。静岡県下の兵力動員数が六〇〇〇人程度であるとするならば、三〇〇〇人以上の応召が行なわれたことになろう。日清戦争当時の静岡県下の戸数は二〇万であるから[30]対戸数比一・五％に相当し、各町村レベルでみると、現役を除き、数人〜二〇人程度が出征した。各町村では、これまで経験のない現役兵以外の大量兵力動員という事態を前に、応召兵家族の生活保護対策が緊急課題になったのである。

有渡・安倍郡(一八九六年、両郡を安倍郡に再編)や富士郡では開戦直後から徴兵慰労会が家族保護義捐金募集をはじめ、榛原郡でも予備・後備兵の救護金支給を目的とした陸海軍人保護会が設立され、八月七日、義捐金を募集した[31]。榛原郡の募金は、郡下各町村委員が郡保護会長からの目標額提示を受け、町村ごとに進められた。引佐郡では、郡役所で軍人家族保護の通則を定めたが、内容は生活困難者への生計補助費支給と他の軍人家族への慰問金贈呈、弔祭料贈呈などであり、実施機関としては郡の「軍人慰労会」の指導で、各町村に町村長を会長とする「軍人家族保護会」が設けられた。保護会の業務は町村役場が担当したが、救助費用は「義捐金」をあてた[32]。駿東郡沼津町の「応召軍人家族保護法」起草過程をみると、最初の原案では近い将来の町の公費支出を想定しているが、この考え方は(おそらく軍の意向で)退けられ、「義勇公ニ奉スル」兵士を、後顧の憂いなからしむるため、郷里の者たちが家族を援護する精神の発揚として戦時義捐金を位置づける考え方が、この戦争を契機に定着した[33]。前線にある郷土の兵士を銃後で自発的に支える構造が生まれる起点であった。

保護対策は、榛原郡の例や「田方郡函南村徴兵慰労会 并(ならびに) 軍人家族保護法規則」、駿東郡沼津町の「応召軍人家族保護法」を参考にみると、応召により自活能力を欠いた家庭に対して、一日当たりの食糧(玄米)三～五合、ないし玄米代金を基礎に算定した食糧金を給与した。応召者家族全員に救助金が支給されているわけではない。これに加えて、家族の病気治療実費支給、死者が出た場合の弔祭料が規定され、地域により兵士の負傷見舞金、応召解除・除隊の場合の慰労金、農業者家族の場合の部落の夫役免除、「隣俗郷党者」の扶助努力が盛り込まれた(34)。家族保護財源を不安定な義捐金に依存したことは、必要最小限の兵士家族生活援護を準備する以外、基本的には自力の生活維持を求める考え方にゆきつかざるをえなかったのであろう。

ただし、『新愛知』が一八九四年一〇月二一日付「付録」をもってまとめた愛知県内「従軍者家族恤救の概況」によると、ごく一部に村費支出や従軍者家族全体への一時金贈与と生活困難者への救助金支出の両面対応になっている例もみられる。従軍者家庭の子弟への小学校授業料免除は少なからず行なわれており、一部では生活困難家族への村税免除も行なわれた。各郡役所から町村に対する従軍者家族援護の指導は行なわれているが、町村ごとの対応にはばらつきがあり、援護組織の形態をみても、郡レベルでも郡徴兵慰労会の戦時対応型が比較的多く、その場合には郡と町村の二重構造になっているが、郡レベルの組織をつくらず、町村への従軍者家族保護法制定の指導だけで対応している例も少なくなかった。従軍者家族保護の組織においても、事業内容面でも、なおかなりの地域的な差異があったのである(35)。

さて、以上の例からみてとれるように、開戦直後の速やかな応召兵家族保護事業開始の背景には、徴兵慰労会の指導と経験があったことがわかる。徴兵慰労会はいわば平時の軍隊に対応する地域組織であったが、戦時に際して、戦時対応型に活動分野を広げる、ないし戦時への臨時対応型組織である応召軍人家族保護会の設置を促した。

徴兵慰労会の戦時対応型の例として駿東郡徴兵慰労会会則をみると、日清戦争以前は「本会ハ義捐金ヲ以テ組織シ徴兵令ニ依リ本郡ヨリ徴集ニ応シ満期帰郷セシ者ヘ慰労トシテ贈金スルヲ以テ目的トス」であったが、日清戦争後、これに「及戦時ニ在テ召集ニ応シ服役ノ後帰郷セル者ヲ慰労シ又ハ戦死者病死者家族弔慰ノ為メ組織スルモノトス」が加わり、現役満期慰労に準じて贈金、戦病死者遺族弔意が行なわれるようになった。この時、あわせて二つの点で重要な会則の変更がみられる。

一つは第一条の目的から「義捐金ヲ以テ組織シ」の部分が消えたことである。日清戦争前においても、義捐金徴収法は毎戸年一銭の第一種義捐金、徴兵適齢者で入営しなかった者から一人五銭の割で募る第二種義捐金、篤志家の第三種義捐金(金額を定めず)に分類されていたが、戦後は、第一種の部分は毎戸年六銭の会費という位置づけとなり、第二種相当分(二五銭以上)は寄付金、第三種相当分(一五円以上)も寄付金という扱いとなり、義捐金による会活動維持から、全戸への負担強制へ変わり、この強制負担分で全会費の八割を占めたのである。第二種も、寄付という建前ではあれ、現役を免れた者たちの強制的援護負担的性格に近いから義捐金による維持という性格は著しく弱まったと考えてよかろう。日清戦争体験は、現役満期者と召集除隊者に対する慰労態勢を、義捐金という篤志で支えるのではなく、地域内全成員が義務的に支えるべきであるという意識に転換を促したのである。

二つは、会維持費においてはこのような各戸の経済事情と無関係な一律負担をとりながら、現役満期の慰労金額については、従来にもまして、満期時の軍内等級による支給格差が拡大したことである。戦前の贈金幅は三〜八円の幅であったが、戦後においては一〜八円となり、昇進も功もない「満期帰郷者」は、四円から二円に切り下げられた。地域組織を通じて、軍内昇進と勲功獲得意識がいっそうあおられていったのである。[36]なお、駿東郡徴兵慰労会は、その後駿東郡報公義会と名称を変更し、一九〇二年七月に駿東郡奨兵会と改称した。その他多くの地域でもみられる「奨兵会」の名は以後長く続くことになるが、奨兵会への転換の段階で、慰労は、平時より戦時を重視したものとなり、他方で現役以外の徴兵適齢者の出金が義務化される点では、兵役代替税的性格をいっそう強めていく。[37]

開戦後の民衆の戦争熱は、献金・献納、町村応召兵家族保護のための義捐金募集、応召者の送別会・見送り、戦勝祈願、戦利品展覧会、戦死者葬儀などの活動としてあらわれた。献納は有志、献金は有志の形をとった町村挙げてのとり組み、および町村議員、青年団体、宗教組織、教員、学校生徒、新聞社などによって担われる。家族保護義捐金募集はすでにふれたように行政ペースである。送別会は有志主宰、青年会、行政中心など各種の形態で各町村とも盛大に行なわれた。停車場での見送りは「国旗大旗」を押し立て、祝砲を挙げ、煙火を打ち上げ、「万歳」の歓呼が響き渡った。戦勝祈願は主として仏教各宗派を中心に行なわれた。[38]これらのうち、送別・見送りは、以前からの入営時送別行事の延長上にあり、義捐金・献金は慰労金募集で蓄積された経験のうえに成り立っている。他方で、戦勝祈願・戦勝祝賀会・献納・戦死者葬儀・鉄道で輸送される軍人に対する停車場での「犒軍」などはまったく新しい軍事関係行事として発生した。戦争熱としてあらわれる行動の基幹部分が、送別行事の熱気や献金にあるとすれば、その戦争熱は、徴兵制の整備にともない日清戦争までほぼ一〇年をかけて行政主導でしだいにつくりあげられてきた諸活動経験と兵事関連組織を背景に生みだされたのであり、これらの組織活動を軸として、青年団体・学校以下の地域諸団体、新聞社などの諸組織が新たに加わり、形成されたものであった。そしてその戦争熱(銃後)体験を契機に、徴兵慰労会などの兵事団体がいっそう深く地域民衆生活に浸透していったのである。

戦争熱展開の経緯をもう少し詳しくみていこう。戦時の興奮は、まず開戦直後の応召に対する各地の送別行動としてあらわれている。まだ静岡県内の部隊は存在しないから、地域ぐるみの部隊送り出し行事とそれにともなう熱狂はない。各町村で〈それぞれの〉応召兵を、〈それぞれの〉形態で送別したのである。[39] 軍隊と地域との結びつきは、町村(および郡)出身の兵士との直接的関係であり、静岡県、あるいは駿河・遠江という地域規模の応召兵を同じ郷土出身者集団として想定する発想は弱かったと思われる。この面では町ぐるみで歩兵第十八連隊を送り出した豊橋町における軍隊・地域間の一体意識(豊橋町民と豊橋に兵営を置く部隊・在営兵との関係)とはある種の落差があったはずである。参謀本部編『明治二十七八年日清戦史』が、「軍隊ノ通過シタル沿道各地ニ於ケル送迎モ亦(また)慇懃ヲ極メタリ」(第七巻、一五〇頁)と評価する停車場での犒軍は、通過する軍隊を対象に焚きだし・飲料供給や音楽などによる歓迎行事を行なう接待であるが、これは開戦当初から町が自発的に行なったものではなく、軍側の要求に基づいて始まったものと考えられる。[40] 町村出征兵への援護から、軍隊すべてを「国軍」として接遇する行為の間には、かなりの意識上の飛躍が必要であろうが、日清戦争期のさまざまな戦争協力活動の組織化のなかでその落差が狭まっていった。『静岡県軍事援護史稿』(恩賜財団軍人援護会静岡県支部編)によれば、県下の献納は、防寒用毛布一万枚、ぞうり一〇万足、梅干し一〇〇〇樽余、清酒三〇〇樽余、巻きたばこ三〇万本余、沢庵漬け一〇〇樽余、茶一〇〇貫余、木綿一八〇〇反という地域性を反映した各種の品物が記録され、献金は静岡市内で四九九七人から四三九四円(一人平均一円弱)を集め、県下総額で四万円余りに達した。[41] これらの献納・献金も献納先は「陸軍」「海軍」であり、このような「国軍」一般への支持行動は、日本赤十字、軍の恤兵部等を通じて組織されていった。戦費調達のための軍事公債募集に対しては、県下総額で一〇〇万円余りに達したが、現沼津市市域の事例によると、地域名望家の購入のほか村の基本財産による購入例が多く、地域民衆の戦争熱のあらわれとは評価しがたい行政レベルの対応であったと思われる。[42]

九月一五日の平壌戦で多くの戦死者が生じた関係で、地域ぐるみの盛大な葬儀が各地で挙行された。一〇月一五日に執行された沼津町の葬儀では、町内有志・戦死者と同年代の青年層のはたらきかけで町(町のなかの自治区)の総代が葬儀事務を務め、町長・議員以下有力者、各町青年会、小学校教員・生徒、消防組を含め会葬者は沼津町未曽有の二〇〇〇人を超した。[43]『新愛知』で一八九四年中の愛知県内の戦死者葬儀をみても、会葬規模は五〇〇人を下らない。一八九五年四月の清水町(現清水市　※平成合併で静岡市)の場合、青年有志のはたらきかけで、葬儀は町長を委員長とし、町議を委員とする町葬としてとり行なわれた。一戸宛五銭以上の寄付を募り、郡長・警察署長など地域役職者、地域内僧侶、町内各青年会、小学校生徒を総動員し、会葬者は三〇〇〇人余に及んだ。[44] 日清戦争中の戦死者葬儀は、生前の死者を知る町内・部落関係者を実行事務主体とし町村の公葬的形態をとっていたのが、戦争末期には葬儀の執行主体において行政と議会が中心となる町村公葬(ただし公費の支出は行なわない)に転換し、戦死者の死の国家的公的性格が顕彰される仕組みに変わっていった。日清戦争中に出現した戦死者の町村葬は、死者の最も身近な人びと〈死者にとっての郷土〉の嘆きを後景に退け、地域を経由して死者とその死への痛みが、国家に回収される回路を提供したのである。ただし、まだこの時期の地域紙は、戦死者の戦功を仰々しくかき立て、戦死者個人の忠義・報国ぶりを社会的に宣伝する記事のつくり方はしていない。

一八九四年一一～一二月にかけ、旅順口占領にともなう戦勝祝賀会が各地で行なわれた。最初の戦勝祝賀会である。第三師団司令部を置く名古屋市では二万人の大祝賀会が行なわれた。この祝賀会の特徴の一つは、「豚奴の生首若干を青笹竹に点綴し是を車上に押し立て」というような清国への優越感、中国人への敵愾心と蔑視である(『新愛知』一九九四年一二月一日、五日)。「支那人ノ首ニ擬シタルモノヲ高ク竹槍ニ貫キタル」「支那人ノ大首ヲ曳」くという祝賀の出し物は、沼津町の場合にもあり、[45] 各地の祝賀会でごく普通にみられたことと思われ、戦勝の宣伝とこうした祝賀の祭りを契機に、国軍の強さへの信頼と中国人への蔑視が地域民衆レベルまで広がったのである。日清戦争に関する『新愛知』の主張を時期的に追うと、九月一日付では、未開に対する文明の戦争という構図は、未開の朝鮮を誘導する文明国日本という戦争目的の宣伝として使われているが、九月一五日の平壌戦勝利後、清国軍を豚兵・

豚尾兵と蔑称する一方で、東洋の大強国・文明国・覇権国日本という論調が強まり(九月一八日、一九日、二二日付)、一一月に入ると「豚人の凶暴にして頑愚」と蔑視を深め(六日付)、一六日の主張では、清国と中国人に対し「不文明」「未開国」の烙印を押すにいたるのである。戦勝祝賀会はこのような蔑視の深まりのなかで行なわれ、それを増幅する役割をはたした。[46]

歩兵第十八連隊は一八九五年六月に豊橋に帰還し、この前後から、これも初めての、凱旋帰郷時の歓迎慰労が始まった。凱旋慰労に関しては、町村ごとの厚薄により帰還兵の不満を生じさせないよう気が配られたためであろうが、静岡県内の郡および町村の徴兵慰労会および関係兵事団体を網羅的に組織した静岡県凱旋軍人歓迎会を組織し、町村の帰郷兵歓迎手続き(停車場での歓迎法、各戸の「国旗」・提灯、歓迎宴会の開催、慰労金の目安など)の標準化・平準化を徹底した。[47] 戦勝の熱狂と地域(郡・市、町村)の慰労(あわせて戦功評価)は、こうして周到な準備のうえに展開されたのであり、これが以後の凱旋慰労の原型となる。[48]

日清戦後軍拡と静岡連隊新設

一八九五年四月一七日、日清講和条約が調印されたが、その直後から三国干渉を受け、五月、日本は遼東半島の還付を決定した。すでに、日清講和会議の最中から、戦後の軍拡計画を練っていた軍部にとって、「臥薪嘗胆（がしんしょうたん）」という国民的スローガンの登場は、日露間の戦争を射程にいれた軍拡の絶好の追い風となった。

陸軍省『明治廿九年自七月至十二月　密大日記』によれば、一八九五年八月、参謀本部は六個師団新設の陸軍拡張計画をまとめている。拡張の理由は、日清戦争後の日本をめぐるアジア新情勢のもとで、従来の「守勢的防御」から「攻勢的防御ノ主義」に転じなければならず、兵力を増大し「国権ヲ皇張シ国利ヲ保護スルノ手段ヲ取ラサル可ラス」というものであった。同理由書では、とくにロシアのシベリア鉄道建設とアジア向けの兵力量に注目し、ロシアの極東派遣可能兵力を一五、六万人と見積もり、日本陸軍がこれと戦うためには戦時における二〇万人の野戦軍設置能力が必要であるとした。そのためには平時一四個師団の設置を不可欠とし、経費を勘案しつつ、一〇月には、北海道屯田兵の改編による第七師団の設置と第八〜十二師団新設方針(近衛師団を含め一三個師団となる)がほぼ固まった。平時定員では約七万人から一五万人への二倍化、戦時定員では二一万六〇〇〇人から五三万人への拡張案であった。この軍拡で誕生した静岡歩兵第三十四連隊は、大陸でのロシアとの戦争を想定して設置された部隊の一つだったのである。

この軍備拡張案を、部隊の編成地と徴集区域として具体化する作業は、参謀本部「兵備拡張ニ関スル師管新分画ノ考案及之ニ応スル動員計画ノ意見」としてまとめられた(前掲『密大日記』)。文書には、「明治二十八年十月中旬修正、同二十九年四月中旬修正」とある。おそらく一八九五年一〇月段階で、すでに大隊区司令部(この時の軍備再編で連隊区司令部と改称)のある静岡市に連隊区司令部を置き、歩兵連隊の衛戍地を静岡市にする案は固まっていたと思われる。静岡の連隊にかかわって検討課題になったのは、歩兵徴集・召集にかかわる軍管区の線引であったが(駿河湾岸の第一師管編入案)、九六年三月中旬には磐田・引佐・浜名三郡を除く静岡県全域が静岡連隊区司令部の管区に入り、歩兵第三十四連隊を静岡市に置く案は固まっていた。

以後の部隊改廃の時も同様であるが、この軍拡でも、陸軍の具体案は伏せられた状態で、連隊新設候補地の噂が乱れ飛んだ。一八九五年一二月二三日、静岡市会は秘密会で「兵営設置に関する運動」を審議した。この時の情勢判断では、静岡県下の連隊新設案があり、静岡市が第一候補地であるが、沼津・三島なども候補地に挙げられている。そこで「県庁大隊区を通じて陸軍省の意向を探る」一方、市有となった旧静岡城地を陸軍省に献納し「聯隊設置に先鞭をつけ」る意向を固めた。静岡市長は、秘密会で、兵営新設につき、県知事・大隊区司令官と会合したところ、「司令官は静岡を適地と認め、成るべく当市に設置したき意向を有し、市の熱意次第では其筋へ内申してもよい」、願書は公然とせず、「裏面より司令官の手許に差出すが宜しからう」、問題は「地方」の「熱意」であり、「例へば兵営の敷地を献納するとか、練兵場も市の付近に選定し得るとせば愈々(いよいよ)といふ場合苦情の起らぬやう手筈をつけて置かねばならぬ」と、きわめて具体的な運動方法の指導を受けたことを披瀝している。司令官は、沼津地方の兵営設置希望運動を引きあいに出しつつ、静岡市側の危機感をあおり、連隊敷地献納・練兵場買収予定地への市側の根回しという誘致への「熱意」を求めたのである。司令官が運動の公然化を避けるよう求めたのは、用地買収に支障をきたさないためであったと思われる。(49) 陸軍の決定を伏せたままで、きわめて巧妙に地元の負担を引きだしたのである。

この大隊区司令官の〝助言〟に従って、静岡市会は再び秘密会を開き、一八九六年一月一一日、陸軍大臣宛に、地理的にみた国防上の重要性と軍隊給養(物資調達)の利便・練兵場適地の存在などを理由とし、「市有旧城地」の献納を条件とする兵営設置請願書を提出した。旧駿府城地は、一八九〇年、静岡市が陸軍省から有償払い下げ(約一万二〇〇〇円、市債発行)を受けたのであるが、それを六年後に同じ陸軍省に無償献納しようとしたのである。市長と市会が、本来市の「実力ヲ養成」すべく市の基本財産とした旧城地を手放し、このような経済的負担を負ってまで誘致に動いた理由は、残念ながら史料的には不明である。[50]

一八九六年四月末、参謀本部による連隊設置・軍管区改定案の確定を受けて、陸軍省は静岡市に正式な城地献納の出願を要請し、市は同月二九日、改めて本丸・二の丸・本丸濠まで含む旧城地全体の献納を決定した(約四万三〇〇〇坪)。このほか、静岡市は静岡衛戍病院敷地、練兵場敷地買収につき、所有者の承諾、買い上げ代金請求をとりまとめ、兵営設置にともなう濠埋立工事の人夫を提供した。約五万坪の練兵場の買収価格決定にあたっては、当時の売買相場と低廉に抑えたい陸軍省の提示額との間にかなりの差があったが、地主側が折れる形となった。[51]これも市の工作によるものであろう。

歩兵第三十四連隊は、一八九六年一二月、まず豊橋の歩兵第十八連隊内で創設(連隊本部と第一大隊設置)され、九七年三月一五日に、停車場付近の数千人の出迎えと「第三十四聯隊万歳」、市内各戸の国旗と市中の「空前絶後の雑沓」のなかで新しい兵営に入場した。[52]同年一二月の新兵入営で第二大隊が編成され、翌九八年一二月の入営で第三大隊が誕生し、三個大隊の連隊編成が完結した。一個大隊は四個中隊、平時の歩兵中隊兵卒定員は一三五人であった。第三十四連隊の徴募区は、先にふれたように磐田・浜名・引佐を除く静岡県内地域、上記三郡は第十八連隊管区となった(『官報』一八九六年一二月四日)。両歩兵連隊をもって第十七旅団を編成し、第三師団の隷下に属した。連隊が誕生すれば、練兵場以外に射撃場が必要となる。三十四連隊射撃場は九七年五月、有度山に仮設置され、一九〇一年、大谷村に(三万二〇〇〇坪)、次いで一九〇八年豊田村に設置された(六四〇〇坪)[53]。兵営は市内に、小銃実弾射撃場は市外に設置されたわけである。経済的利益をもたらす軍施設が市街地に、実弾射撃場のような危険で実利のない施設が市外、農漁村部に設置される軍施設の建設方針は、その後も各地でくり返されることになる。第三十四連隊関係の用地は、兵営・練兵場・射撃場だけでも、一三万坪(四三ヘクタール)を超えた。

　歩兵第三十四連隊の創設により、静岡県という地方行政区域と連隊管区は、ほぼ一致をみた。第三十四連隊兵卒はすべて、静岡県内の壮丁をもって編成されることになったのであり、「静岡県なる一家」が、静岡の歩兵連隊を支える構造が形成された(『静岡民友新聞』一九〇二年三月一四日、軍旗祭についての「某将校談」)。日清戦後軍拡は、こうした軍と地域の関係を日本の過半の地域で形成したのである。歩兵連隊と〈県という地域〉は一体意識を強めたが、それは、軍事意識・軍事思想が常に他県との比較で評価される地域ごとの軍事貢献度の競争の起点ともなり、逆に「一家の形」のなかでは兵士の援護・慰労などに不平等のないような、画一性を求めることになるのである(『静岡民友新聞』一九〇二年六月一八日、連隊区司令官講話)。

在郷軍人団体・軍事思想普及団体の形成

在郷軍人の組織化は、日清戦争前から予備・後備兵の召集との関係で始まっている。既述のように、軍側から召集事務体制の整備を求められていた地方行政機関が、在郷兵を召集に備えて把握し、かつ召集に迅速に応じさせるため、日頃から軍隊精神の涵養に努めることが必要だったからである。その意味では、兵事行政上の要請に基づくものであり、在郷軍人に対する監督的性格も含んでいた。したがって、この時期の組織化は郡市町村それぞれのとり組みにまかされていた段階であり、静岡県の場合、『官報』等の記載状況からみて、組織化は遅れていたと思われる。県内では、一八九二年に組織された豊田・山名・磐田郡振武会、九三年に規則例が制定された駿東郡各町村の尚武会が初期の事例として確認される[54]。前者は、予備・後備兵を通常会員とし、後者は上記在郷兵とともに有志者を含むが、目的はいずれも兵事関係談話会や兵式運動会等を通じた在郷兵の軍隊精神涵養と地域の「尚武ノ気象ヲ振起」することである。町村を傘下にした郡レベルの組織か、郡町村長会議で概則を決定し設置は町村に委ねられたか、の相違はあるが、行政指導型の組織という点では共通していた。

こうして行政の指導下にあった在郷軍人は、日清戦争を経て、独自の結集と活動を展開しはじめる。まず、歩兵第三十四連隊の編成完結を目前に控えた一八九八年一〇月、静岡在郷将校団が発足し、翌年後半ころから懇親会等の名目で徐々に在郷軍人の地域的組織が誕生しはじめ、**表8**のように、一九〇一年末以降、在郷軍人会という名称での郡・町村レベルの組織が広がった。各地在郷軍人会の目的は、地域での軍事思想涵養、後進育成、動員に備えた有事訓練などである。日清戦後、在郷軍人の組織化が進められた背景には、日清戦争時の非常召集に際し、予想外に多くの不参者を出したことがあると思われる。在郷兵の地域的集まりは、日清戦争後、毎年三月の「戦捷記念日」に行なわれていたが、このような同一の戦争体験共有を基礎とした親睦的集まりが、恒常的団体に変身していったのである。『静岡県安倍郡誌』や『静岡県志太郡誌』は、郡下各町村の在郷軍人団体の組織化を一九〇三年ころからと記しているが、在郷軍人団体は、一九〇二～〇三年に急速に拡大し、その勢いが日露戦争開戦直後まで続いた。しかし、その後一部地域では、在郷兵出征によって、休眠あるいは消滅状態となった。

在郷軍人関連団体は、このほか尚武会・振武会・尚兵会などの名称でも広がっている(『静岡民友新聞』一八九八～一九〇三年)。これらは日清戦争前の「尚武会」と類似して行政側のはたらきかけで結成されたものから在郷軍人会の別称と思われるものまで含み込み、軍事思想普及・入営前教育・軍事研究などを目的とした。いずれにしても、日清戦争を体験して軍事思想・尚武の気風の普及と新兵への事前教育が各地域の課題として意識され、そのなかで在郷軍人の地域における役割が高まり、結集が進んだのである。

各地域ごとの在郷軍人組織化の背景にあったのは、連隊区司令部の指導であった。この当時の有力地域紙『静岡民友新聞』には、一九〇一年末から日露戦争前までの期間、連隊区司令官や第三十四連隊将校の談話、各郡徴兵検査所での連隊区司令官講話・口演が頻繁に掲載

表8　県下在郷軍人会の結成

年月日	事　　柄
1898. 3. 20	静岡県千城会(一年志願兵出身予後備将校団体，軍事学研究および後進育成)発会
10. 1	静岡在郷将校団体発会
1899. 10. 21	志太郡西益津村在郷軍人懇親会
1900. 2. 2	引佐郡在郷軍人懇親会
8	浜松在郷軍人義勇団定期総会
10. 13	榛原郡初倉・吉田両村，第1回在郷軍人懇話会
1901. 12	浜名郡白須賀町，連隊区の指示で郡在郷軍人会設立へ
1902. 5. 5	富士郡大宮町在郷軍人会発会式
9. 1	引佐郡在郷軍人会結成
10	田方郡函南村在郷軍人会(日清戦争従軍者親睦，後進育成，有事訓練，行軍演習の補助)結成
11. 25	引佐郡鎮玉村在郷軍人，軍事思想発達と後進育成，協力一致を目的に在郷軍人会結成
1903. 1. 4	藤枝町在郷軍人会(地方軍事のための努力，後進育成)結成
10. 11	浜名郡在郷軍人会組織委員会開催
10	静岡市在郷軍人友誼会結成
10. 17	志太郡西益津村在郷軍人第8回集会
10. 20	浜名郡在郷軍人会白須賀区会，非常召集令状配布の実地演習
12. 3	周智郡森町在郷軍人会発足
12	榛原郡在郷軍人会組織化へ
12	小笠郡掛川町在郷軍人同志会結成
12. 19	庵原郡高部村在郷軍人会結成

出典)『静岡民友新聞』より作成.

されている。そこでは、地域へのさまざまな要望が出されているが、主たる内容は、軍事思想の普及、壮丁学力の向上、徴兵・召集事務体制の整備である。

軍事思想の普及は、軍隊内教育の効率化と志願率(一年志願兵、海軍志願兵、陸軍志願兵、下士官志願、幹部志願としての陸軍幼年学校志望)向上などの観点からの要望であった。静岡連隊区司令官によれば、軍隊教育の前提は読み書き能力および忠君愛国精神、軍事思想の水準であるが、現在の軍隊教育では、本来の軍隊教育以前の普通教育や軍事的精神涵養に力を注がざるをえない状況であり、そのため平素から地域で軍事思想を高めることを求めた。壮丁の軍事思想を高めるうえでは、在郷軍人の役割が期待され、一九〇一年一二月には浜名郡において豊橋連隊区司令部の在郷軍人会結成指導が行なわれた[56]。**表8**からも、この浜名郡の動きを皮切りに、在郷軍人懇話会から在郷軍人会結成へと踏み切っていく流れがよみとれよう。また連隊区司令部は、奨兵会を家族救護や徴兵援護だけでなく、軍事思想を主目的に改編するように指導を行なった。その手始めは一九〇一年三月の静岡市奨兵会の結成であり、静岡市型の軍事思想鼓吹を目的とした恤兵団体の普及が奨励された。静岡連隊区司令部は、一九〇二年中を通じ県内の奨兵会設置指導を進めており(『静岡民友新聞』一九〇三年三月四日)、先述の一九〇二年七月における駿東郡奨兵会への改組もこの指導の結果である。さらに、軍事思想普及のうえで期待されたのは小学校教育である。小学校教員が徴兵検査に立ち会い、自己の教育の「結果」を確認し、今後の教育に役立てることがくり返し求められ、あるいは軍旗に対する意識を学校教育の場でも育てることが要請された。壮丁体軀向上の観点から体育教育への「注意」も求めている。在郷軍人団体・奨兵会・行政当局主催の入営前教育の普及も、軍隊の強さは壮丁の普通教育程度で決まるとして、連隊区司令部から壮丁学力の向上、青年対象の夜学校の普及を奨励された結果であった。

静岡連隊区司令部によれば、軍事思想の普及度は、徴兵検査に如実にあらわれるものであった。静岡県は「兵事の一般に至りて第三師団管下中の最劣等」と県ぐるみの軍事思想向上をあおったうえで(『静岡民友新聞』一九〇二年九月一三日、連隊区司令官講話)、状況改善の手段として、徴兵検査の結果が郡ごと、町村ごとに公表され、甲種・乙種合格や志願率の競争が展開され、これらを基準にして地域ごとの成績の優劣がつけられはじめた。「一体町村として多数の合格者を出すは乃ち町村の名誉にして少数なるは他町村の厄介」、「成績劣等の町村はその原因を深く討究すべし」というように(『静岡民友新聞』一九〇二年六月二四日、七月一二日、連隊区司令官講話)、徴兵検査結果が地域の優劣をつける価値基準として利用されはじめたのである。そして、合格率を高めるために、軍事思想教育や読み書き能力だけではなく、入れ墨排斥、性病の減少、当時低身長の原因とされた同族結婚を避けること、栄養改善などにつき地域ぐるみの努力が求められた。日露戦争前、静岡県域では静岡連隊区司令部設置を契機に、軍隊が地域軍事団体の結成・改編、教育内容、風俗改良など地域組織や地域日常生活の諸側面にまで干渉を広げたのである。

これまで軍は、県—郡—町村の地方行政ルートを通じて、兵事行政指導を行なってきた。しかし連隊区と県行政区域が重なったこの段階で、連隊区司令部は、徴兵検査を利用して郡・町村への直接的指導を行ないはじめ、各検査所における司令官講話を地域紙に連載することで、地域民衆全体への軍事思想普及キャンペーン的機能をもたせた。直接指導と地域ジャーナリズムを利用したキャンペーン効果が相乗して、兵事行政における軍事思想の役割の重要性が浸透し、その過程で、在郷軍人組織化が急速に広がったのである。連隊区司令部の将校は、県内地域の奨兵会・尚武会の総会や大会、入営者送別式などにもこまめに出席しはじめている。こうした数百人単位の地域集会の場がすべて、軍事思想普及の場として利用されたのである。師団あるいは連隊区司令部の地域行政への「中越」の意が、郡―町村―区ルートで地域末端まで速やかに伝わる仕組みが一般化したのも、この時期と考えられる[57]。こうした意味で、日清日露戦間期は、軍が地域民衆に対する間接指導から直接指導にも踏み出した起点としての位置をなすといえよう。その転換は、大陸での対露戦の想定・五〇万人の戦時兵力の建設を目的とした計画的なものであり、入営前教育を受けたより質の高い現役確保・在郷軍人の士気の維持・地域の戦争後援体制整備の要として、軍事思想普及がくり返し強調されたのである。軍が地域の防衛から乖離し外征軍建設を本格化した時、軍は地域への介入を強めていった。

台湾植民地戦争と静岡

日清講和後の一八九五年五月から、講和条約で日本の植民地にされた台湾では、中国系住民を中心とした激しい抵抗が開始され、翌九六年五月まで約五万人の軍人と二万六〇〇〇人の軍夫を投入した本格的な台湾全土の征服戦争が展開された。この間の日本軍による台湾軍民殺害数は一万七〇〇〇人を下らない、と推定されている[58]。この時期の静岡県出身兵のかかわりに関してはすでにふれた。

しかし、日本軍が一応全島を軍事的に制圧した後も、中国系住民のゲリラ的抵抗が続き、日本軍は混成旅団三個を常駐させ、国内各師団から交代で守備兵力を派遣した。中国系住民の武装抵抗は一九〇二年まで持続し、その後も先住民族の散発的な武装反乱の時期が続いた。〇二年までの「討伐」による殺害数は一万一九五〇人に達した[59]。

この間、歩兵第十八連隊は、一八九六年一〇月から翌年一〇月まで第一大隊を台湾に派遣し、第三十四連隊設置後は、第十八・第三十四連隊ともに混成(各中隊から抽出)で一中隊を編成し、一年勤務の台湾派遣を続けた。**表9**は、『静岡民友新聞』からひろいだせる両歩兵連隊の台湾派遣記事である。第三十四連隊の下士以下はすべて静岡県出身であり、これに第十八連隊派遣兵士の四分の一を静岡県出身兵として加えてみると、毎年二〇〇人を下らない静岡県出身兵が台湾に派遣され、抗日運動鎮圧活動を行なっていたわけである。一九〇二年までに一〇〇〇人をはるかに超える静岡県出身兵が台湾植民地戦争に投入されたことになろう。

では、派遣兵は台湾で具体的にはどのような鎮圧作戦を行なっていたのか。第三十四連隊派遣兵にとって、最も激しい鎮圧作戦となった一例をあげておこう。

一九〇二年七月六日、派遣兵が守備についていた新竹南の南庄「不穏」の報に接し、三十

表9 『静岡民友新聞』第18，第34連隊台湾派遣関係記事

年月日	事　柄
1899. 8. 22	34連隊の選抜派遣兵8月23日出発，中隊長(大尉)，少尉，特務曹長以下119名
8. 27	34連隊派遣兵(新竹守備隊交代)将校以下224名，24日神戸港から台南丸で出発
9. 10	18連隊台湾守備兵240余名帰隊，二年兵1週間，三年兵2週間の慰労休暇
9. 14	34連隊台湾守備兵15日帰隊予定．歓迎準備
9. 15	34連隊帰還者は将校以下103名
1900. 6. 13	34連隊より8月中台湾出発の兵士221名
1901. 4. 23	9月中旬，34連隊から220名，18連隊から220名派遣予定
8. 28	18連隊220名，34連隊220名，10月中に帰還予定．第3師団工兵38名帰国
9. 21	34連隊から320名(220カ)派遣予定
9. 27	34連隊兵士226名，26日7時35分の汽車で静岡出発
1902. 5. 2	18連隊より168人，34連隊169人，6月出発
5. 17	18連隊，34連隊過員各53名ずつ18日帰着．連隊定員分167名ずつは6月末帰着予定
6. 19	昨年5月派遣の1個中隊，6月22日帰国予定．18連隊も同じ
6. 27	18連隊帰還兵27日豊橋着予定

四連隊派遣中隊一二二名が急行した。しかし、「形勢益々不穏」につき砲兵・工兵各一小隊を含む大隊規模の出動となった。事の起こりは以下のように伝えられている。

「戦端の原因　敵の大将とも称すべきは日阿拐にて之に連合したるは悪蕃大老社其他土匪総て五百余名なり。日阿拐は中々声望ある者にして資産多く優に千人を五カ月間給養するに足ると謂ふ。そも〳〵此度の事件の根本は……内地人が日阿拐より土地を借り入れ今日に至りて金を出さゞる為め彼は自身の土地を遂には占領せらるるかの恐を抱き遂に今回の事件を惹起した

る次第なるべし」。

南庄は三方山に囲まれ、「敵に此の三山を占領せらるれば南庄は嚢中の鼠に似たり」「此等(これら)の山は樹木鬱蒼大兵の使用に適せず、山は急峻匍匐(ほふく)して登るを得るのみ、此等の地は彼等の好戦場にして我に於ては大障害地なり」という。この山中で、付近の家屋を焼きつつ大老社の一群に迫りつつあった三三人の小隊が逆に包囲され、一六名が負傷、戦端が開かれたのである。後の状況は不明であるが、「南庄出張中の第三大隊本部及歩兵第卅四聯隊守備隊の全員はマラリア熱猖獗(しょうけつ)にして半数以上の患者を生じたる」ため、八月一日「第二大隊と同地の守備を更替」したという(60)。

この事件の後日談は、第三十四連隊派遣兵が故郷に出した手紙からみておこう(61)。

> (前略)就テハ去ル十七日当南庄ニ於テ彼ノ七月来ヨリ蛮人ノ頭タチ呼出基準式(帰順)ヲナシテ其結果蛮人ヲ殺ス筈ニ致シ居候処、此基準式ハ最早(もはや)弐三回行ヒタレ共未ダ談判ハ附カズ居処、十七日ニハ基準式ヲカコツケニシテ置ニ又写真ヲ取ルトノ事ニダマシテ置キテ(憲兵ヤ)軍隊ガ射撃スル様ニ致シ置キテ十七日午後壱時頃ヨリ南庄市街ニ於テ戦闘ヲ始シメテ午後五時迄戦ヒ居リテ其処蛮人モ並々逃ケタレ共逃ケタル者ハ少シ計(ばか)リ、跡ハ此日殺タリキ。八十人斗(ばか)リ来リタルヲ四十人殺タリキ。敵ノ大将六条ノ大老ヲ殺シ、又最一名ノ大将日阿拐ハ取リ逃シ候ヘ共、同人ハ年ハ六十三歳タル老年故ニ大シタル事モセズト思ヒ居候。(一一月二一日付)

帰順式にかこつけ、平頂山事件(一九三二年)を思わせる写真撮影をだしにして、抗日勢力の抹殺を謀る衝撃的内容であるが、この作戦は、決して一部隊の独断ではなく、台湾総督府公認の討伐方針であった。当時の民政長官後藤新平の『日本植民政策一般』には、抗日勢力を「各弁務署警察署などに呼出して帰順証を渡すと言って誘ひ出して、各弁務署に十人なり二十人なり、多い所には三十人、五十人も来たのを一斉射撃にて殺した」と記録されており、[62]一九〇二年一〇月八日付『静岡民友新聞』にも帰順式当日の「臨機」殺戮(二七人)記事がある。このような焼き打ち・謀略的集団殺戮が公然と行なわれた植民地の戦場を多くの兵士が体験し、そのような作戦に疑問を抱かない台湾観・南方観が、この期の台湾報道と兵士の体験を通して地域に持ち込まれたのである。

台湾植民地戦争における静岡県派遣兵士の死亡者は不明である。一八九六年五月までの死亡者数は先にみたが、その後のデータはない。試みに台湾派遣兵死亡者数が掲載されている『静岡県周智郡誌』と『浜名郡誌』から死没者一覧を作成すると表10のとおりである。一九〇二年までで二四人を数え、一人を除きすべて病死である。県下全体ではおなじ時期の死没者は、一〇〇人を下らないと推定される。とすれば、静岡県派遣兵の死亡率は一割程度と見積もることができよう。日清戦争での死亡率をかなり上まわる高い死亡率であった。県下各町村では、日清戦争期に引き続いて、五〇〇〜二〇〇〇人規模の町村葬を執行した(『静岡民友新聞』一八九九年八月二九日、一二月二六日、一九〇〇年八月九日)。兵士に対する公的葬儀は、日清戦後も途絶えることなく、日露戦争期に継続していくのである。

近代日本人の差別的な中国・中国人認識が、日清戦争を通じて形成されたように、台湾植

表 10　周智郡・浜名郡，台湾派遣兵士死没者一覧

死没時	出身地	兵種官	死因	死没場所	所属部隊
1896. 8. 11	浜名郡芳川村	砲兵一等卒	病死	台湾衛戍病院	野戦砲兵第三連隊
8. 24	周智郡気多村	歩兵二等卒	戦死	北渓港	台湾守備歩兵第三連隊
9. 9	浜名郡笠井町	憲兵上等兵	病死	卑南衛戍病院	台湾憲兵第四区隊
9. 27	浜名郡篠原村	歩兵一等卒	病死	台中衛戍病院	歩兵第十八連隊
11. 1	浜名郡豊西村	砲兵二等卒	病死	台中衛戍病院	砲兵第三連隊
12. 1	浜名郡入出村	歩兵一等卒	病死	台中衛戍病院	(不詳)
12. 24	周智郡奥山村	歩兵二等卒	病死	台中県	台湾守備歩兵第三連隊
1897. 1. 19	浜名郡小野口村	歩兵一等卒	病死	台中衛戍病院	歩兵第十八連隊
3. 19	浜名郡浅場村	歩兵二等卒	病死	台中衛戍病院	台湾守備隊
6. 12	浜名郡南庄内村	歩兵二等卒	病死	台中衛戍病院	台湾守備混成第二旅団歩兵第三連隊
6. 21	浜名郡芳川村	歩兵上等兵	病死	台湾衛戍病院	歩兵第十八連隊
9. 28	浜名郡飯田村	歩兵上等兵	病死	埔里社分院	台湾守備歩兵第三連隊
10. 8	浜名郡富塚村	歩兵二等卒	病死	台中衛戍病院	台湾守備討伐隊
1898. 4. 23	浜名郡積志村	歩兵二等卒	病死	台中	歩兵第十八連隊
5. 17	浜名郡五島村	歩兵二等卒	病死	(台湾)	歩兵第十八連隊
-	浜名郡浅場村	歩兵二等卒	病死	埔里社	混成守備隊
1899. 1. 22	浜名郡河輪村	憲兵上等兵	病死	卑南分院	台湾第十五憲兵隊
7. 25	周智郡森町	騎兵一等卒	病死	台中	騎兵第三連隊
1900. 10. 19	周智郡宇刈村	歩兵一等卒	病死	新竹分院	台湾守備歩兵第三大隊
11. 9	浜名郡和田村	騎兵一等卒	病死	台中衛戍病院	騎兵第三連隊
1901. 4. 19	浜名郡雄踏村	騎兵一等卒	病死	台中衛戍病院	台湾守備混成第二旅団騎兵第二中隊
1902. 6. 8	浜名郡和地村	歩兵中尉	病死	(不詳)	(不詳)
8. 2	周智郡犬居村	歩兵二等卒	病死	新竹分院	台湾守備歩兵第三大隊
9. 1	浜名郡雄踏村	歩兵一等卒	病死	台北衛戍病院	台湾守備混成第一旅団歩兵第三大隊

出典)『静岡県周智郡誌』(周智郡教育会，1917 年)，『浜名郡誌』(浜名郡役所，1926 年)．

注) 死没者は，台湾派遣兵と確認できる者だけを掲載した．このほかにも，台湾派遣が原因で，内地に戻り死亡した例があると思われる．

民地戦争は、戦況報道や兵士の体験を通じて、最初の台湾人・台湾観を形成させる役割をはたした。台湾派遣兵の日誌や地域紙の戦況報道には、近代的・都市的・経済的豊かさ・衛生的日本対野蛮・貧困・不衛生・頑迷台湾という構図が明瞭にあらわれている。それは多くの場合、現地の民衆への蔑視につながり、ゲリラ戦における残虐行為・謀略的作戦への不感症をもたらした。朝鮮・中国・台湾と、常に軍事と支配を前提にして、近代地域民衆の最初の東アジア観が形づくられていったのである。

第２章　日露戦争と地域社会

１　静岡歩兵第三十四連隊の出動と戦争協力態勢の組織化

兵力動員の規模

日露協商による日露戦争回避の可能性がすぼみ、日本国内の主戦論が高まるなかで、開戦前最後の日露交渉は決裂した。日本側は一九〇三年一二月末から臨戦体制をとり、〇四年二月四日に、宣戦を決定、六日ロシアとの国交を断絶した[①]。二月五日海軍、六日に近衛師団を含む三個師団の動員令が伝えられている[②]。こうして二月一〇日の宣戦布告前に軍は戦時編制に移行し、海軍は八～九日にかけて仁川と旅順のロシア艦隊を奇襲した。静岡県下では、一月後半から各地で自発的な軍資献納が始まるなど、開戦気分が広がっていたが[③]、この奇襲攻撃「成功」を受けて、沼津町では二月一二日に早くも有志主催の戦勝祝賀会が行なわれ、市中「山の如」く人が出て戦勝祝いの提灯行列が行なわれた[④]。『三十八年中に於ける坂部村の事歴』によれば、榛原郡坂部村でも、開戦の詔勅とともに届いた戦勝の号外に「村民ハ狂スルガ如ク、歓喜ノ声ハ全村ニ起レリ。言合サネド国旗ハ戸毎ニ掲揚セラレ、休日ノ合図ナル正月太鼓ハ上下両区ニ鳴リ渡リヌ」という。[5]　県民を開戦と勝利の興奮が包み、各地で近衛師団関係の出征軍人送別会が催され、軍事後援団体や市町村会などによる出征者家族に対する生業・生活扶助対策が緊急決議された。第三師団に動員令が下ったのは、一カ月後の三月六日である。県下の召集事務と送別行事は本格化し、兵事事務は多忙をきわめた。[6]　当時の民衆の不安と興奮は、生業に差し支えるほどの、夜間の集団的「裸参り」の流行、あるいは応召を顧慮し、仕事に手のつかない若者が増えたことなどにあらわれていた。[7]　日清戦争初期には、青年層を中心とした「非政演説会」が町村内で開かれ、地域の戦争支持世論形成に寄与したが、日露戦争の場合、こうした世論形成の演説会はみられない。こうした行動を必要としないほどに、民衆を強い緊張感が包んでいたのだろう。[8]

この三月の動員令の際、第十八、第三十四の両歩兵連隊で計九九四人の過剰召集があり、盛大な送別会と餞別をもらい故郷を後にした兵士がにわかに帰郷を命じられた。これらの兵士の心境を憲兵隊は、「今回国民一般ノ状況ハ一度軍隊ニ入リ悠々トシテ帰郷スル如キハ自己ノ恥辱トシテ帰郷ヲ喜ハサルモノ、如シ」と観察している。[9]　熱狂的な故郷の送別は、送り出す側の民衆の願いから離れて、出征者に勇猛果敢なる兵士として「務め」をはたすことを強いる心理的圧力となったのである。死を賭して国に尽すことが「国民の本領」「神州男児」の心意気という観念が強まると、その対極に位置する徴兵忌避者や脱営者は「非国民」「国民の面汚し」ということになる（『静岡民友新聞』一九〇四年二月二三日、三月一二日）。これらの言葉が新聞に登場するほどに、国民としての義務・本分意識が強まった時期であった。

歩兵第三十四連隊は、三月一一日に動員を完結し、二六〜二七日にかけて静岡市を出発、広島の宇品(うじな)港から輸送船に乗り、五月五日遼東半島に上陸した。以後第二軍に属し北進する。部隊の静岡帰還は一九〇六年一月、一年一一カ月に及ぶ動員であった。第十八連隊の豊橋出発、帰還もほぼ同じである。日清戦争における第十八連隊の動員から解除までは一一カ月であるから、ほぼ二倍の動員期間であった。

日露戦争中の静岡県からの陸海軍応召者数は、『静岡県志太郡誌　上巻』が記すところでは、予備役六六五九人、後備役四六四五人、補充兵役一万二七八二人、国民兵役一〇八七人、計二万五一七三人である。[10]一九〇四年の『静岡県統計書』によると、この年の陸海軍現役六一五八人(内陸軍五一三一人)であるから、一九〇五年までまたがった現役数は、約八〇〇〇人と見積もられる。現役と応召を合わせると、静岡県からの兵力動員は約三万三〇〇〇人、既述の日清戦争の動員と比べ、五・五倍に達する数字であった。[11]再び『静岡県統計書』に戻ると、一九〇四年の陸海軍含めた予備役は五六七九人、後備兵役四四二六人、補充兵役一万四一四九人、国民兵役中の軍隊教育を受けた第一国民兵役[12]九七九人であり、それぞれの応召者数にほぼ照応している。三〇代半ばまでの、何がしかの軍隊教育を受けた男子をほとんどすべて動員した「根こそぎ」の兵力動員だったのである。当時の県下一六〜六〇歳男子人口と比較しても、兵力動員数は、約八・七%を記録した。

応召者数二万五〇〇〇人は、当時の全県戸数と単純に比較すると、一一%を超える。日清戦争の応召者比率一・五%と比べ、七倍に達したのである。前述のように日清戦争に対し動

表11　日露戦争中の静岡県下各郡市別兵力動員と戦病死者

郡市名	内　　容	典　　拠
賀　茂	応召者数1,571人(12%)，戦病死150人，現住戸数12,677戸	『南豆風土誌』
田　方	従軍者数3,031人(17%)，戦病死209人，現住戸数18,041戸	『静岡県田方郡誌』
駿　東	出征人員2,018人(13%)，戦病死167人，現住戸数15,783戸	『静岡県駿東郡誌』
富　士	出征者数1,886人(13%)，戦病死119人，現住戸数14,987戸，馬匹徴発1,529頭	『静岡県富士郡誌』
庵　原	従軍者数1,631人(15%)，戦病死120人，現住戸数10,994戸	『静岡県庵原郡誌』
安　倍	出征人員2,306人(14%)，戦病死238人，現住戸数16,235戸，負傷者199名	『静岡県安倍郡誌』
志　太	応召者人員2,521人(12%)，戦病死245人，現住戸数21,029戸，馬匹徴発577頭	『静岡県志太郡誌』
榛　原	現役367人，応召員1,411人(※10%)，出征者979人，戦病死122人，現住戸数14,099戸，傷病111人，馬匹徴発305頭　※応召者のみ	『静岡県榛原郡誌』
小　笠	出征人員2,176人(11%)，戦病死200人，現住戸数19,197戸	『静岡県小笠郡誌』
周　智	戦役動員数(現役含まず)971人(12%)，戦病死94人，現住戸数8,228戸	『静岡県周智郡誌』
磐　田	出征人員2,800人(13%)，戦病死240人，現住戸数22,080戸	『磐田郡誌』
浜　名	従軍者数3,243人(11%)，戦病死267人，現住戸数28,669戸	『浜名郡誌』
引　佐	従軍者数1,231人(16%)，戦病死72人，現住戸数7,799戸	『静岡県引佐郡誌』
静岡市	出征者数799人(8%)，戦病死75人，現住戸数9,963戸	『静岡市史』
計	出征者など27,163人，戦病死2,318人	

注 1)（　）は現住戸数に対する動員比率．
2)「出征人員」「従軍者」などは各郡誌の記述に従った．一部の数字は，現役を含む場合もありうる．

員期間も二倍になったのであり、軍事援護と地域経済がいかに大きな困難を抱えたかが想像できよう。

各郡誌から郡ごとの兵力動員と戦病死者をみると、表11のとおりである。『静岡県志太郡誌』の数字を参考にすると、ほとんどは応召者数を掲げていると判断してよさそうである。応召比率は郡ごとに異なるが、現住戸数に対し六〜一一戸に一戸程度であり、この比率で発生した応召軍人家族を各地域で支えなければならなかった。戦病死者数は二三一八人、現役戦死者を含む県護国神社合祀調書では二四七八人(公務死等も含む)であった。日清戦争における台湾戦を除く死者の見積もり三〇〇人および死亡率五%と比較すると、死者は八倍、死亡率も三・五%程度上昇したことになろう。八倍の戦死者の葬儀が必要になったのである。また、歩兵第三十四連隊の場合は、連隊出征者五〇〇〇人に対し死者一一一二人、二割以上の死亡率をみた(いずれも後備歩兵第三十四連隊を除く)。

戦争の論理

戦時下の『静岡民友新聞』からよみとれる一貫した戦争観は、ロシアの野蛮、不法不義に対する文明と正義、平和のための戦争という立場である。その論理は、「文明を平和に求め列国と友誼(ゆうぎ)を厚くし、以て東洋の治安を永遠に維持し」という開戦の詔勅の主張の延長上にある。

文明の立場を国民に押しだすために、開戦当初よりロシア側の日本人居留民虐殺、婦女子への暴行、あるいはロシア軍支配地における強姦、物資略奪、日本人捕虜に対する惨殺が執拗にキャンペーンされた。ロシア国内の革命運動の詳しい紹介も、一つにはロシアが国民の意向を尊重する「立憲国家」ではなく、「野蛮な独裁国家」であることを印象づけるためであった。そしてロシアが「公法を無視し人道を害ひ非文明非常識の行為を敢てして恥づることなく、「文明の皮を被れる野蛮国」であるがゆえに、「東洋平和の為め……彼が衷心よりその非を悔ひ」るまで徹底的に屈服させねばならなかった(『静岡民友新聞』一九〇四年八月一九日)。また日本の戦争目的は中国への領土的野心でないことが強調されたが、朝鮮半島と中国東北で英国のインド経営のように植民地経営を成功させる、という本音もちらついた。「平和」とは、この目標に向けて極東における日本の覇権を確立し、列強と伍し、協調することによる平和であった。

すでにみたように、「文明の戦争」というキャンペーンは日清戦争でも行なわれているが、日清戦争の場合は、〝未開の中国〟に対する〝文明国日本〟、〝時代に遅れた中国〟対〝近代化=文明化に成功したゆえに強国化した日本〟という構図のなかで使われ、そのような形での戦争の正当化、勝利の確信の鼓舞は、中国人への差別意識を広く醸成していった。しかし、日露戦争においては、かつて日本に開国を迫ったロシアに対し、文明国による指導を振りかざすことは不可能である。そのため、戦場におけるロシアの「不法」「不正義」「暴虐」、あるいは国内政情不安を執拗に日本国民に流すことで、日本側の文明と正義を押しだし、極東の「平和」を乱し、支配を広げようとするロシアに対する戦争を正当化した。「文明の戦争」

を証拠立てるには、日清戦争時よりはるかに継続的・計画的キャンペーンを必要としたのであり、未開に対する文明という構図が描けないところでは、ロシア兵に対する憎しみ（＝敵意識）は醸成されても、差別意識が広く生じることはなかった。

日本が文明国の側にあるあかしとして、ロシア軍の不法・不義の対極である戦時国際法遵守の立場が強調された。新聞紙上でくり返し、国際法の解説を行ない、敵国の人間でも非戦闘員は保護すべきことを強調した。また、捕虜は国家のものであって、各部隊が勝手に処分することはできないこと、「戦争と申して何んでもかでも敵の人間を殺してしまふは目的ではない……それ故、成るべく俘虜にして敵の人間を殺さずに戦闘力を弱すようになってゐる」として文明国家の戦争であることが説かれ、国内における捕虜輸送の際には、捕虜に対する悪口・軽侮を「文明国ノ伍伴ニ列シ誇張シ居ル帝国国民トシテ有ル間敷行為」として取り締まる行政通達が出された[13]。「文明国」論は、この限りでは、非戦闘員や捕虜の人権尊重につながっていた。

しかし、文明のための戦争の名のもとに、日本の兵士とそれとほぼ同数のロシア兵士の屍が築かれていったのも、この戦争の現実であった。**表12**のように、静岡県の関連部隊でも、戦争の長期化にともなって死傷者は飛躍的に増え、死者が拡大するほどに、死を国家的名誉として美化するキャンペーンが強まり、人権観念とかけ離れていった。また、植民地化と戦時の徴発に抗議する朝鮮人に対しては、容赦ない弾圧を行なった。

表12 主要な戦闘における死傷者数 (単位：人)

年 月	戦 闘	静岡連隊		豊橋連隊	
		戦死	戦傷	戦死	戦傷
1904. 5	南 山			62	302
6	得利寺	52	241	23	38
8〜9	遼 陽	492	702	161	524
10	沙 河	255	925	289	785
1905. 3	奉 天	46	255	44	133

出典）静岡聯隊史編纂会『歩兵第三十四聯隊史』(静岡新聞社, 1979年), 兵東政夫『歩兵第十八聯隊史』(1994年)より作成.

出征兵士家族援護

日露戦時の応召兵家族援護事業は、日清戦後の軍人援護団体の整備と大量の兵力動員を反映して、県下全市町村で組織的に、かつ多様な分野で展開された。一九〇四年五月一日、「下士卒家族救助令」が施行され、ようやく下士以下に対する国家の軍事扶助が開始されたが、その国家救助は、まず親族・知己、足らざれば隣保相扶、なお不足の場合地域救護団体の援護を仰ぎ、しからざる後ようやく実施に及ぶという精神で設計されていた。しかも、救助は生業扶助を基本とし、自助自立を促すことを主眼とした[14]。このように軍事扶助立法が、公的扶助を最小限に抑える内容であれば、実際の応召家族生活援護は、引き続き郡や町村が、公費の支出なしで行なうよりほかはなかった。富士郡下の一九〇五年七月一五日現在調査によれば、国家扶助月額は一二三円、これに対し郡下各町村奨兵会は六四七円、国家扶助の五倍の額の救護費支出を実施していた。この調査時点での奨兵会の救護戸数は四三三戸、応召人員は一八八六人であるから、救護戸数は応召戸数の四分の一程度となろう。しかし、奨兵会費の支出内訳をみると、応召者餞別が三七二三円、葬儀費用が二七六七円であり、奨兵会費に占める救護費の割合は九％にすぎなかった[15]。

各町村救護機関が決定した生活困窮家族救護金は、一戸につき月額一〜五円程度であり、生活程度・家族人員に応じて支給された。一九〇五年初めの時点で、応召者家族の三分の一に対し救護が必要であるとみられ、実際に静岡市の場合、当時の応召者七五〇人に対し二一四戸が救護を受け、救護資金が底を突くという状況であった。しかしこの静岡市の救護率二九％という数字は、県内他地域と比べて、現住戸数に対する出征比率が低く、かつ比較的富裕層が多い都市部にしてようやく成り立ったものであり、全県の応召者に対する救護戸数割合は、国庫救助三六分の一、国庫と地方団体の救助を合わせて七分の一でしかなかった（『静岡民友新聞』一九〇五年一月一九〜二二日）。一戸平均支給額は月一円六〇銭、仮に年額に換算すると二〇円弱になる。日露戦争中、救護を願い出た家族の生計調査では、応召者の年収は、さまざまな雑収入を含め一二〇円前後であり[16]、当時の新聞が折にふれ出征家族のはなはだしい生活苦をレポートしているように、この程度の救護金では残された家族の生活苦は深刻であった。同年一二月の救護実態報告では、全県で国庫救護が八六六戸、市町村団体救護が一万二三〇四戸で、救護戸数比は三分の一に達したが、平均支給月額は一円を割った（『静岡民友新聞』一九〇五年一二月一四日。なお、救護は講和後も召集解除まで継続実施された）。限られた原資を広く浅く散布し、講和反対運動にあらわれた民衆の不満に対処しようとしたのだろうか。なお、町村によっては、男子一日五〜七合、女子二〜四合程度の白米を支給した。日清戦時は玄米であるが、男女の区別はなかった。

また必要な労力援助の申し合わせがなされ、とくに農村では繁忙期の労力補助が一般行政レベルと農会双方で決議された。県農会は一九〇四年二月二〇日より、会員中の出征者(現役含む)家族への労力援助を義務化する「報効作業規程」を実施した。[17] 日清戦争段階ではなかった、日清戦後の系統農会整備を前提にした救護対策である。さらに、ほとんどの市町村で小学校授業料の免除・減額制度をつくり、町村税を減免した市町村もあった。〇四年二月二五日付、町村長宛賀茂郡長の訓令は、日清戦時の傷痍軍人子弟などへの授業料免除規定の趣旨を現役・応召を含む出征軍人子女全体に拡大すること、および小学校だけでなく「其ノ他ノ学校」の授業料減免の考慮、学用品支給についても規程を設ける旨指示を与えていた。[18] 地域医師会あるいは公立病院では、無料診療や治療代半減を開戦後続々と実施した。いずれも開戦直後の組織だった対応であること、日清戦争段階の個別援護を社会的制度として広く拡大していることが特徴である。大量の兵力動員が個々の家庭に与える困難を、生活援護金以外の地域的支援で「精神的」に支える態勢を、開戦前から検討しており、開戦直後に各種援護の地域事例を宣伝することで、戦争に臨む国民の士気の鼓舞をはかったのではないだろうか。

家族援護の一環としての授産事業および幼児保育事業もこの戦争から始まった。静岡市恤兵団、庵原郡・安倍郡・小笠郡の各奨兵会、周智郡の森町軍人保護会が授産場を設け、レース編、刺繡、輸出用木綿織技術などを教授し、工女として賃金を支給した。授産あるいは農業労働援護の対象は出征兵士の妻が中心であり、彼女らの労働を助ける目的で、小笠郡奨兵会と静岡市は幼児保育所も設置した[19]。授産事業は、生活援護費の支出を抑えるためにとくに奨励された。

援護事業の推進母体は、組織的には郡町村奨兵会、人的には郡町村吏委員と村内部落の常設委員、町の総代まで含む行政関係者である。戦間期の奨兵会の整備が、多面的かつ以前に比べはるかに統一的・組織的な援護事業の展開を可能にした。静岡市の場合は開戦早々、市役所が軍人家族援護と犒軍実施を目的として、市会議員・市奨兵会役員・在郷軍人会役員・各町総代を網羅する挙市的な恤兵団を組織した(『静岡新報』一九〇四年二月一三日)。恤兵団事業費用は各町ごとに負担額が割り振られ、以後数回にわたって寄付金募集が実施された。各町総代の参加は、この強制的な「寄付金」募集体制とかかわるが、在郷軍人会役員の参加は、在郷軍人団体が地域の奨兵事業にとって無視できない存在にのし上がっていたことを示していた。これらの寄付金は、全県市町村の出征兵士家族救助金の年額累計で一四万円、応召者慰労金・犒軍費・弔祭費などを合わせた支出合計は一七万八〇〇〇円に達した(『静岡民友新聞』一九〇五年一二月一三日)。同年の静岡県の税収は九二万円であり、援護費用の負担は大きく、「寄付」割当に応じきれず支払い督促を受ける家庭も少なくなかった[20]。

出征兵士の家庭を役場吏員が月一、二回の割合で訪問調査して出征兵士に家族の状況を知らせ、町村長等奨兵会役員が年二回程度家族を慰問し、一〜二円の慰問金を贈るのが通例となり、役場吏員が兵事行政に消極的であれば、世論の激しい批判にさらされた。こうした批判は、日清戦争時であれば、出征者と同年齢の青年有志が、役場吏員の行動を問題にし、新聞はその事実を伝えるというパターンが目立つが、日露戦争時には、新聞自身が、批判キャンペーンを展開した。町村兵事行政監視の視線は、はるかに厳しくなっていたのである。

戦勝の祈りと慰霊

戦争熱は、各町村での歓送迎と各地域の神社、寺院における熱烈な戦勝祈願行動として始まった。民衆の祈願には軍の勝利とともに、出征者個々人の無事生還、そのための弾除け、剣難除けという切実な願いが込められていた。民衆の神仏への祈りの広がりを背景に、宗教者は、寺社はいうに及ばずキリスト教会まで含め、率先して戦勝の祈禱、伝道、説教を実施し、率先して戦争支持意識の形成に努めた。戦時の有名神社仏閣の護符発行は、三島大社が兵士一人ひとりに贈呈したのが最初といわれ[21]、他の県下寺社に広がった。日清戦争時と同じく、戦勝祈願から葬儀まで、戦時下の宗教者の役割は大きかった。

県下の各停車場では軍人輸送車通過のたびに、昼夜の別なく茶・菓子・弁当の提供、奏楽などの犒軍が実施され、動員された民衆の日の丸や提灯の渦、万歳の歓呼のなかを兵士は西下した(静岡県下では、沼津と浜松が戦略輸送の重要停車場)。この犒軍では、日清戦時の日本赤十字社員に加え、新たに愛国婦人会、浜松婦人会などの地域婦人会が登場した。一九〇一年に発足した愛国婦人会は、日露戦時下に大幅に会員を拡大し、県下の会員数は一九〇四年一二月一二〇〇人、翌年三月一八〇〇人と急増、有力な女性軍事援護団体として社会活動を展開した。県下で、一九〇四年六月に始まった慰問袋の募集は、愛国婦人会が中心的役割をはたした軍事援護活動であり、戦時中の応募成績は当初目標を一万五〇〇〇個上まわる七万余袋に達した。県下三戸に一戸の割合での応募率であり、とくに静岡市では八九％の応募率に達した。[22]従来の献納と異なり、寄贈者の住所氏名が付された慰問袋は、ある兵士と見知らぬ「銃後」のある民衆を、実用的な品物と慰問文によって個々に直接つなぐ新しい軍事援護の方法であり、女性や子どもが参加しやすい軍事援護運動であるとともに、銃後民衆と戦場の兵士との親近感を増すうえで非常に有効な手法であった。

日清戦争で主として大都市部に登場した写真や挿絵入りのビジュアルな戦争宣伝方法は、日露戦争を通じて地方まで広がり、県下でも静岡民友新聞社の『民友写真画報』が発行され、また活動写真や幻灯(スライド)が利用された。日露戦争活動写真会は静岡市など都市部の劇場で興行され、日本赤十字静岡支部主催の際は、毎夜一四〇〇〜一五〇〇人という盛会で、六時開演のところ三時ころから弁当持参で行列する人気ぶりであった(『静岡民友新聞』一九〇四年四月二六日)。幻灯会は、一部地域で日清戦争時にも行なわれていたが、日露戦争時には農漁村を含む県下各地で開催され、小さな村々でも一〇〇〇人前後の観客を集めた。地域の人びとの眼前に、遠い戦場の兵士たちが、ビジュアルに写しだされたのである。主催者は新聞社、町村行政、青年会、寺院などさまざまであるが、主として小学校が会場になったこともあり、とくに大きな役割をはたしたのは小学校校長など学校教員であった。学校を通じた宣伝・動員効果が期待されたのであろう。日清戦争後の軍による小学校教員へのはたらきかけは、着実に成果を実らせていた。

戦病死者の葬儀は、基本的には市町村葬として実施された。公葬といってもこの種の行事に公費を支弁することは認められていない[23]。したがって、静岡市の例をみると、「助役ヲ以テ葬儀委員長タラシメ一切ノ事務ヲ担任セシメラレタリ。葬儀委員ハ各町総代ヲ五部ニ分ケ、其ノ一部ヨリ十名ヲ選挙、又市吏員中ヨリ葬儀係ヲ選定シテ会議ニ列席セシメタルガ如シ。各町一般ヨリ費用トシテ一戸金一銭ヲ拠出セシメ其ノ収金ハ町総代之ニ当リ、市収入役ニ納金セシメタリ」という形での「公葬」となる[24]。奨兵会からの葬儀見舞金支出を含め、費用は市町村民一般への割当であり、事務は市町村吏員が担当したのである。葬儀の行列は、楽隊に続き小中学校生徒、在郷軍人、僧侶、儀仗兵、位牌、喪主・親族、市長、知事、連隊長、連隊区司令官、高等官、衆貴両院議員、市会議員、市内各団体代表、市吏員・各学校長、婦人軍事援護団体代表、各町総代・奨兵会員、一般会葬者と並び、位牌と親族を軍関係者と地域の最高権力者が包み込んでいる。地域の公葬という形をとりながら、「名誉の戦死」者は国家に捧げられているのである。「死」という私的で具体的な事柄は、こうした演出によって、家族の悲しみから離れ、郷土の忠勇の範として、そして国家のための死として抽象化され、美的な事柄にすり替えられようとした。村葬レベルになると知事は弔辞のみ、軍関係では死者が所属した中隊からの弔辞、郡長・警察署長のほかは村の役職者・団体の参加となる。そのため、死者に対する惜別の情が弔辞を通じてあらわれやすくなるが、「報国」の精神を発揮した「名誉の戦死」者を、「万世の鑑」「軍人の鑑」として郡民や村民が悼むことには変わりない[25]。全県で二五〇〇人近い戦病死者の公葬を通じて、県下町村の隅々まで、くり返し国家に命を捧げることの意義が確認されていったのである。これに加え戦死者には、日清戦争時の数倍の額の「御下賜金」が支給され、金銭面でも「忠死」が改めて確認された[26]。

葬儀の行列で目に付くのは小学校児童と在郷軍人の役割である。日清戦争ではなかった在郷軍人団体の参加は、市町村内部における在郷軍人団体認知の過程であるとともに、地域の公葬における軍事関係団体の役割を高めた。小学校児童は、この戦争を通じて日清戦争時以上に戦勝祈願や献金運動を行ない、戦死者葬儀では各市町村とも例外なく葬列の先頭集団として参加させた。死者の慰霊という敵愾心(てきがいしん)が高まる場面に、子どもたちが学校ぐるみで何度も動員されたのである[27]。葬儀の各種弔辞のなかで、生徒総代や青年会のものほど「軍人の鑑」、郷土の範としての発想が強くみられる。公葬は、次代の兵士の教育の場でもあった。

戦時生活改革の開始

未曽有の戦争経費をまかなうためには、徴税の強化、増税、国債消化、献金などあらゆる手段で国内資金の動員が進められた。納税成績の不良は、戦時の不景気や非常特別税など間接税増税のなかで、開戦当初より行政当局が憂えていた問題であった[28]。日露戦時期の一戸当たり諸税負担額をみると、一九〇三年一八・四円に対し、〇四年二〇・三円、〇五年二三・三円と急増している。内訳では、県税・市税および町村税はともに減少し、国税だけがほぼ倍額に近い伸びを示した[29]。地方財政の抑制は、県歳出では土木費、教育費、勧業費の減少としてあらわれている。生活基盤整備費が削減されるなかでの、民衆の戦争協力であった。町村税は減少しているとはいえ、多額の軍事援護費の割当負担があり、そのほか職場や学校、同窓会、青年団体、新聞社などが組織する各種献金・献納負担があった。事実上の増税である。

それ以上に大きな問題は、各町村、各種団体ごとに割り当てられた国債購入であった。町村の目標額は、通常各区に割り振られたが、駿東郡鷹根村長より各区宛の文書(一九〇四年二月二五日)では、「右応募之義ハ尋常経済ノ資ヲ以テ〇ヘニ頒タントノ考ニテハ大ニ困難ノ感ナキ能ハズ」と対応のむずかしさを吐露している。ではどう捻出するのか。村長は続けて、「本村三千ノ住民ニ於テ一日ニ一人五厘ツ、生活費ヲ節約スル時ハ一日ニ拾五円ヲ得ラレ、之ヲ壱銭ツ、ト為スル時ハ一日三拾円ヲ得ラレ之レニ依テ一ケ年ニ積算ヲ為スニ於テハ約壱万弐千円ハ優ニ毎戸ノ台所ヨリ算出シ可得」と提案している。[30] 引佐(いなさ)郡奥山村第八区の場合は、一九〇四年三月六日、禁酒禁煙と祝事一切の廃止により浮いた額を各戸で毎月貯金し、それを合算した協同貯金の一部で国債債券に応募することを決定した(『静岡民友新聞』一九〇四年三月一〇日)。日露戦争開戦についての県諭告が、国債募集に対し「之レ寸陰ヲモ惜ミ生業ヲ励ミ、百方貯蓄ノ途ヲ講シ、其資ニ供セサルヘカラサルノ時ナリ」と訴えていたのに呼応する動きである。[31] 日露戦争の予算総額は約二〇億円、日清戦争の一〇倍近いが、その戦費の七八%が公債と借入金に依存し、外債を除いても四四%は国内での募集と借入を行なわねばならなかった。したがって、各町村への割当も尋常の額ではなく、地方名望家と町村基本財産による購入方式をとった日清戦争に対し、日露戦争では、町村の行政末端である各区への割当方式が広く導入され、結局は個々の民衆生活緊縮を強いる要因の一つとなったのである。国債募集は六回にわたり行なわれ、全県の応募額総計は一三五四万円、日清戦争時の一三倍に達した。

これらの国債募集への応募、軍人慰労送迎・軍人家族保護費の負担義務をはたし、「国家興亡ノ繫ル所挙国一致努力」の覚悟を示すべく、行政当局は、勤勉、諸経費節減、貯蓄を奨励し、また共同植林などの地域基本財産形成を勧める戦時地方経営策の策定を提唱した。富士郡では郡下町村に貯蓄と債券購入、物産増殖、軍事援護、物品贈答廃止、葬祭飲食廃止、衣服新調抑制、新暦採用などの生活規約標準を示している[32]。各町村では、生活改革規約・勤倹貯蓄規約などとして、この標準をさらに具体化した申し合わせをつくり、さらに各区レベルでの規約制定も少なくない。これらの規約には、地域産業の励行、そのための無駄のない時間の活用(集会時間厳守など)、余業奨励、勤倹貯蓄励行(各戸毎月貯金など)、衛生と健康への留意(堅実な労働の維持、酒・煙草・飲食節減)、冠婚葬祭の質素化による節約、歌舞音曲禁止などが盛り込まれ、多くの場合、規約違反への罰金が用意されていた[33]。戦時生活規制は、日清戦争時には、せいぜい祭費の抑制、浪費抑制による献金・献納などとしてあらわれた程度であり、地域の申し合わせなどはみられない。国を挙げての戦争を、地域ごとの日常の労働と生活の規制により支えていく態勢は日露戦争で初めて、しかしきわめて組織的に形成されたのであり、戦時下の生活規制の先駆となった。

表13　榛原郡坂部村新聞購読部数

	部数		部数
時事新報	2	万朝報	4
静岡民友	29	朝日新聞	27
静岡新報	10	報知新聞	65
二六新報	6	貿易新聞	1
国民新聞	3	日日新聞	1
都新聞	1	戦時画報	2
中央新聞	5	日本赤十字	1

出典）『三十七八年中に於ける坂部村の事歴』より作成.
注 1）相良町の取次店を通した部数．直接購読者数は不明.
2）『戦時画報』『日本赤十字』の単位は冊.

地域紙の戦争報道と地域部隊イメージ

新聞は民衆にとって戦争情報をいち早く得る手段であり、出征兵士にとっても故郷の消息を知る貴重な情報源であった。安倍郡清沢村「日露戦役ニ於ル清沢村ノ行動」中に「村長ハ毎月一回以上出征軍人ノ所ニ信書又ハ新聞紙ヲ送リ」とあるように、町村役場や各地域団体が出征兵士に地元の新聞を送付した[34]。これらの事情もあって、開戦当初から新聞読者は急増し、勤倹節約の影響を受けた他業種全般の不景気、売上高大幅減少をよそに、一九〇四年夏に行なわれた県の売上調査では、新聞は例年に対して四五%の増収を記録した（『静岡民友新聞』一九〇四年二月一七日、九月二日）。当時の静岡県下の新聞部数についてデータはないが、榛原郡坂部村の記録をみると、**表13**のように一五七部であった。当時の戸数四五二戸に対し、予想以上に高い数字であるが、実際には、各戸の購読というよりは、村内新聞縦覧所に各紙が備えられ、戦地にも発送されていたことが、この部数につながっていたと思われる[35]。

日露戦争時の新聞社の役割は、静岡民友新聞社が静岡県関係部隊に贈る恤兵金募集の呼び掛けを実施し、一九〇四年五月の鴨緑江渡河作戦の勝利祝賀を手始めに静岡新報社とともに静岡市での戦勝祝賀会や提灯行列を提唱・主催するなど、新聞経営の発展・安定を背景として、日清戦争時の新聞社よりはるかに積極的に組織力と影響力を利用した戦争支持活動を展開したが、それ以上に注目されるのは、地域紙が、地域の関係部隊や地域出身兵士を詳細に紹介する紙面づくりをしたことである。

『静岡民友新聞』を例にとると、開戦当初は、兵士の出征、送別、銃後態勢の整備をめぐる各地の動きを詳細に伝えて戦時気分をつくりだすとともに、挙国一致の機運を高めるべく、小学生や女学生、青年の献金などを美談、美挙として小さな事例まで細かく紹介した。このような戦争支持行動を、美談・美挙として模範事例化して宣伝・普及をはかるのは、新しい(以後、長く活用される)新聞の紙面形成であるが、銃後活動の地域事例紹介自体は、日清戦争以来の延長線上にある。それが、五月末以降は静岡県関係部隊の戦地の状況や兵士の動向を、主として戦傷者の談話や家族宛書簡の紹介、さらには従軍特派員の記事によって詳しく、ある時は戦記物さながらにセンセーショナルに伝えるようになった。第三師団が五月初旬から中国の戦線に参加し歩兵第十八連隊は五月の南山戦闘以後、第三十四連隊は六月の得利寺戦闘以後、多大の犠牲者を生んだ戦闘を展開していったことを反映した紙面の転換であった。戦局全体および第三師団や地域関係連隊の作戦行動をやや詳しく報道することは、日清戦争時の地域紙でもある程度行なわれていたが(「豊橋連隊」といった呼称は使われていない)、日露戦争時には、地域関連部隊の前線情報を非常に頻繁に、時には一日数回もの「号外」を発行して、本紙に掲載しきれない地域部隊情報の特集を組んだ。遼陽会戦での関谷第三十四連隊長と同連隊橘大隊長の戦死時は、静岡地元紙の戦争報道のピークをなし、新聞付録で「静岡聯隊奮戦記」が連載され、「静岡聯隊」「岳南部隊」「豊橋部隊」の「奮戦」ぶりが県民に詳細に伝えられた。また、戦死者や戦傷者の名簿、履歴、戦死した兵士が生前遺族に宛てた手紙の紹介など、個々の地域出身兵の戦死・戦傷までの行動や人柄が浮かび上がる記事がつくられた。いわば、郷土兵戦死者への慰霊記事が継続的に紹介されたのである。こうして大衆的な地域紙が地域部隊と地域出身兵の「戦場」を詳細に報道していったことで、歩兵第三十四連隊は、設置都市静岡市の名を冠した静岡歩兵第三十四連隊、あるいは静岡連隊と略称される部隊となり、時には静岡県民全体とのつながりを示す「岳南部隊」「岳南聯隊」「我岳南健児」の部隊と称せられる存在として地域に定着していく。その後は、軍機軍略に関する新聞記事取り締まりの影響で、戦地からの書信紹介などは抑制され、静岡連隊が「某聯隊」と記載される場合もあったが、その場合の「某」が常に〝静岡〟を指すことは、読者の了解済み事項となった[36]。

捕虜と国際法認識

中国東北部へのロシア陸軍の大量の兵員動員とそれらの部隊の敗戦を反映して、日本側は大量のロシア兵を捕虜(俘虜)とし、一八九九年の「陸戦の法規慣例に関する条約」に基づき、国内各地に次々と俘虜収容所を設置した。収容所は捕虜数のピーク時の一九〇五年九月末に、九州から弘前まで全国二七カ所、人員は七万二〇〇〇人を超えた[37]。第三師団関係では、名古屋、豊橋に次いで、一九〇四年一二月一四日、静岡俘虜収容所を開設した。初期の捕虜はのちに第一収容所といわれた静岡市西草深の葵ホテル(旧徳川慶喜邸)に収容され、人員増加にともない、〇五年三月初旬、安倍郡千代田村沓谷蓮華寺に、六月初旬に下魚町宝台院に第三収容所が設置された。[38] 静岡の収容者数は、最多の時期で三二一人(将校と兵卒がほぼ半数ずつ)であり、収容人員からすると比較的小規模であるが、将校の比率は高かった。静岡は全将校の約一割を収容し、将校数では松山収容所に次いだ。[39] 比較的温暖な地域に多数の将校が配置されたようである。一九〇四年一二月二五日付『静岡民友新聞』によれば、当初の収容所の模様は、「部屋は片方にテーブルがあって片隅に寝台が備え付てツマリ寝室兼自習室といったやうな体裁」であり、食事賄い・酒保(売店)経営は、静岡市内の旅館である大東館が担当した。将校が多かったためか、ウイスキー、ブランデー、ぶどう酒、ビスケット、プリン、スポンジケーキ、静岡名物などが用意された、という。〇五年四月からは、市内の自由散歩(昼間)も許可された。講和後には捕虜の遊興、酒宴の記事もある。静岡の捕虜の故国帰還は一九〇五年一一月に始まり、一二月二六日までに大部分が帰還、翌〇六年一月一八日に収容所が閉鎖された。

日本にロシア兵が収容されたように、ロシア国内には捕虜となった日本兵約二〇〇〇人が収容された。この時期の日本兵捕虜に対する世論(ここでは地域紙)の扱いとして注目されることは、捕虜になったことを必ずしも「恥」として非難していないことである。『静岡民友新聞』は、一九〇四年七月五日、六日と二日にわたりロシアの公報掲載の日本人捕虜氏名を報道したうえで「戦闘力尽きて敵の捕虜となるは敢て非難すべきにあらず。寧ろ武人としての衷情を察せざるべからず」と記している。翌年一月八日付同紙は、ロシア側の日本兵捕虜のなかから三〇人余の第十八連隊および第三十四連隊関係者氏名を「我同胞」「諸勇士」として紹介し、講和後の一一月一七日付では、県出身の二人の兵卒のロシアの収容所からの手紙が紹介された。捕虜の正当な処遇は一般論、建て前だけではなく、同郷の兵士に対しても、非難の目は向けられなかったのである。捕虜を虐待するのは「文明国の恥」という国際法認識は(「通俗講話　俘虜の話」(4)『静岡民友新聞』一九〇四年一二月一〇日)、この時点では日本軍兵士に対しても適用されていたのである。[40]

2　戦争反対論と講和反対運動

地域からの非戦論

戦争批判がほとんど皆無に近かった日清戦争に対し、日露戦争では一握りではあったが、戦時の熱狂と世論の統制(新聞雑誌記事検閲、時局に関する集会・多衆運動取締)のなかで、非戦の立場を訴え続けた人びとが存在した。社会主義者や一部のキリスト教徒である。静岡県内では、日本のキリスト教の指導者の大勢が主戦論に傾き、開戦後は戦争支持を表明するなかで、非戦を論じつづけたメソジスト教会牧師白石喜之助がおり[41]、地域に足場をおいた平和活動を行なった。鹿児島生まれの白石は、明治学院神学科を卒業後伝道活動に入り、一九〇〇年五月、二八歳で掛川メソジスト教会へ赴任し、一九〇四年から〇六年四月まで浜松のメソジスト教会で伝道を続けた。この間、宗教革新を訴えるとともに、一九〇一年一〇月には社会主義協会(会長安部磯雄)に入会し、西欧社会思想の紹介を通じて資本主義社会の矛盾を説き、また実践的には廃娼問題、足尾鉱毒問題などの社会問題に関して演説会活動や論文を通じて発言を続けた。

白石の非戦論では、開戦間際に執筆された「予が非戦論[42]」および「予が戦争観[43]」が最もまとまっている。

「予が非戦論」は、「基督は戦争を認容し玉ひしや否や、基督教は戦争を是認するものなりや否や」と書き出す。筆が執られたのは開戦前であり、主戦論を唱えたキリスト教会指導者に対し、キリスト教の「根本主義」(平和主義)から批判を展開した。まず、政治の実現として戦争は避けられないものとして事実上戦争を肯定する議論に対しては「想ふに国際的道徳の程度猶ほ甚だ低き現時にありては、戦争の起る時に勢の避く可からざる事あり。避く可からずと雖、其罪悪たるに至りては、誰れか之れを推諉するを得んや、既に其罪悪たるを知る。吾人は飽迄も之れに反対し之れが防止に尽力すべきに非ずや。其不可避に藉口して戦争の罪悪たるを知り乍がら猶ほ之れに賛同し、之れを煽動する者あるに至りては、基督教徒の理想地平線下に没了したりと云はざるを得んや」と述べ、〝平和のための戦争〟論に対しては「目的は手段を無罪ならしむるに非ず」と反論した。さらに、主戦論に傾き、敵愾心に満ちた国民世論の状況を「人は狂するに似」、「国民にとりて怖るべき道徳上の危機」を迎えようとしているととらえ、キリスト教の務めは「兄弟主義」を以て敵愾心を緩和し人情を呼び覚ますことである、と主張した。

これに対し「予が戦争観」は、社会主義的観点に立った非戦論である。白石は日露戦争前、マルクスの社会主義論紹介をはじめ、盛んに社会主義思想啓蒙活動を展開しており、この論説でも、資本主義時代の戦争が少数資本家の経済的利益拡張のための手段となっていることを衝くことで戦争批判を展開している。白石の目は、一方で重い税負担にあえぎ、不景気のため路頭に迷い、物価騰貴に苦しむ国民、他方で戦時下で私腹を肥やす富豪や御用商人という戦争の実相を見据えていた。それゆえ、「国家の戦争」は国民生活の不幸を醸成する「器具」となったのであり、本来、利害が相反するはずの国家の利害得失と国民の利害得失を一体のものと説くところに主戦論のまやかしがある、と鋭く反論することが可能になったのである。

戦争中、白石は社会主義者の遊説に協力しているが、遊説を行なった山口義三と小田頼造は、一九〇四年の静岡県下遊説中の出来事として、以下のような記録を残している。(44)

一〇月二一日(原町にて)「道行く人は失業者ばかりで東京に大阪に職業を捜しに行くのである」

一〇月二四日(大宮町にて)「鉄道馬車の待合で若いお神(かみ)さんが、良人(おっと)の戦争の報知が来たので懐妊の細君が発狂して、針を口に含んで血を吐いて泣いてをるとのこと、毎夜十二時頃から浅間神社に出征軍人の母親が二、三十人は必ず跣足(はだし)参詣をしている……」

一〇月二七日「沼津から静岡まで「征露に付き物貰い謝絶」と貼札してある農家で、米の代わりに薩摩芋を常食としてをるのを度々見た、……それから戦争の影響で各村の小学校教員の減ったことは夥(おびただ)しい、教員諸君の忙さ目の回る程だ」

一一月二日「萩間(萩間村、一九五五年相良町と合併—引用者注)から相良まで行く途中の茶店で一人の農夫嘆じて曰はく「折角豊年だと思へば戦争なんて大間違ひが初まる、放蕩に百姓は浮かぶ瀬がありません、我国に生まれて南京米を喰(くら)っては日本の百姓とは思われません、戦争が長く続くと田や畑が荒れます」と」

一一月三日「停車場に兵士を送る農夫諸君の悲しそうなる顔色は見るに忍びない」

一一月六日(浜松にて)「町を歩いてみると、空家の有ること夥しい、これも戦争の影響であらう、「東郷汁粉」「占領菓子」などといふ愛国的食品が日の丸の国旗に飾られて店に出てゐる」

遠州にいた白石が見聞していたのも、挙国一致という表の舞台の裏面で「戦争の害悪」(「予が戦争観」)に苦しむ、このような民衆の姿であり、本音であった。

日露講和反対運動の民衆心理

一九〇五年五月末の日本海海戦における日本側勝利のころから講和に向けた政治的駆け引きが始まり、八月一〇日、アメリカのポーツマスで講和会議開始、九月五日に講和条約が調印された。条約内容は、韓国に対する日本の優越権の承認、中国東北からのロシア軍撤退、長春以南の鉄道利権と旅順・大連の租借権譲渡、サハリン南部割譲、沿海州の漁業権獲得など、戦後の日本の大陸への勢力圏拡張を保障する内容であった。しかし、サハリン全島割譲が南半分割譲になり、戦費賠償がなく、極東ロシアの海軍力制限要求を撤回するなど国民世論の期待した内容から後退したため、講和内容が「屈辱的」であるとの国民の不満は強く、九月初旬から約一カ月間、全国で講和反対の民衆運動が展開された。松尾尊兊の『大正デモクラシー』[45]によれば、静岡県は長野県とともに最多の集会件数一八件を記録し、九日の静岡県民・市民集会の場合、「非立憲政府問責決議」を含む政府との対決色を明確にした決議内容であった。『静岡民友新聞』から改めて検索した集会の開催日時・開催場所・会衆規模は**表14**のとおりであり、代議士や県会議員あるいは地元紙記者の主導のもとで、ほぼ全県的に、しかも大規模な講和反対集会が開催された。

民衆はなぜ一見対外膨張的な立場から、講和条約への強い反対を表明したのか。当時の反対論の下地をなすのは先にみた「東洋の平和」論である。極東に進出するロシアの脅威を強く感じていた民衆は、極東からのロシアの影響力の駆逐によって平和が保障されるという開戦の詔勅の論理を受け入れていた。開戦時の民衆の危機意識は、「若シ不幸ニモ敗戦セハ吾々ノ生命財産ハ保チ難ク護リ難カラン故ニ其関係ノ及フ処多大ナル」という金岡村勤倹貯蓄規約前文などからもうかがうことができる[46]。その議論は、日本の極東支配の強化による「平和」論であり、韓国支配権の獲得(韓国民の平和的生存基盤の剝奪)との矛盾は意識されていない。こうした排他的「平和」意識を、戦時期の犠牲・負担感がより排他的・利権獲得的方

表14　静岡県下の日露講和反対集会

年月日	事　　柄
1905. 9.　3	進歩党静岡支部講和反対集会
6	浜松町民大会 1,500 人
7	沼津講和反対大会 3,500 人
9	静岡市民大会 1,000 人，県民大会 5,000 人，県民大会政談演説会 5,000 人
10	小笠青年会臨時大会・講和反対政談演説会 500 人，田方郡政友会集会・榛原郡川崎町民大会 500 人，榛原郡民大会・非講和政談大演説会 2,000 人，掛川町政談演説会 3,500 人
11	中遠同志会集会
12	沼津講和反対演説会 1,000 人，講和反対二俣町民大会・政談演説会 1,200 人
13	講和反対北豆大会 1,000 人(三島)，北豆大会政談大演説会 2,000 人
14	富士郡北部講和反対大会 120 人
16	非講和島田町演説会 1,500 人
20	憲政本党志太郡評議会・役員会，講和条約反対・言論弾圧抗議を決議
24	憲政本党中泉支部集会

出典）『静岡民友新聞』より作成.

向に増幅した。日清戦争と比較して一〇倍もの犠牲に見合う講和内容であって当然という意識である。また、国民の納得のいく条件が得られねば戦闘を継続せよ、という主張の底には、戦時を通じて形成された「強い日本軍」意識があった。清国の利害を無視した中国東北における利権獲得要求の背景にあったのは、「血の犠牲」意識であろう。また、当時の新聞は、戦艦ポチヨムキン号の反乱事件、同盟罷工の多発など「露国大擾乱」についても少なからぬスペースを割いており、ロシアの国内情勢からみても講和交渉の客観的条件は、日本有利とみていたのである。

そして、この対外膨張主義的「国民的要求」を政府が当然くみ取り、国際舞台で代弁してくれるものと考えていたところに、この時期の国民意識のもう一つの特徴があった。国家と国民が対立し暴動が頻発するロシアに対して、日本は秩序ある立憲国家、文明国家であり、国家と国民の利害は一致している、という先述の白石とは対極的な国家観念である。県や郡の諭告、町村の戦時規約にみる日露戦争開戦時の国民動員のキーワードは、「国民一致」「挙国一致」であり、一致して力を発揮する方向は「国家ノ目的ヲ補フ」、「報国」「国家ニ尽報」であった。国家興亡の危局に際し、日清戦争時よりはるかに強く、まず「国民」という存在が強調され、次いで国家に対する国民の一体的奉公が強調されたのである。そこで前提となる国家は、立憲国家・文明国家であり、国民とは文明国の国民であった。そして戦争が終わると、この一体観念は「国民一致」の掛け声のもとで協力して苦難に耐えた国民の要望に、政府は応えるべきだという、見返り意識としてもはたらいていく。この立憲国家論、国民意識の代弁者としての政府論にたてば、講和条約交渉過程の秘密主義などは国民軽視として批判さるべきであり、九月五日の日比谷焼き打ち事件にあらわれた国民要求の無視、言論抑圧、「戒厳令」施行は許すべからざる「非立憲」行為であった。「露都化せる帝都」という形容は、対岸の事態とみていた国家と国民の対立構造が、日本でも起こったことへの驚きの表現であった。立憲国家論に発した国家と国民の一体性の強調は、民衆の要求と軍隊の犠牲に応えぬ内閣・元老批判として展開し、その限りで民衆運動のベクトルは、国内の民主化運動の方向をもちはじめたのである。

出征兵士の帰郷

講和条約を批判した一九〇五年九月二日付の『静岡民友新聞』の主張「唯一策あり」は「嗚呼軍隊百万の功労は一使臣の為に抹殺されたり。同胞五千万の辛苦は二、三有司の為に水泡に帰したり。日月と光を争ふ大日本帝国の光栄は怯懦(きょうだ)なる閣臣元老の為に糞土を塗られたり。彼等何の面目ありて、聖天子、軍隊及び国民に見(まみ)へんとする乎(か)」と述べている。批判さるべきは閣臣元老であり、軍隊は国民とともにあった。第二次世界大戦敗戦までの戦前史のなかで、軍隊と国民の一体感が最も高まった瞬間ではなかったか。そして天皇・軍隊・国民対政府という対立構造の描き方は、外に対する膨張主義と内の民主化要求というこの時期の民衆意識の構造に対応していた。しかし、民主化を要求する限り、軍隊が国民の批判から聖域として除外されるわけではない。同紙は第三十四連隊補充大隊の一兵士の病死を「奇怪なる死」として追及しており(『静岡民友新聞』一九〇五年九月二八日、二九日)、事実の追及、秘密主義批判、国民世論に沿った政治の実施というこの時期の民主化要求は、やがて軍閥批判という形で軍部も批判対象にする方向に発展する可能性を含んでいた(日露戦争後の地域紙の軍隊批判については後述)。

　ともあれ、この時点では、一〇月四日に講和条約が枢密院で承認され、その後復員、召集解除が進むと、政治批判はいったん収まり、各地で凱旋兵士の歓迎準備が始まった。第三十四連隊の場合、後備歩兵連隊は一一月三〇日に、本隊は〇六年一月一八〜二〇日に、それぞれ静岡に帰還するが、静岡市の凱旋軍隊歓迎準備は、一〇月一二日に始まったほか、この時期から各郡および市町村の凱旋歓迎準備作業が始まった。行事は停車場における通過軍隊の歓迎慰労、地元軍隊・出身兵士に対する国旗や村旗による歓迎、慰労金・感謝状贈呈などであり、歓迎慰労会は郡レベルと町村単位で二重に実施された。また、停車場付近の凱旋門建設が村レベルまで流行し[47]、こうした費用まで含めて、さらに相当額の寄付金徴収が行なわれた。

しかし、華やかな凱旋歓迎の陰で、各市町村は多数の戦死者家族の生活問題、戦傷のため労働困難になった「廃兵」(傷痍軍人)問題、あるいは出征による失業者の就業指導などの問題も抱え込んだ。一九〇五年末当時の戦病死者遺族に関する統計では幾分の救護を要する家族五七六世帯、自活不可能一三〇世帯であり、「廃兵」として処理された者五五三人のうち、救助を要する者は一八六人であった(『静岡民友新聞』一九〇五年一二月一三日)。凱旋兵士歓迎とこれらの救助を両立させ、双方に不満をもたせない戦後対策が肝要であり、そのために郡役所は各町村に対し歓迎はなるべく質素にし、歓迎に際して軍人ごとの待遇差別を生じさせないこと、遺家族対策・「廃兵」救護・失職者援護対策への配慮を要望した。日露戦後経営に向けて、再び国民としての一体的な能動性をひき出す課題を抱えた国家にとって、戦争で経済基盤を崩壊させた家族や帰還した兵士の復業・従来の生活の回復に、地域行政がどう取り組むかは重大な関心事だったのである[48]。

3　日露戦争後の軍拡

帝国在郷軍人会の創設

在郷軍人の組織化は、第一章でふれたように、日露戦争前の一九〇二～〇三年にかけて急速に進展した[49]。改めて表8に戻ると、一九〇三年一〇月以降、とくに団体結成が進んだことが確認できよう。さらに翌年一～三月にかけて多数の町村在郷軍人会が発足した(『静岡民友新聞』一九〇四年一～三月)。一九〇三年一二月一〇日開催の駿東郡町村長会の議題の一つに「在郷軍人会設置ノ件」があり、そこでは「在郷軍人会設置ノ件ニ付テハ夫々準備中ナルヘケレド其後何等ノ申出ナキ町村アリ、右ハ駿東奨兵会ノ事業ト相待テ肝要ノモノト認メラル、ヲ以テ精々勧誘相成タシ」「三十六年度年内ニ設置ノ事」と、郡からの町村在郷軍人会結成指示が行なわれている[50]。日露戦争前夜の在郷軍人団体急拡大の背景には、奨兵会と在郷軍人会結成が戦争準備上「肝要」な事業と位置づけられ、郡―町村ルートの強い結成勧奨が行なわれたことがあったのである。その背後には、いうまでもなく連隊区司令部の要請がある。当時連隊区司令部では、各町村に在郷軍人会「会則草稿」を送付し、行政当局の結成指導を求めていた[51]。当時すでに静岡連隊区司令部は、在郷軍人団体の「不偏不党」の観点から、在郷軍人自身が団体幹部を務めるべきと考えていたが、町村で実際の組織結成にあたるのは町村当局であり、結成された各町村在郷軍人会の会長は村長、副会長は助役が就任するのが通例であった。[52] 目前に控えた在郷兵への膨大な召集事務遂行の面から、町村当局主導による結成を優先したのである。しかし、こうして結成された在郷軍人会も、在郷軍人の多数が出征したため、多くが休眠状態ないし自然消滅となり、日露戦時下の事務の多忙化のなかで、結成されぬままに終わった町村も多かったと思われる。

そのため日露戦争後、在郷軍人会の再興、新結成が進められる。静岡連隊区司令部は、一九〇六年春から、在郷軍人会未結成町村当局に対する結成指導を強め、豊橋連隊区司令部も、八月一日「豊橋連隊区在郷軍人ニ与フル誨告」で、在郷軍人に対し直接に、軍人会結成の必要性を説いた。[53] この強い結成勧告の背景には、第一に大量に帰還した(同年一月)在郷兵の統制問題、すなわち二年にわたる長い戦地体験を経て「粗放に流れ」やすくなり、「「兵隊上リ」トシテ郷党ニ疎セラレシ者少カラサリシ」という在郷兵の規律維持対策、[54] 第二に日露戦争の大量兵員動員の経験から、在郷兵の平時の訓練・統制の意義がさらに大きくなったこと、第三に地域に対する軍事思想普及の要請がいっそう強まったこと、第四に壮丁に対する基礎的および精神的訓練がより強く求められたことである。これらの理由に加えて、この時期の軍備拡張と翌〇七年一〇月から現役二年終了後の帰休制採用により徴集壮丁数が増え、「適齢者中健康者ノ大部ハ兵籍ニ入ラサルヲ得サルノ趨勢（すうせい）トナリ」、膨れ上がるはずの在郷軍人指導はいっそう切実な問題になった。[55]

組織の形態については、豊橋連隊区の場合、郡在郷軍人会―町村支会という郡内での縦系列の組織化を求めている。これに沿って、磐田郡では一九〇六年七月、磐田郡在郷軍人会会則を決定しているが、正会員は予後備軍人、郡内各町村に「部会」(前記「支会」、あるいはのちの分会に相当)を設置すること、会長・副会長は古参将校(尉官相当)、町村の「部長」(のちの分会長に相当)・「副部長」は「高級古参」の者を当てる規定である。軍内の等級と年功を基準にした役員決定である。会計は、磐田郡振武会の補助金と将校の寄付に依存しており、会費の徴収はない。また、連隊区司令部との関係、他郡の在郷軍人会との関係も規約には記載がない。静岡連隊区の場合は、同連隊区の指導に沿って制定された田方郡西浦村在郷軍人会会則から判断すると、正会員は同様に予後備軍人で会費を徴収(年三〇銭)、会長は高級古参者、副会長・幹事・評議員は互選、郡レベルの在郷軍人会との関係については記載がなく、連隊区司令部の監督が規定されている[56]。したがって、この段階では、同じ第三師団のなかでも、それぞれの連隊区司令部が独自に結成指導をしているわけであり、会員を予後備の在郷軍人に限定し、役員から行政当局者を除外し、将校を含む在郷軍人による指導体制をつくることに共通の、そして最大のねらいがあった。地方行政に強く依存した従来の在郷軍人会からの脱却の第一段階であった。もう一つの共通項は、従来、個々に独立していた町村在郷軍人団体に、郡在郷軍人会との指導・被指導関係、あるいは連隊区司令部との監督・被監督関係をもち込んだことである。これも集権的な単一団体化への移行措置であった。全国レベルでは、一九一〇年の各町村在郷軍人会数は一万一〇〇〇を超え、全国市町村の九割に及んだという[57]。

こうした各連隊区ごとの地ならしを経て、一九一〇年一一月、帝国在郷軍人会が結成され、静岡県では二つの連隊区司令部の管轄に対応して(後述、浜松歩兵第六十七連隊新設)、静岡支部（一九一一年一月二九日支部発会式）と浜松支部（一一年一一月二〇日発会）が組織された。支部は連隊区司令部内に置かれ、師団長と旅団長の監督のもと、連隊区司令官が支部長を務める。郡には連合分会がつくられ、町村には一つの、市には複数の分会が設置された。それまでの各町村在郷軍人会は帝国在郷軍人会の分会となり、すでに進行していた軍人だけの組織への変更は完成した。在郷軍人会の組織化にはたしてきた郡町村官公吏の役割の重要性、それゆえに在郷軍人会の全役員から地方官公吏を除外することへの懸念が大きかったことについては、以下の第十五師団長が郡に対し発した文書（町村にも移牒）からも確認できよう[58]。

該規約（帝国在郷軍人会規約―引用者注）ニ拠レハ軍人会ノ役員ハ軍人ヲ以テ組織セルヨリ、自然従来各地方軍人会役員トシテ奔走努力セラレタル各地ノ官公吏ハ、該会ノ発表ト共ニ規定ノ役員トシテ従来ノ如ク御尽力ヲ仰ク能ハサルコトニ相成候得共、元来今回ノ軍人会ハ軍人ヲ本位トセルノ結果ニシテ敢テ地方官吏ヲ疎外スルモノニアラス、内容ニ於テハ不相変斡旋協力ヲ願ハサルヘカラサル次第ニ有之候。折角各地官公吏ノ熱心ナル助力ニ依リ各地共軍人会ノ設立ヲ見ルニ至リ、益々前途ノ発展ヲ期シツ、アル今日、突然役員組織ノ変更ハ今日迄該会ノ為メ尽サレタル各地官公吏ノ感情如何ニヤト懸念致次第ニ御座候。

この師団長の懸念は杞憂には終わらず、実際、一九一一年の第十五師団秋季演習の際、在郷軍人会と町村吏員の折り合いが悪いため、町村吏員が軍隊への接遇斡旋を拒否するという事態も生じた[59]。しかし、こうした問題を抱えつつも、本部―支部（連隊区）―連合分会（市郡）

―分会(町村)という上下関係をもち、地方行政機関から一応独立して軍の直接指導を受ける在郷軍人会の全国組織網を、軍部は一挙に整備していった[60]。町村長との密接な連絡や連合分会事務の郡書記嘱託、会計の奨兵会補助依存(連合分会は郡奨兵会より、分会は町村奨兵会より)など、実際の会務は行政機関の援助なしに動かなかったが、活動方針に関しては、軍に直接つながる団体として再編された[61]。巨大な規模の在郷軍人を集団として傘下に置いたことは、政治勢力としての「軍部」確立の基盤につながり、「良兵即チ良民」のスローガンのもと、在郷軍人を「国民ノ中堅」と位置づけ、軍部の要求に沿った国民思想普及・国民教育を強力に進める足掛かりとなったのである。

第十五師団誘致運動

日露戦争中に野戦師団、後備師団など六個師団を増強した陸軍は、戦争終了後、戦時軍拡を既定事実化し、常備一三個師団から一九個師団体制への移行をはかった。この陸軍軍拡の動きに対し、各地で終戦直後から増設部隊誘致運動が起こる。以下、本節では、この軍拡と地域との関係を追うが、まず、静岡県で二番目の歩兵連隊が設置されることになる浜松を中心に、増設部隊誘致に関する動向をみてみよう。

浜松町では一九〇五年暮れから翌〇六年年頭にかけて、一人一円以上の出金者を会員として運動費を募った「兵営既成同盟会」が組織され、浜名郡町村長会を巻き込んだ代表委員の上京による陸軍省有力者訪問運動に入った(『静岡民友新聞』一九〇六年一月一四日)。「兵営の新設は土地の繁盛と至大の関係を有する」と判断されたからであり、願わくは師団司令部、悪くても連隊誘致という目的達成のため、各地の運動は兵営敷地の寄付などを条件として差し出し、政党・衆貴両院議員、官僚をつてとして誘致運動に奔走した[62]。運動理由として、国防論的観点はみえず、地域起こしに限定して、出発している点が注目される。当時の歩兵連隊の平時員数は約一八〇〇人、師団は歩兵連隊四、および騎兵や砲兵連隊をあわせて編成されるので、一万人を超えることになる。これだけの人と付随する物の流入は、当初の出費は大きくても、地域経済にとって魅力であった。軍部側からすれば、師団や連隊設置場所は、各地域が差し出した条件よりも、演習場の確保等の地理的条件や物資・交通の便、壮丁人口などを優先して判断しようが、敷地の寄付競争は、土地収用にかかる予算の節減と交渉の手間を省きトラブルを減少させることになったので、誘致競争を規制しようとはしなかった(『新朝報』一九〇七年一月三〇日)。

そしてこの年一二月、閣議が予算案を決定し、翌〇七年二月初め衆議院で予算案が可決されたころから誘致運動は一挙に加熱する。地域紙上で東海地方における新設師団候補地とされたのは、豊橋、浜松、静岡、沼津などで、そのほか岡崎でも誘致運動が行なわれた(『静岡民友新聞』一九〇七年二月九日、『新朝報』二月二六日、三月三日)。静岡市は二月二〇日、市長および市会議員有志、各町総代、周辺各村が協力し師団誘致の上申書をまとめ、上京運動実施を決定する。静岡市は師団練兵場買い上げ代金として一五万円の献納を申し出た(『静岡民友新聞』二月二二日、二七日、二八日)。三月八日には、市長が各町総代・有力者など三〇〇人を市役所に集め上京運動結果を報告、さらに官舎設備費などの名目で一五万円の追加寄付(計三〇万円)を決議した(『静岡民友新聞』三月一〇日)。豊橋市では早くから市長周辺が誘致運動に動いていたが、二月一七日、市会議員有志、各大字総代を含む豊橋市師団設置期成同盟会を結成し地域ぐるみ運動的体制を整え、あわせて一〇万円の寄付を決定した(『新朝報』二月一九日)。しかし、市民のなかに無用の運動費は不要、寄付や買収まがいの運動はやめ市民全体の請願だけで十分、という合理主義的立場の批判が一貫して存在したことも注目される(『新朝報』二月二二日、二三日論説)。

浜松町は、歩兵連隊新設の有力候補地としての観測が流れる一方で、師団設置候補地としても「地質、交通、演習地等の関係上……極めて有望」とみられ(『新朝報』二月一一日)、三月七日の浜名郡会は、師団設置請願の建議を可決し、静岡県知事に対し郡会議長名をもって師団設置の稟請を行なった(『静岡民友新聞』二月二六日、三月一〇日)。しかし、浜松の運動は、豊橋や静岡の運動に比べて地域有力者挙げての地域ぐるみ運動的色彩は弱いように思われる。郡会前日の三月六日、浜松では二〇〇〇人の聴衆を集めて、浜松に設置されることが決まった鉄道院工場の負担金問題に関する町政批判派の大演説会が開かれていた(『静岡民友新聞』三月八日)。一九〇六年一二月、浜松町は名古屋市や沼津町と競って鉄道院修理点検工場(現JR浜松工場)の設置を勝ちとったが、伊場に選定された工場敷地は三四万坪、全国の国鉄修繕車両の半数を処理するという拠点工場であった。この大工場の敷地買収につき、政府支出の買収額の不足分を町が補塡する条件であったため、政府の買収予算と地主の主張との間に一〇万円もの格差があることが明らかになった時、わずか四七〇〇戸しかなかった当時の浜松町は紛糾した(63)。そして町民の関心が鉄道院工場に向いている状況では、師団誘致が町の発展にとってもう一つのばねになることが町当局に意識されていても、誘致運動を地域ぐるみで組織化することはむずかしかった。町の経済振興が軍隊誘致の最大の理由であったがゆえに、町民は、軍隊の誘致よりも、設置が現実となった大工場誘致により強い関心を示していたのである。

一九〇七年三月二一日付『新朝報』は、豊橋に第十五師団衛戍地が確定したと報道、あわせて改めて献金付き上京訪問運動の無益を強調した。三月二二日付の『静岡民友新聞』は、「豊橋は、一時静岡との風説もありたれど、静岡は現在の演習地すらもなく、射撃等に際しては遠く富士の裾野に至らざるべからず等の状況なれば、豊橋が第三師団に接近し居れども遂に右の如く決定した所以なり」との寺内正毅陸軍大臣談話を掲載している。陸軍は、高師原・天伯原の広大な演習地を後背地にもつ豊橋の地理的条件を重視したのである。三月末、静岡に旅団司令部、浜松に歩兵連隊、豊橋には既設の歩兵連隊に加え新たにもう一つの歩兵連隊、岐阜、津に新たに歩兵連隊を設置する説が濃厚となり(『静岡民友新聞』三月二七日)、四月二日、浜松町では駄目押しの兵営敷地献納を決議し、委員を上京させた(『新朝報』四月五日)。これらの経緯を経て、四月一〇日ころまでに浜松への歩兵連隊・衛戍病院・憲兵分隊設置が確定的となった(『新朝報』四月一一日、一二日)。

都市の発展における歩兵連隊設置の意味

一九〇七年三月二九日の『新朝報』「浜松通信」は、新設歩兵連隊敷地問題とともに、従来の二倍の広さに増改築された停車場と創立目前の浜松鉄道(現遠州鉄道)をとりあげ、近い将来の市制発布を予想している(一九一一年七月市制施行)。また、同紙六月一一日付は「浜松の商工業は近来長足の進歩を以て一大発展を為し製帽、楽器、形染の三大工業会社を始めとし木綿織物の如き年々の産出額三万反以上にして其他繭、干生姜、落花生、糸瓜(へちま)等農家の副産物として市場に搬出するもの頗る(すこぶる)多く、而して各地方より浜松へ輸入し来る貨物の数額も又著しく激増」と報じている。大きな経済効果を期待される先の鉄道院工場を含め、交通面、工業、農業、物流の各方面で、町が新たに発展せんとするなかでの歩兵連隊設置だったわけである。この点では、製糸業以外に主要産業のなかった豊橋とは、軍隊への期待度がかなり異なっていた。これらの点をふまえて、市制を展望した浜松町の発展過程で、歩兵連隊の設置はどのような位置を占めたのか考えてみよう。

浜松連隊の敷地は総坪数約一二万坪、内訳は浜松町名残から富塚村両追分にまたがる兵舎四万坪(現静大浜松キャンパス)、その北の練兵場五万坪(現和地山公園)、作業場三〇〇〇坪、両追分から曳馬村池川にかけ衛戍病院三五〇〇坪、連隊区司令部敷地三五〇坪、曳馬村に陸軍墓地一五〇〇坪、富塚村丸山西側の射撃場一万二〇〇〇坪である(『新朝報』六月一〇日、二六日)。これらの土地買収に対し、地上物件撤退料は別として、陸軍は「敷地に編入せられたる地所は宅地、畑、山林の別なく一坪二円以下」という交渉方針で臨んだ(『静岡民友新聞』六月一一日)。政府は兵営敷地を一坪五円として予算を計上したが、各地の土地献納で「敷地の買上費は殆ど支出を要せず又買上ぐるとするも一坪二円にて十分」と高飛車に構えたからである(『新朝報』五月三一日)。「最初敷地の内定せるや付近の地主は中々高値を唱へて容易に承諾せざるより先ず(中略)の三人が率先して承諾書に調印し買収に応じたるより付近の地主も又調印するに至りしなりと云ふ。姫街道に沿ひたる土地の外は凡て一坪二円五十銭の申出なりしを二円に減少して今回の賠償に応じたり」という記事が示すように、地主の期待をよそに一坪当たり上限二円のガードは固かった。さらに、兵舎予定地は茶畑多く民家三〜四戸、練兵場は山林多く、民家一〇戸内外であったが(『静岡民友新聞』四月一九日)、畑地にしても、実情に即して畑と認定され買い上げられた土地は少なかったようだ。「聯隊敷地付近は多く三方ヶ原の開墾地なるも開墾地は着手より十年を経過するにあらざれば畑地に編入されざるなるが未開墾の山林と畑地は賠償価格に非常の差ある事なれば開墾着手より五年又は八九年を経過しつゝあるも山林として賠償」という拘束があり、「地主は少なからぬ損失を来せばとて主任官へ哀願するもの続々ある」実態だったからである(『静岡民友新聞』六月一一日)。

この二つの事情が重なり、「浜松町は他の聯隊(津、岐阜)に比して頗る廉価なる事とて人民側にては成るべく買上地の少からん事を希望し居れり」という状況が生じた。「浜松新設聯隊の敷地は総坪数十二万坪にして之が買収価格は約九万円の予定なるも此の中浜松町より献納する分は約五万坪此価格四万三千円なれば陸軍省にて買上ぐべきは七万坪此価格五万円なり」という価格にみるとおり、平均坪一円を下まわった(『静岡民友新聞』六月一一日)。買収に

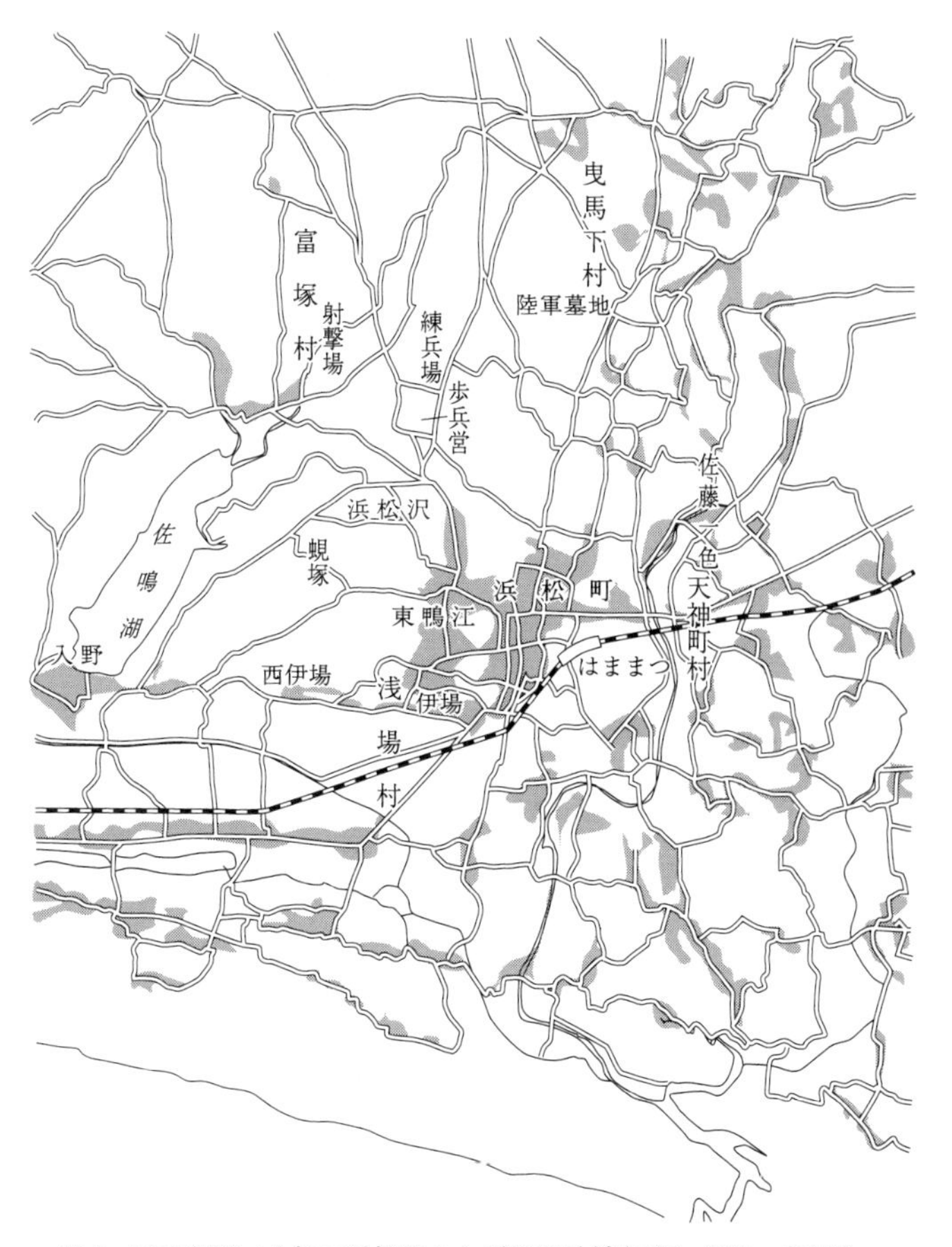

図1　1911(明治44)年の浜松町および周辺地域(図幅：浜松，白羽浜，見付町，天龍河口，アミ部分は住宅地)

ともなう付近の土地騰貴により代替土地購入の不利益が生じざるをえず、地主にとって分の悪い売買であった。ちなみに、翌一九〇八年の停車場拡幅の際、坪当たり売買価格は六円である(『新朝報』一九〇八年五月二六日)。

一九〇七年七月に入ると、連隊敷地の地均し工事、次いで兵営建設工事が始まった。地均し工事は請負金額三万円で静岡の業者が、建設工事は東京の池谷組が三〇万円で請負、建設資材は東京から運ばれた(『新朝報』七月二二日、八月一一日、九月一日)。土地買収費が地元の地主をあまり潤さなかったように、建設工事関係でも、地元に直接散布される資金は少なかったのである。それでも、地均し工事では、一五〇〜三〇〇人の人夫が、その後も建設工事関係者が町に入り込み、より広大な規模の鉄道院工場敷地工事とあいまって町は活気づいた。『新朝報』九月一五日付は、「浜松町にては鉄工場の新設と聯隊の新設にて劇(ママ)かに人口増加、殊に昨今は千人以上も入り込みてより家屋の払底を来し、借家は勿論建設すべき地所さえなきまでに膨張し来る」と伝えている。この時の人口増加・家屋増加は、停車場を中心とする町の東西部分、西は鉄道院工場敷地付近の鴨江付近(浅場村)、東は馬込、天神町、佐藤一色(以上、天神町村)などである。浜松町の人口拡大は、東西の隣接村への町場拡大をもたらし、のちの浜松町への編入、町村合併につながることになる(『新朝報』一〇月一五日)。

また、連隊新設は従来町の繁栄からとり残されていた浜松町西北部の開発の契機となった。一九〇七年五月八日付『静岡民友新聞』は、「浜松の道路拡張」と題し「浜松町に愈々聯隊の設置さるゝ以上は行軍演習等に際し軍隊の規律上勢ひ隊伍を正うして通行せざるべからず、然るに現今の道路にては到底二列以上隊伍を整へて通行する事能はずとて既に一部の人士の中には市区改正説を唱ふるものあり」として主要道路を五間に拡幅する案を紹介し、五月二一日付でも浜松連隊までの道路整備の急務を説いた。停車場付近の田町、連尺、紺屋(こうや)町などの道路も、行軍には狭隘すぎることも指摘されている(『新朝報』一九〇八年二月八日)。これらの指摘どおり、連隊正門前を通る姫街道は連隊設置とともに拡幅・整備され[64]、連隊が気賀方面に行軍演習する際の軍用道路——「姫街道」の名にそぐわぬが——としての役割をはたすことになる。また、連隊設置にともない富塚村内の連隊敷地(両追分、和地山、浜松沢など)が浜松町に編入され、町域が西北部にも広がった。こうして連隊設置は、拡大された町西北部への人と物の流れを生むことになる。

このほか、入営兵を当て込み「町中の処々には飲食店料理店芸妓屋が頗る繁殖し」、日露戦後恐慌下、他都市の不景気にもかかわらず、浜松商業界はにぎわいを保った(『新朝報』一九〇八年一月七日)。しかし他方で、大量の定住労働力を吸引する大工場誘致と比べ、徴兵制軍隊は、定住人口を生むわけではなく、兵卒には、世間並の給与保障もない。こうした限界をもつ連隊設置後の経済効果の実状については次項で改めて検討しよう。

編成後の歩兵連隊と地域民衆

一九〇七年一〇月九日、陸軍平時編制改定により歩兵第六十七連隊の浜松設置が最終的に確認され、二六日連隊本部と第一大隊を豊橋に、第二大隊を静岡に仮営、一二月一日、新兵八五三人が二手に分かれて入隊した。第六十七連隊徴募区域は、浜名・磐田・引佐・小笠・志太・榛原の静岡県内西部六郡である。そして主要施設の完成を待って、一九〇八年三月二六日陣営を浜松に移転した。練兵場は七月六日、富塚射撃場は一〇月一一日の受領である。一一月一八日、連隊の編制替えが行なわれ、三大隊各四中隊(それまで二大隊各三中隊)の正規編制に転換、一二月一日、二回目の新兵八六四人が入営した。連隊内ではこれら現役兵の訓練のほか、予備役兵三週間、後備役兵二週間の勤務演習、六週間現役兵などの訓練も行なわれ、一九〇九年の場合、七月の勤務演習では予備役八六三人、後備役四八八人を召集した。また通例六月には連隊規模の野営演習が高師原で行なわれ、田の刈入期が終わった一〇〜一一月には三週間の師団秋季演習に参加した[65]。将校・下士官約二〇〇人をあわせ、これだけの人員が、浜松の兵営を出入りし、日常生活を送り、演習を展開したのである。

転営に先立つ一九〇八年二月一八日、浜松連隊区司令官、副官などが兵営の下見に来浜、浜松停車場で「郡長、町長、県会議員、実業家、在郷軍人、赤十字社員、学校生徒等無慮四千人」が出迎えた(『新朝報』二月一九日)。歓迎側は、地域の役職者、実業層、在郷軍人・赤十字など軍と密接な団体、そして軍関係儀式に常に動員される学校生徒の四グループから成っていた。次いで、三月二九日、委員一八〇人の大人数で主催される浜松連隊歓迎会が、浜名郡などの八〇〇〇円の負担で、一五〇〇人もの軍関係者を招待者として、連隊内外で華々しく行なわれた。「浜松市中は、……各町装飾を競ひ種々なる催ふしを為したる事とて未曽有の賑ひを呈し殊に夜に入りては思ひ〳〵の提灯行列、山車(だし)屋台等ありしを以て全く市中わき返る騒ぎを為したり」。旅館は遠江よりの見物人を以て満員」という状況、兵営内の会場では競馬、撃剣、相撲、弓、自転車などの余興が行なわれ、ハイライトは「揃ひの衣裳を新調して新たに浜松踊りを仕込」んだ一二〇余人の芸者連の手踊りだった（『新朝報』一月二九日、三月一二日、一三日、四月一日）。歓迎会に先立ち、当日の毎戸「国旗」掲揚のため、各区支弁により「国旗」を調製している（『新朝報』三月一四日）。四月一九日には地元側歓迎会への答礼として、将校連主催の臨時招魂祭が挙行された。戦死者遺族一五〇〇人のほか、地域役職者、在郷将校、新聞記者など五〇〇人が招待され、兵営内の余興と模擬店には「無慮一万五千余人」が詰めかけた（『新朝報』四月一五日、二一日）。

さらに五月九日、連隊軍旗授与式[66]がとり行なわれ、町内では毎戸「国旗」掲揚、浜松停車場では、町長、町会議員、赤十字社員、愛国婦人会、浜松婦人会、郡尚武会（徴兵・出征者援護団体）、在郷軍人、学校生徒の奉迎送が行なわれた。この第一回軍旗祭の宴会には地域有力者、婦人会員、新聞記者などが招待され、「盛典を参観せんと練兵場に集う老若男女は幾千の多きに達し」た（『新朝報』五月九日、一〇日）。これら一連の歓迎儀式・祭りによる町のにぎわいを、『新朝報』は、「浜松町は聯隊設置以来日を追ふて倍々膨張発展の機運に遭遇」（六月二四日付）と表現している。

先の臨時招魂祭に対し、本来の招魂祭は、軍側と協力しつつ、地域の負担と主催で行なわれる。その意味での浜松連隊設置後初の招魂祭は、この年（一九〇八年）一一月一七日に行なわれた。県から七、八〇〇〇円の寄付があり、町で数百円分の寄付を募って、五社公園で実施された。町では毎戸「国旗」が掲げられ、遺族と学校生徒が参拝、その後余興が行なわれた。「近郷近在より来観者頗る多く夜に入りては一層の雑踏を極め劇場、寄席、貸座敷、料理店亦稀有の盛況を呈せり」という(『新朝報』一一月一七日および一八日)。

以上の経過をみると、連隊発足期の一連の儀式が、祭りとして組織されていること、そのなかで第一に師団・連隊将校と地域有力者との提携関係、第二に在郷軍人、赤十字、尚武会、婦人会など軍と密接な組織・会員の動員とそれを通じた活性化、第三に民衆の組織動員の核としての学校生徒の動員、第四に軍関係儀式への寄付行為と「国旗」の一括調製と掲揚を通じた軍隊協力・国家意識の涵養、第五にイベントによる集客を通じた町のサービス産業への経済効果、等々が複合的に企図されていたと考えられる。地域の軍隊協力組織化、地元(郷土)連隊意識の育成は、連隊設置の経済効果と相乗する関係にあったといえる。

しかし、一連の連隊設置イベントが終わるころ、浜松の景気は急速に下降していた(『新朝報』一一月三日、五日、一二月五日)。一一月初旬、三方原での旅団対抗演習・町内宿泊(三〇〇〇人以上)による一時的景気浮揚はあったが、年末にかけて景気の落ち込み、とくに連隊設置効果が期待された業種である飲酒店・花柳街関係の不景気ぶりは激しく、それは翌春まで続いた。その様子を一九〇九年四月一八日付『新朝報』は、「浜松町経済界の不振は昨今其極に達し何れの商店も悉く消極に流れて今や救済の大断案を下さるべからざるの時に在り嘗て聯隊設置、鉄工新設の声に促がされて架空的発展の端緒を開き諸費目の連発と物資の暴騰は一時その頂点に達し威勢隆々たるの趣きありしもさて聯隊設置後の恩恵左程に深からず……」と描写している。連隊設置時期の浜松町の特異な好景気は、「架空」であることが実感されたのであり、一過性の景気の後遺症は深刻であった。

連隊設置期の後も、陸軍記念日や招魂祭など軍関係の儀式と祭りは継続し、一九一〇年の韓国併合の際には、八月三〇日、町当局と連隊の共催にて、「日韓併合官民大祝賀会」を挙行(五社公園)、来賓として軍将校ほか判事・検事、警察、駅長、税務署長、商業学校長、町会議員、新聞記者など五〇〇人が名を連ねた。また、浜松新聞社主催で提灯行列が行なわれ、青年団や商店関係、芸妓が動員された(『新朝報』八月三一日)。同年三月一〇日の陸軍記念日における浜松連隊内での催しへの来賓は、郡長、裁判所長、各中学校長、各郡兵事主任、各町村長、郡会議員、銀行家、実業家等二〇〇人である(『新朝報』三月一一日)。軍関係儀式を通じて、第一に軍側と地域行政当局・司法・警察・地方議員・各種学校長・新聞社・地域実業層との提携が、くり返し確認されていること、第二に地域新聞が、地域民衆の国家意識調達の重要な役割を演じていること、第三に、しかし、祭りへの大衆動員規模は小さくなっていること(予算も減)、すなわち経済効果は初期のイベントほどではないことも推定できよう。

なお、一九一〇年四月二日、浜松連隊から韓国派遣兵七二人が出発し、同月二九日町長・町会議員・区長らが駅前で歓迎するなか、前年からの韓国派遣兵六八名が浜松へ帰着した(『新朝報』一九一〇年四月三日、三〇日)。静岡市とともに県下の先陣を切って開催された上記の韓国併合祝賀会は、連隊所在地となったがゆえの国家的課題達成を祝う儀式であっただろうが、身近な部隊からの韓国派遣を通じて地域有力者の目が、日露戦争以来数年ぶりに植民地支配に向きはじめたこととも無縁ではなかろう。

町の経済効果という面では、毎年一一月二〇日の除隊、一二月一日の入営による一時的にぎわいのほうが重要だろう。一九〇九年一二月一日の入営風景は「一昨三十日は浜松第六十七聯隊へ入営者及び見送人多数に入り込み非常に雑踏を極めたり。各旅館は何れも満員の盛況にて料理店も飲食店も大に賑ひたり。而して昨日は壮丁は数多の見送人に送られて午前八時無事入営せり。其人員八九一名なりし」と描かれ(『新朝報』一九〇九年一二月二日)、翌一九一〇年の除隊期前の町の様子は「昨今近郷より多数の人々入り込み市中の商店は土産物其他買入れにて混雑し各飲食店宿屋等非常に賑合つゝあり」という状況であった(『新朝報』一九一〇年一一月一六日)。旅館、花柳界、劇場、料理店、土産物店などにとって、一〇〇〇人以上の人びとが出入りするこの時期は、暮れの格好の書入れ期となった。これらの層にとって、連隊設置の経済効果は入営・除隊時や部隊の演習による宿泊時など一時的であり、先にみたように、期待したほど大きなものではなかったが、無視できるものでもなかった。日常消費物資を納入した連隊御用商人を第一グループの受益層とすれば、これらの層はより依存度の低い第二グループの受益者を構成したといえる。このほか、御用商人が買い付ける物資を生産する地元生産者(野菜などの供給)が想定されるが、浜松の実態は不明である。

ところで、浜松町に連隊が設置されたことで、遠州地方での軍隊演習が、飛躍的に増加した。連隊の演習は、練兵場や富塚の連隊射撃場、あるいは師団演習地である高師原だけで行なわれたのではなく、三方原での大規模演習、遠州灘に面した海岸や馬込川(現浜松市内から遠州灘に注ぐ)の河口付近を利用した実弾射撃演習、周辺地域一帯にまたがる数日間をかけた行軍演習が、大隊単位・中隊単位で頻繁に行なわれた。こうした連隊敷地外での行軍・戦闘・宿営をくり返すことで、連隊の存在は地域にとって日常風景化していったのである。連隊の兵卒が単に地元の青年によって構成されているという理由のみならず、地元の青年たちが属する連隊が、周辺地域で日常訓練をくり返すことで、身近な軍隊意識・郷土部隊意識は強まっていったと思われる。ただし、演習を通じた軍隊への支持調達は、強制性をともなっていたことも見逃せない。大規模演習の際に軍側が地域民衆に求めたのは、陸軍の標章と観念された連隊旗への敬礼脱帽であり、軍側はそうした民衆の行為の度合いで、「国民の報公心」を測った(『新朝報』一九〇九年五月八日、九月二六日)。また、演習時の軍隊宿営に際しては、軍側の要請で、宿舎主に対し、空気の流通・風呂の準備・便所の掃除・寝具の清潔・煮沸した飲料水の提供・清潔な食器洗面具の提供などを含む「誠意を持った待遇」や軍旗への敬意を求める地方当局の通牒が出された(『新朝報』一九〇九年一一月一日、師団秋季演習に際しての「其筋」の通牒)。

しかし、軍隊が地域に根づいていったことは、地域が軍隊を無条件で受け入れていったことと同義ではない。軍隊を身近に目にすることで軍隊への関心も高まっていったと思われ、地域の新聞は軍内の不祥事も含めて、さまざまな軍隊情報を地域に提供した[67]。

この時期の軍隊は地域にとって隔絶した権威だったわけでもなく、軍隊の不祥事などをとりあげた地域部隊への批判はタブーではなかった。地域新聞報道と連隊内部史料を照合すると、兵士の脱営、処罰、将校の不祥事などが相当程度記事として拾われており、それらの事件や行為の内情も具体的に報道されている[68]。地域のなかの軍隊は監視される存在でもあったのである。また、強制による誠意と敬意の調達は、軍側も地元の誠意に見合う規律あるふるまいをしない場合、不満を醸成する因子ともなった。演習時には、「軍隊の宿営に際し地方住民が最も損害を被るは村落露営にしてこれは民家の軒先縁側などに宿営し別に費用を弁償せざるものなるが、住民が内実に於て物資を徴せらるゝことは舎営即ち費用を弁じて公然家屋に泊り込むに異ならずと云へり」という軍側の傲慢な実態があり、それに対する地域民衆の不満とそれを背景としたこのような批判が存在したのである(『新朝報』一九〇八年九月二七日)。大正デモクラシー状況下の軍批判の底流に、このような地域からの日常的な軍隊批判・監視の目があったことは確認しておく必要があろう。

さて、先に連隊の設置が軍事関係団体の地域行事への動員、活性化につながったことをみた。とくに顕著に変わったのは在郷軍人会である。勤務演習などで地元の連隊が在郷軍人への訓練を担うからには、在郷軍人会への期待は高まらざるをえない。浜松への連隊移転後一年半を経た一九〇九年八月二二日、浜松在郷軍人会は総会を開催し、「久しき以前より有名無実なりし」組織を改革し、浜松連隊区司令官を会長に据えた(『新朝報』一九〇九年八月一九日、二四日)。同会は、一九一一年一月一五日、帝国在郷軍人会浜松分会として再編される。その発会式には、軍関係者ほか県会議員、郵便局長、町長、警察関係者、小学校長、町会議員、区長、新聞記者など四〇〇人が招待され(『新朝報』一九一一年一月一七日)、地域有力者の帝国在郷軍人会認知の場となった。

最後に、地域と以上のような関係をもつ軍隊の内実はいかなるものだったのかをみておこう。『新朝報』の紙面でみると、一九〇八年一二月一九日付の連隊副官との仲を利用した御用商人の詐欺事件報道あたりを契機に、一九〇九年初頭から浜松連隊の連隊運営への批判が始まっている。一月二二日付「浜松聯隊の将校方へ」という連隊将校批判、三月一二日付における連隊長更迭をとりあげての「浜松聯隊の暗闘」記事、四月一一日「常に怪聞絶えぬ浜松聯隊の御用商人中には将校又は主計炊事係其他酒保委員に阿諛結託して常に旨き汁を吸はんと腐心し居る輩あり」との報道、五月六日浜松連隊将校および下士官の兵卒虐待と被害兵士一名の逃亡記事という具合である。一九〇九年五月三〇日付『静岡民友新聞』でも上官の過酷な対応と浜松連隊の脱営事件頻発との相関を問題視する記事を掲げており、地元紙が浜松連隊の内情に不信をもちはじめているさまがみてとれる。さらに七月、浜松連隊が現役・予後備混合で酷暑の強行軍を実施し、日射病で病人続出、軍医の付き添いがなかったため一二、三人が三日ほど人事不省に陥るという失態を起こした(『新朝報』一九〇九年七月二一日および八月一日)。

翌一九一〇年の『新朝報』報道となると、三月二四日付では、「軍隊における御用商人がその係官と結託して不埒千万の行為あることは何れの軍隊にありてもその噂を耳にする処なるが、殊に浜松聯隊には今日迄其の弊多く醜聞絶えざりし」として酒保係軍曹と御用商人の結託をとりあげ、五月一一日付では「又々浜松聯隊の怪説」と題し「聯隊の士卒一同は大挙

表15　歩兵第67連隊内の逃亡，処罰，自殺，病死

年	逃亡者	其他の処罰者	自殺者	病死者	
1908	6	3		1	
09	2	4	2	7	
10	3	6	1	2	
11		2		1	
12	1	2	1		
13	1	3	2		
14	1	4		2	大戦出兵の戦病死43名除く
15	1	5		2	ほか1名広島衛戍病院で死亡

出典）防衛庁防衛研究所戦史部所蔵『歩兵第六十七聯隊歴史』より作成.

して聯隊長に辞職勧告をなすべしとて目下不穏の形勢ある由なるが原因は聯隊長の素行不良と士卒に対する非道の処置多きが為めなり」という重大事件を紹介した。連隊経理の杜撰さと兵卒に対する訓練方針の両面での連隊経営能力が、地域ジャーナリズムから厳しく批判されていたのである。

連隊内部の史料からみた、下士官以下の逃亡、処罰、自殺、病死数は、**表15**のとおりである。新聞報道をあわせてみると、この史料には脱落もあると思われるが、とくに連隊創設三年間の数値が高いことがみてとれる。これらの数字は全体としてみれば第十五師団隷下の他の連隊と比べてとくに高いというわけではないが、浜松連隊の軍紀に問題があり、連隊史料における将校への処罰数からみても、とくに将校の経営能力が、他の連隊と比べて問題視されていたことは確かであろう。浜松連隊では、一九一二年の勤務演習中、「徒党を結び、上官に暴行」という軍隊規律の根幹にかかわる重大事件が起こっており[69]、さらに少し時代は飛ぶが、一九二一年五月三日付の『静岡新報』は、連隊内で現役兵と予後備兵の一触即発の集団的対立があったことを伝えている。設置当初の歓迎に比して、浜松連隊が地域社会の支持を広げるのは容易ではなかった。[70]

師団設置をめぐる豊橋市政の内部対立と高師村の紛争

先に、豊橋市内部の師団誘致運動の方法論上の対立について若干ふれた。誘致を前提にしたこの対立は、豊橋市政に関する通説では、当時の豊橋市政界の主流派(市長派)である憲政本党系と政友会系の実業派の政争として描かれているのであるが、本項では、この問題の意味をもう少し異なる角度から考えてみたい。[71] この対立に政争が深くかかわっていることには異論のないところだが、政争を避けるべきと考えられてきた軍事問題の分野で、市政の激しい抗争が展開されたことの意味、あるいは陸軍省への献納行為が、市の自治のあり方の問題として議論されたこと、さらに軍隊誘致の地域経済効果の大小など、当時の周辺他都市では議論の俎上にのぼらなかった諸問題が問われたことに注目してみたい。立憲国家の内実、国家と国民の関係を鋭く問うた日露講和反対運動、後述する富士裾野演習場用地拡張に対する地元の反対などと通底する、日露戦争体験を経ての国民意識の変化の一端をあらわしていると考えるからである。なお以下、史料として利用する『新朝報』は、実業派系の地域紙であり、実業派系は一九〇六年九月、新たに政治団体豊橋市民会を組織していた(『新朝報』九月一九日)。

豊橋市で市長を委員長とし、参事会員、市会有志、各大字総代を構成員とする師団設置期成同盟会が結成されたのは一九〇七年二月一七日であり、結成大会では一〇万円を限度とする寄付をあわせた請願運動の実施を決定した(『新朝報』二月一九日)。この動きに対し、すでに前年から新設師団の内地配備と各地の兵営誘致運動に注目してきた『新朝報』は、一九〇七年一月一三日付で、陸軍の師団設置場所の選定基準(戦略上の要所、物資供給の便など)を紹介し、一八日付では、増設師団誘致運動が盛んだが、地方有力者の運動で設置場所が変更されるものではなく、運動がありうるとすれば師団設置の選定基準にいかに適合的かを説得することである、と指摘した。一月二七日、および三〇日付では、兵営敷地と練兵場につき陸軍が「地方の競争心を利用して無代寄付を申出さしむる方針」をとり軍事費の節約をはかっていることを報じ、陸軍の方針に乗せられた各地方の寄付地域の買収は、居住者の移転・転業、周辺土地の騰貴を招き、土地の繁栄をはかるための誘致策が、かえって関係者の怨嗟を招きかねない危険性も指摘していた。

市長ら主流派は、二月七日、市長が師団設置請願で上京し、先述のように、二月一七日設置請願の大衆運動化をはかり、再び運動委員を上京させた。これに対する豊橋市民会および『新朝報』の批判は、第一に、全市民一致の運動を展開することおよび全市一致を前提とした寄付金収集、第二に、師団設置場所は基本的には誘致運動と無関係に決まるのであり、他地域と競争し、いたずらに運動費を嵩ませるのは得策ではない、したがって、多くの上京委員の派遣は不要、などである(『新朝報』二月一六〜一九日)。二月二二日、二三日付では、二日連続の巻頭言で市長派の誘致運動を批判し、師団設置は基本的には軍事的配慮が優先されるので、「要は只熱誠なる豊橋市民全体の請願書を陸軍当局に呈出すれば可なり」と断じた。全市一致を名目に市長ら主流派に運動のイニシアティヴをとらせないための牽制をしている側面が色濃いにせよ、もう一方で、陸軍の選定基準・関係将校の談話を分析したうえで、選定の現実を見据えた合理主義的な運動を提起していた側面、地域の財を浪費する異常な誘致運動熱への批判を含んでいた点を見落としてはならないと思われる。

三月二一日、『新朝報』は豊橋への師団設置の確定を報じるとともに、静岡や沼津の一五万～二〇万円の献納額に対し一〇万円の豊橋が選定されたことは、選定が献納額の多寡に左右されないことを実証したのであり、その点から改めて無益な運動費出費の愚を批判し、献金には反対しないが、一〇万円の献金をどう捻出するか注目するとした。師団設置の決定後陸軍はただちに、寄付額を確定したうえで金員ではなく土地として献納させる意向を示しており、市長派にとって一〇万円の確保とそれを元手にした土地の買収は緊急課題となっていたのである。しかし、一〇万円の寄付確保は難航し、紛糾は予想外の広がりを示していった。

二月の師団設置期成同盟会の一〇万円献金決議は、同盟会が全市一致で構成されず、実業派の批判を受けつつ主流派を中心に結成された関係で、いざ献金収集の段になると、各町ごとに負担金を課すことはむずかしかった。そのため、主流派幹部は、買収地付近の広域買占めによる余剰(献金額相当)の捻出を策するが、私益的土地投機ともからんだこの方法はかえって市政への批判を拡大し、陸軍の師団用地確保交渉にも響いていった。『新朝報』七月一一日付は、新設師団敷地の確保につき、京都・豊橋が地主の「故障」で遅れていると報じている。

師団司令部は結局豊橋市の南の高師村に設置されることになるが、高師村の買収交渉では土地所有者の希望売買価格と軍の提示額の折り合いがつかず、八月末に行なわれた一五〇人の地主に対する軍担当者直接の説示会を経ても、なお八〇〜九〇人の不承諾者がいた。一〇月末、政府は土地収用法の適用をちらつかせながら売買契約調印を迫るが、なおも不承諾地主は翌年明けまで残った(『新朝報』一九〇七年八月二三日、九月五日、一四日、一〇月二五日、一一月二日、一九日、〇八年一月一六日、二月二三日)。先の浜松町での連隊敷地買収の場合と異なり、買収価格交渉への不満は公然化し、土地収用法適用までもつれ込んだのである。

一〇万円献金は、それ以上に紆余曲折した。各町総代を通じて市民に負担を割り振ることはできず、師団司令部が高師村に設置されることになったため、高師は一文も出さず師団を確保し、一〇万円を拠出する豊橋市にはなんら見るべき施設なし(工兵第三大隊のみ)という批判も相乗し、市長らは身動きがとれなくなったのである。しかし、一九〇八年の年明け早々、陸軍省から一〇万円献金の督促を受けた市長は、一月一四日、市として一〇万円を借り受け、三五町歩の土地を買収して陸軍省に献納=無償譲渡、借入金は二〇年で返済という案を市会に提出、一応満場一致で可決した。「一応」というのは、一月一五日付『新朝報』が調査検討の省略と多数党を頼みとした市会の議事運営への不満を表明していることに示される実業派の批判を念頭においているが、その不満はただちに、市民の一部が一〇万円の市債編入と無償譲渡を不服として愛知県会参事会に反対陳情を起こす形であらわれる。県参事会の審理開始に呼応し、『新朝報』は、献金は本来有志の拠出が筋であり、市自身が経営しない事業のために、無償譲渡すべき土地を買い入れ、そのために市が起債するのは適法なのか、という新たな批判を展開した(二月一三日、一四日)。豊橋市長を後援する愛知県知事と豊橋市の実業派につながる県会政友系との政争ではあるが、陸軍省への献納問題が、国家機関と市の自治との関係に及んだことは注目されよう。

この経緯のなかで、陸軍省は献金額一〇万円のうち四万円の補助をにおわし、それを受けた豊橋市長は、県参事会に六万円の無償譲渡と四万円分の土地の有償譲渡案に変更して再提出した。しかし、五月二五日、県参事会は無償譲渡の部分を否決、問題は再び市側に投げ返された(『新朝報』一九〇八年五月二一日、二七日)。『新朝報』は、市長が、任意寄付問題を市の経済に移したために、市債により市有財産を危機に陥らせ、市民に過重な負担を負わしめることが根本問題であるとの自治論的批判を発展させ、法曹家の言をかりて、師団設置のような国家事務に地域から寄付行為を起こすのは市の公共事務ではなく、市の公共事務であらざる以上は市民が課税負担をする義務はない、と論点をいっそう明確化した(五月二九日、六月二七日、二八日)。結局、八月二五日、豊橋市会は無償譲渡分を形のうえでなくし、四万円で一〇万円分の市有地を有償譲渡する案を多数決で採択、一九〇七年二月の献金決定から一年半にわたった献金問題の決着がついた(八月二六日)。九月一三日付『新朝報』は、「軍事事務は素より国家事務にして市の自治事務にあらず、すなわち市の関与を許さざる事務に属す、其の市の関与せずとも可なる事務に、市が自分の財産を危くして迄も之に援助すべき必要何所にあるや」と、市政にとってのこの紛争の意義をまとめた(九月一二日、一三日)。

師団誘致に対する『新朝報』・実業派の冷静な対応の背景には、師団設置の地域振興効果への見極めも影響していると思われる。豊橋に師団設置が決まった直後の一九〇七年四月九日、『新朝報』は「飴細工の豊橋歟」と題して、「国防軍略に依りて決せらる可き師団新設に際しても、矢張り大口喜六君(市長―引用者注)は市の発展膨張を唱導して、運動熱を鼓吹し、……師団設置に依りて市は飴細工の膨むの如く、云々し煽動し狂奔せしめた。師団人員は判然して居る。之に要する兵舎も明瞭である。是等軍人が日に消費する物量も亦量られるのである。……而し幾分の発展と膨張は吾固より信じて居る。恁(ママ)る事柄は沈思黙考すれば容易く了解し得らるゝのである。何にも狂気がるには当らぬ。……市は決して飴細工的には膨張する者で無い」と主張し、翌一九〇八年一月二三日付の「忙中閑話」では、師団経常費一二〇万円の七割程度が豊橋に散布されるという市長派の宣伝に対し「軍隊経常費の七分は糧秣費と被服費で其他の三分は消耗品料、被服修繕料、演習費等である。兵士の糧食及馬糧は豊橋市に於て産出する米麦野菜秣を以て其の需要を満すことが出来るか何うか、又被服の材料は豊橋市に於て産出するか何うか位は小学生徒でも明瞭に解答するではあるまいか。糧食被服の材料を豊橋市以外の地より輸入して軍隊の需要を満たすとせば其間の口銭は実に僅少なもので其他消耗品等に至っても亦仝様である。兵士の給料の如きは一ヶ年十万円内外で而かも其多くは軍隊内の酒保に於て費消されて仕舞ふのだ。只外泊将校の家庭に於て消費する日用品等の金額のみは市内及び高師村に散布するであろう。斯の如く解剖して見ると師団の為め市内に散布する金は余り多額ではないことが判ると同時に之に依って十万円の穴を埋めようなどとは以ての外である。なれども人馬の往来は今日の比ではなかるまいから兵士の入退営其他面会人等の為め市内に流れ込む金も少なくなかろう。が、閑話子は世人が予想する三分の一の収入は覚束ないと思ふのである」と地域経済振興効果を見積もった。日清戦争前から歩兵連隊を置き、軍を観察してきた豊橋のジャーナリズムならではの分析であり、静岡の地方紙ではみられない指摘であった。

なお、豊橋への師団設置に付帯して、楼主らの反対を押しきって遊廓の移転が強行された。師団設置にともなう道路整備など都市計画の面からみると、遊廓の移転は不可避であったようだが、軍隊と性という観点からみて重要なことは、市長が師団誘致の条件として陸軍当局との間で遊廓を適当なところに「移転拡張することを約束」していたことである[72]。『新朝報』一九〇七年九月七日付も豊橋市会の遊廓移転地買収決議とともに、「元来今回の移転問題は過日知事上京の際陸軍次官が面談したるに基因す。……当時次官は知事に向かって師団設置に伴ふ第一の必要は遊廓の膨張なり。先に遊廓が狭少(ママ)にて困難せし某所もあるとの実例を率き貴県にても移転を断行せられよと説かれたるに因る次第」と内情を報じた。軍が遊廓の設置にかかわった明瞭な事例である。

師団司令部ほか師団の新施設の大部分が設置された高師村では、一九〇八年末の師団歓迎式前後は各種商店、宿屋、飲食店の新設、軍人相手の下宿屋ブームで活況をきたしていたが

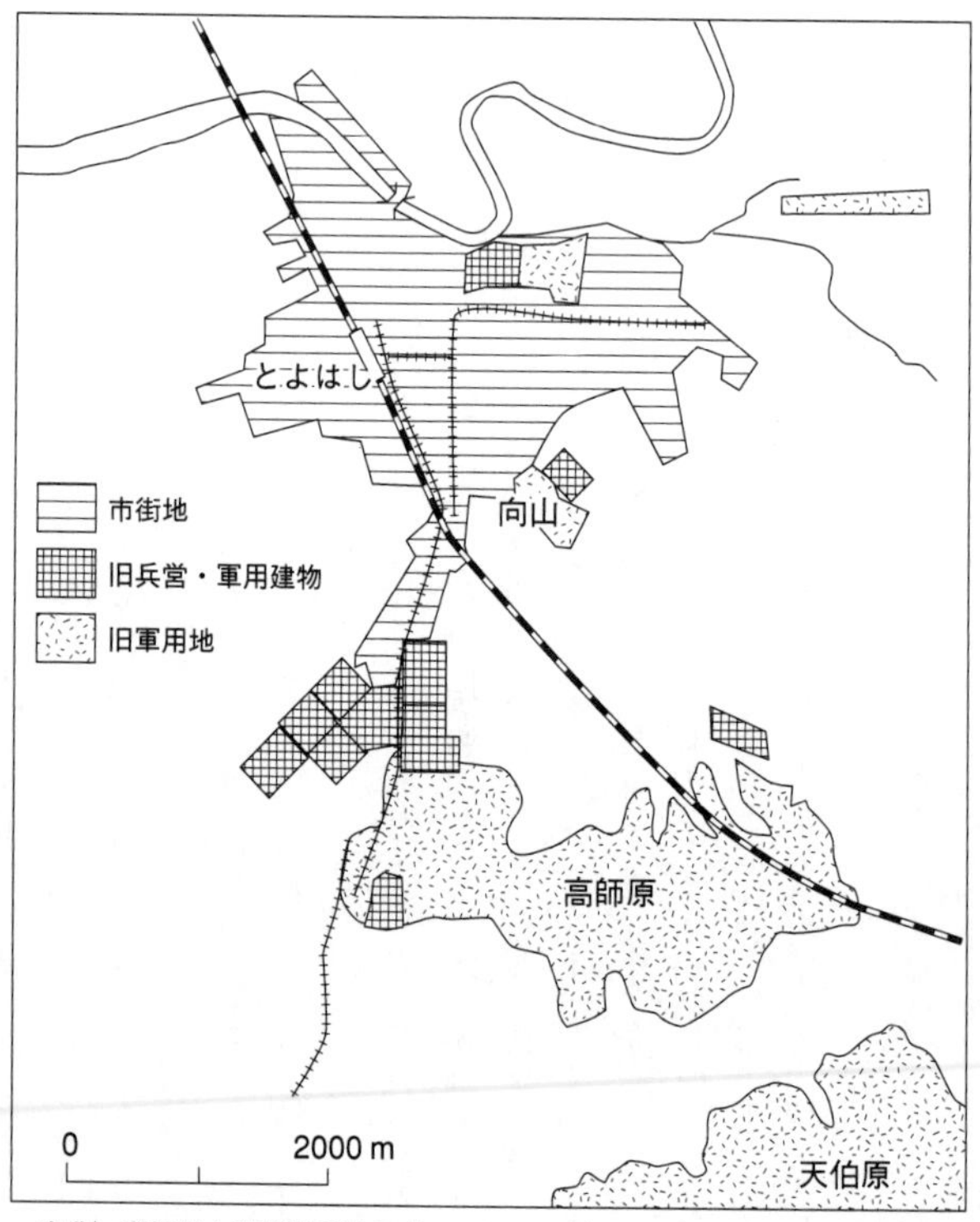

出典）高師風土記刊行委員会『みてわかる高師風土記』1976年.

図2　高師原軍用地(1945年現在)

(『新朝報』一九〇八年一〇月三〇日)、このにわかの繁栄・急激な都市化が村政の一時的崩壊の種となった。農村が急激に市街地化し、師団施設建設の一時的好景気のなかで家屋の新設が増えたため、愛知県は高師村に対し戸数割から資産に応じた家屋税の賦課に転換した。しかし、工事の終了で高師村の好景気が収束したため家屋税の賦課は負担に耐えずとして村民の不満を招き、一九〇九年六月、高師村からの家屋税問題での請願が県と内務省により却下されるや、村長・村会議員の全部が辞職に及び、そのころから村税滞納者が蔓延していった(『新朝報』一九〇八年六月二六日、八月一三日、一二月四日)。一一月二四日、新村長は再び家屋税撤廃の県会陳情を起こすが効果なく、翌一九一〇年一月、一九〇九年度村税滞納者が三六六戸を算するなかで、村長は監督官庁の指導を受け村民の一部に強制執行を断行、この措置に激昂した村民二〇〇人が村役場をとり囲むという紛争に発展した(『新朝報』一九〇九年一一月二七日、一〇年一月二九日)。同月末、村長は辞職、三月になっても後継村長のなり手がみつからぬなかで、助役・書記一同が辞職、村会議員も辞職願いを差し出し、渥美郡役所から村長事務取扱が派遣される事態となった(『新朝報』二月三日、三月一一日、一七日)。四月には収入役も行方不明となっている。村政の空白・税滞納蔓延は、五月の村会議員選挙執行とピーク時で八〇〇人に及んだ村税・家屋税滞納者への処分を含む強硬策でいったん収まるが、六月、再び助役が辞職するほか後遺症は長く続いた(四月二六日、五月二五日、六月一五日、一九一一年二月五日)。師団の設置は、まずは、わずかな期間の好景気と引き換えに、村政の空白を招来したのである。

なお、高師原・天伯原の陸軍演習地買収経過の詳細は不明だが、一九〇二年ころから演習場使用が始まり、一九〇六年秋の第十七旅団秋季演習、俘虜収容所建物を利用した第三師団実弾射撃演習場としての高師原使用決定等で利用が本格化し、一九〇七年春までに高師原における演習場専用廠舎の建設が進められた。従来の演習ごとの民家借り受けから恒常的廠舎建設への転換であった。天伯原については、一九〇八年四月、第三師団の買収計画が具体化し、一九〇九年二月には高師原の買い上げも行なわれた。移転は、高豊村で二〇余戸という。高師原演習場内には三五八町歩の民有地(田畑)があり、一応演習場内の耕作権は認められたが、立入耕作は大きく制限された。一九一二年、演習地内の農家を対象に、年間一戸二九円弱の補償金が支払われるようになり、希望者には馬糞の払い下げ(事実上無料)を行なう取り決めがつくられたが、この時点では、村あるいは関係村が連携して陸軍側と交渉する方式はとられなかったようである。(73)

富士裾野演習場の本格建設と印野部落強制移転

富士裾野の演習地としての利用は、日清戦争前の一八九一年、第一師団が大野原(現東富士演習場の南端部)で機動演習を実施したのが最初のようだが、日清戦争後、一八九六年から砲兵隊の実弾射撃場としての利用が始まる。(74) 日露戦争対策で、要塞砲兵隊と野戦砲兵隊の拡張・訓練が課題となったためであり、利用したのは東京の第一師団であった。大野原の利用は、旧入会地(いりあいち)一八七〇町歩が一八九〇年以来御料地に組み入れられていたからであろう。(75) その後も地元農民への貸与により耕作利用は入会地時代と同じく続いていたため、耕作や下草刈りによる影響は避けられなかったが、一つの部隊が三〜四週間の長期にわたり演習を実施する場所として、相対的に紛争の余地の少ない御料地が選ばれたのであろう。しかし、演習地そのものが御料地であっても、演習が行なわれれば、地元は宿舎を提供し、必要な物品を調達しなければならない。兵営外での演習の際、地元町村が兵士の世話をするのは当時どこでもみられた光景であるが、富士裾野での演習は、長期演習の実施という点で、一般的な地域の演習協力とは異なっており、役場吏員の奉仕をはじめ地元の負担は非常に大きかった。

次いで一八九九年、陸軍は宮内省から大野原御料地の使用許可を得る。当初地元耕作農民とのトラブルをおそれて、陸軍の使用に難色を示していた宮内省に対し、陸軍は使用期間を八〜一一月に限定し、その間も連続使用をしないこと、演習に差し支えない範囲での開墾、植林許可などを条件として提示し、許可を得た[76]。したがってこの場合の使用許可とは、年間四カ月にわたり大野原御料地を実弾射撃場として使用する権限の確保である。こうした演習利用の本格化の延長上に、民家宿営負担の解消策として、一九〇三年、原里村では保土沢地区(現板妻駐屯地北東)に民営廠舎、炊事場、事務室などを建設し、供用した[77]。しかし、演習場の使用は、砲兵隊以外の部隊にも広がり、演習地も、大野原御料地を越えて北部の玉穂村方面まで広がっていった[78]。こうして富士裾野地域一帯村々の宿舎提供の困難と陸軍側の不便が重なるなかで、日露戦後の一九〇六年、本格的な廠舎建設が日程にのぼる。

一九〇六年九月、陸軍第一師団は原里村板妻、玉穂村中畑の二カ所につき、それぞれ廠舎敷地三万坪(一〇ヘクタール)の献納を要望してきた。玉穂村長は、軍の指定地(中畑)が玉穂村ほか三カ町村組合共有地に属する土地であったため、関係町村の意向を聴取、さらに地元中畑区住民の要望をふまえ、献納の条件として、演習期間を生産・富士登山への障害が最小限に食い止められる四月中および九月一五日〜一一月一〇日に限定すること、および肥料として利用できる軍隊人馬の廃物無償払い下げを要望した。問題は演習日程への規制であったが、陸軍は一応八月上旬からの使用を主張し(その他はほぼ同じ)、富士登山に障害を与えないという以上は譲らなかった。結局、玉穂村長は既設の陸軍演習地である千葉県習志野、下志津の実情を調査したうえで、一二月、献納を決定した。[79] この地に建設されたのが滝ヶ原廠舎であり、一九〇八年に完成した。規模は、歩兵一個連隊を一度に宿泊させる収容力であったという。一九〇八年の記録では、玉穂村中畑区は村を介し地元利益の大きな廃弾の払い下げを受け、輓馬の世話のための干し草・藁を供給(軍より世話料を支給)していた。[80] 陸軍は、演習期間で折り合えぬ分、地元に便益を供給したのである。[81]

板妻は、六町村にまたがる二七大字共有地であったため、合意形成は難航し、一部落(富士岡村竈)が自部落誘致の立場から献納に反対したほか、二つの部落が肥料草採集など生活上の利便が侵されるとの理由で、献納に反対した。板妻の献納決定は、滝ヶ原から半年遅れて一九〇七年七月、板妻廠舎の払い下げ厩肥の二五%を竈部落に分配することで決着がつき、一九〇九年九月、板妻廠舎が完成した。板妻献納の斡旋役を務めた原里村は、村会での献納決定に際し、板妻廠舎軍隊人馬の廃物および廃弾の無代(ないし「相当代価」)払い下げを請願していたが、少なくとも、この時点で厩肥払い下げ(有償)は認められ、さらに廃弾払い下げも実施されたものと思われる。板妻廠舎の規模は、兵舎一二棟を含め建坪は五四六〇坪であった。[82] 富士裾野の演習場化を高師原・天伯原とあわせて考えると、陸軍は、日露戦後の軍拡の一環として、大規模な実弾射撃演習地を常設宿舎を装備した専用演習場として増設しようとした。演習廠舎は、高師原の場合、日露戦争中の捕虜収容施設の利用から始まったが、富士裾野の場合、演習場用地の献納要求から始まった。当時の陸軍は、軍の新施設用地について、師団設置や連隊設置に比べればはるかに地域への見返りが少なく、地域への実害すら予想される実弾射撃場関連施設まで、基本的に地元の献納を含めて入手することとしていたことがわかる。そこで富士裾野地域に陸軍が突きつけたのは、広大な富士裾野を演習地として使い続けることを前提として、従来どおり民家宿泊の地元負担を続けるのか、それとも専用廠舎用地を献納して、その負担を解消するのかという選択肢だった。その際、個々に民有耕作地の買収が行なわれた高師原では、行政を中心とする地域が一体となった対応はとられなかったのに対し、共有地の献納を求められた富士裾野では、部落内協議や村会での議論、村当局の類似例調査など合意形成のための最低限の手順がふまれることになった。そしてこうした合意形成過程のなかで、「猥(みだ)リニ実弾射撃演習執行セラレ候テハ山益取得ト且(か)ツ富士登山者甚ダ迷惑ニ付キ」[83]、演習時期を制限し、経済的損失の見返りを要求するという交渉方法が生まれたのである。そして、満足いくものでないとしても、期間制限、廃弾払い下げ、厩肥払い下げなどについては、明文化はされていないが、陸軍から一応の了承を得た。豊橋市の例と異なり、軍への献納の是非は、まったく論点にもなっていないが、ここでは、村当局が、民家宿泊による困難を解消するには用地献納は余儀なしと大局を判断しつつも、住民の要望・利害を背景に、条件闘争を試みたのである。軍隊が地域に施設を建設し、訓練を行なうには、代償を含む地元の合意を得たうえでなければならないという、富士裾野地域の対軍交渉の起点であり、日露戦争後の軍は、このような広域の実弾射撃演習場を設置することで、これまでとは質の異なる地域民衆要求と向きあわねばならなくなるのである。

滝ヶ原に次いで板妻の献納も決定した一九〇七年の演習頻度は、それまでにも増して高くなった。玉穂村の文書は、「本年度ハ当村へ軍隊再三宿営シ、為メニ役場吏員ハ昼夜非常ニ心労セシ」と記し、また御殿場停車場から演習廠舎建設地までの県道編入を求めた同役場文書では、軍の道路利用が「本年度ノ如キハ殆ド陸軍常置演習地ノ有様」と述べている[84]。翌一九〇八年には大野原に重砲実弾射撃試験用の砲台が建設される。また、八月二二日から五〇日間にわたり、午前八時から午後四時まで、滝ヶ原から南西方向の印野村駱駝山方面、板妻から西方向の印野村字北畑方面への重砲兵射撃学校(同年以前は要塞砲兵射撃学校)の射撃訓練が実施された。また、並行して、第一師団の重砲兵第二連隊(横須賀)、野砲兵第十五連隊(国府台)が一週間程度の訓練を実施したという[85]。八月下旬から、富士裾野の玉穂、印野、原里、須山四村にわたる地域が、演習部隊の制限下に置かれる状態になっていたのである。

この激化する演習の制約・損失に地元村々を耐えさせたのは、代償としての廃弾払い下げ、人馬糞尿その他の軍隊廃物の安価払い下げであったが、この代償の保障を無視する事件が生じる[86]。一九〇九年九月三日、重砲兵第一連隊が、玉穂村および原里・印野組合村当局の廃弾払い下げ交渉を無視して御殿場の商人に払い下げを約したのである。これに対し両村は翌四日に、「貴隊ハ如何ナル国法上ノ権利アリテ本共有地ヲ御演習ニ御使用セラルヤ」と始まり、徴発令の手続きを執行したのか、「土地所有者タル管理者ノ承諾ナキニ」共有地に廃弾拾得のための立入をさせる権利があるのか、という連隊長宛抗議を提出した。帝国憲法上の所有権を武器とする抗議であり、地方行政担当者としての強い自負、そして基底にある入会地(共有地)が地元農民全体のものであるという堅固な思想も垣間見ることができる。対軍関係で、法と自治を基本に据える発想は、豊橋の場合と共通していよう(豊橋の場合、市制・町村制)。

この地元の抗議を重くみた第一師団幹部は、ただちに師団参謀長ら幹部と県属・郡長・警察署長を立会人にし、地元町村との現地会見・協議の場(御厨町、一九一四年御殿場町と改称)を設定した(九月一八日)。軍にとって重大なことは、富士裾野の民有地を利用した恒常的演習が成り立つ法的根拠が問われたことだっただろう。仮にあるとすれば徴発令以外にはないが、徴発令によるものであれば、地元行政当局が知らぬことなどありえない。演習には、法的根拠はなく、代償を前提にした地元の合意(暗黙の契約)によって、演習が初めて成り立ってい ることを、公然化させたのである。演習廠舎を設置し、本格的演習が始まる矢先の抗議であり、他地域の軍事演習への波及効果も懸念されたと思われる。そしてこの会合は、演習場問題をめぐる軍幹部と地元の、最初の公的協議の場ともなった[87]。

九月一八日の現地協議では、下記一三項目の議題につき審議がなされ、当日は調印にはいたらなかったが、第一師団と「公法人トシテノ町村」が交わした最初の演習場使用協定(一九〇九年「演習場覚書」)であり、演習場の使用が軍と地元との「契約」によって成り立つことを認めた初めての文書が作成された[88]。

協定内容は、四つに大別できる。第一の柱は、町村側の「代償」希望の確認であり、第一項、糧食調達の地元優先、第二項、下肥・馬糞の玉穂・原里両村払い下げ、第三項、玉穂・原里両村への廃弾払い下げ(無代価は、他演習場への波及を避けるため、無代価に近い「安価」)、第四項、玉穂・原里両村への残飯その他不用品払い下げ、第五項、廠舎付近の雑用人夫を玉穂・原里両村から「相当価格」で供給、という五項からなる。演習廠舎用地献納交渉以来個別に行なわれてきた地元の代償要求が、この時点で演習場に主たる関係をもつ町村全体の問題として、正式に確認・了承された。基本的に町村を窓口とする地域への利益供与であり、そのかわりに町村は、軍隊の演習使用に住民個々の苦情・代償提起を惹起させないという務めを負うことになった。しかし、この協定において、利益の供与は玉穂・原里両村に限られており、代償から除外された地域からは、利益を入会地関係団体全般に提供すべきという不満が生じることになり[89]、この問題への対応が次の課題の一つとなる。第二の柱はその結果としての軍の演習場使用権の確認で、第七項、耕作地以外の民有地の無償使用(耕作地・植林地には損害賠償)、第八項、組合共有地の無償使用(はなはだしい損害以外は補償なし)の二項目である。軍が、この協議での最大の獲得目標にした内容であることはいうまでもないが、損害補

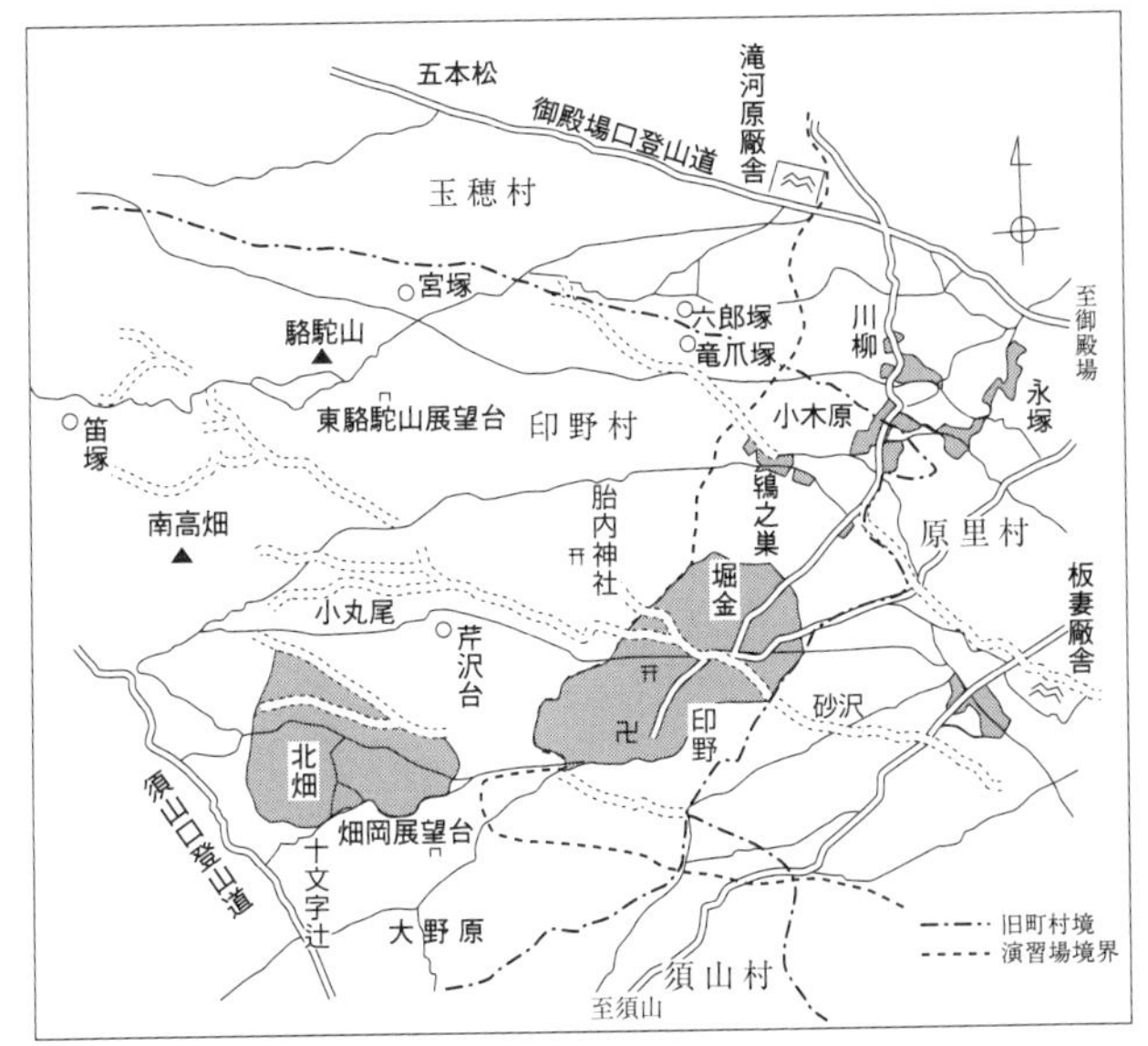

出典)『御殿場市史 9 通史編下』(1983 年)150 頁.

図 3　印野接収と関係 3 部落

償からの除外部分については地元の不満が集中し、その後の重要課題となっていく。第三の柱は、演習期間と演習通報にかかわるものであり、富士登山や下草刈のシーズンである八月の実弾演習中止(八月二五日まで)を求める地元と、「軍事上必要アル場合」の実弾演習実施を主張する軍側が対立したが、軍側は、演習の場所・時間の通報(演習部隊より玉穂村・御厨町・原里村・御厨警察分署・須山村の五カ所に通知)を提起し、演習期間では譲らなかった。

しかし、協定の一環として、

軍の実弾演習通報義務が確認されたことの意味は小さくない。また、富士登山に影響する滝ヶ原射場の八月中の不使用が軍内で検討された模様である。第四の柱は、演習実施に付随する町村の負担規定であり、第一〇項では廠舎用飲料水確保のため軍側は特定の水源地使用権限を保障され、地元は水源地保護義務をはたす、第一一項、演習場内道路の修繕義務、第一三項、演習に必要な場合における軍の臨時道路・橋梁設置権限などである。水源地使用問題は、戦後の米軍使用時期に重大問題となるが、その起点はこの協定にある。また、水源地保護義務は、地元の生活環境保全・防災・演習場への立入等との関係で、長期的視野でみると無視できぬ意味をもっていたと思われる。こうして、おそらく全国で初の、地元行政当局と軍との演習場使用協定が成立した。

一応、このような形で現地協定が成立したが、地元の抗議が土地所有権を根拠にしていること、協定成立後も、使用料・損害補償等をめぐる紛争が惹起することを想定すれば、陸軍が演習場の主要な地域の買い上げ方針をとったことは当然であっただろう。第一師団による買収の最初のターゲットは、一九一〇年六月に交渉が始まった滝ヶ原廠舎周辺の約一三町歩であった。地元中畑区は、献納地に続いて演習地が拡大することには応じられないとして明白な反対意思を表明したが、四カ町村共有地組合会は、八月二四日、売却を決定した。先に指摘したように、演習場協定の成立が、逆に陸軍方針への協力義務を強めたこと、および陸軍の提示した買収価格に大きな不満がなかったためではないかと思われる。中畑買収承諾からほぼ一月後の九月末、今度は印野村字北畑・字堀金・字本村の買収計画を示してきた。印野村五部落のうち三部落、印野村解村を意味する接収案であった。印野村が買収計画の中心に据えられた理由は、先に射撃のコースについてふれたように、この地域(とくに北畑)が、着弾地方向に設定されたことによる。しかし、この接収案は宅地のみの買収案であり、耕地と山林原野はそのまま据え置くという、村民にとっては生活の完全な破壊を意味する内容であった。そのため村民は、移転地域内の所有地全部の買収ないし所有地への補償、および印野村の独立維持を左右する堀金部落を接収地域から除外することを求めて軍との交渉に入った[90]。

以後買収・立退交渉は一〇カ月に及び、折衝回数は「二十有余回」に及んだという[91]。この接収計画縮小と納得のいく補償を求める印野村民の粘り強い抵抗の経緯については、『御殿場市史9　通史編下』(一四九〜一六二頁)が詳しく、また表16に簡単な経緯をまとめた。

国家事業への協力を表に出しつつも、第一に陸軍に対し明確な要求を提示し、陸軍の非は非として批判する断固たる態度、第二にその背景にある運動内部の民主制(①複数代表委員制＝北畑部落七人・本村部落七人・堀金部落三人の委員選出、現地交渉ではこれらの委員が立ち会い、陳情書はこれらの委員連名で提出した。上京交渉の場合も、助役外委員数名が参加した。②村民全体の討議＝委員を中心とする各部落集会。③情報の提示＝調査報告会)、第三に先例調査をふまえた具体的要求作成による主導権確保(陸軍が提示した家屋移転料と土地買収予定価格の妥当性を評価するために、一〇月中に複数の委員を派遣し、愛知県高師原、千葉県下志津・習志野、新潟県関山、長野県松本で演習場用地買収価格に関する役場書類調査と関係者からのヒアリングを実施)、第四に社会的ア

1911(明治44)年	
1.18	陸軍側は清議員を通じて17万円の補償額を提示
19	村委員9人上京．陸軍省に対し①陸軍の評価額は不当につき要求に応じ難し，②陸軍の対応は残酷につき今後演習に便宜供与せず，③憲法上の所有権を主張，農業に差し支えない場所および時期に演習をされたし，との断固たる決心を伝える
21	陸軍省経理局長の「斯く人民に決意せられては大に辟易(へきえき)する外なし」との談話伝わる
2.27	村委員8人，陸軍省にて軍務局長らと会見．陸軍側は窮態を認める．委員は計画中止を前提とした場合の損害賠償，今後の演習のあり方についての要求書を提出し書面の回答を求める(〜3.1)
3.16	委員3人上京．清議員を介し陸軍に要求書に対する回答を求める
21	17万円で買収計画を進めるとの回答．委員は，部分買収の場合，将来計画を明らかにしたうえで進めることなどの要望を提示
4.21	委員7人上京．陸軍省の買収案を聞く．委員は増額の修正要求，陸軍は要求拒絶
24	委員16人すべて上京．25日，清議員の説得で陸軍側の提示価格を受け入れることとし，清代議士に交渉一任の方針を決定
27	委員一同陸軍省出頭．買収地区は当初の3地区のうち字北畑に限定し，17万円の予算で買収となる
28	村民を招集し，覚書を了承
7.4	細部協定につき交渉開始(〜7.5)
6	交渉経過を村民に報告．委員を決め，委任規約書(交渉の条件)を村民承認のうえ決定
11	村民委員，陸軍側立ち会いのもとに個々の土地建物の査定(〜7.15)

出典）勝間田新治郎『印野村字北畑部落移転経過ノ顚末』(1928年)より作成．

表 16　印野村接収問題経過

日付	事項
1910(明治 43)年	
9.22	印野村村長に陸軍用地買収の件で郡役所への出頭通知
26	村長が郡役所出頭．陸軍の 3 部落立ち退き要求を受ける
27	村長ら，部落民有地の調書を持って再度郡役所出頭
28	陸軍側の実況調査
29	陸軍の出頭要請を 1 日延期させ，各部落の協議により部落代表選定
30	板妻にて村民と陸軍側の交渉．陸軍は宅地のみの買収案提示．村民側は耕地，原野も含む民有地全部の買収ないし賠償，および堀金部落の買収地域からの除外を要求(仮に砲弾に倒れるとも墳墓の地を去らずと決心するほかなし)．陸軍側の買収価格提示に対し予期に反する低廉不当として交渉決裂
10. 1	村民側，演習場設置に関する前例の調査視察を決定(10.2 出発，愛知・千葉)
6	視察内容の報告会
14	村会にて買収区域変更(堀金部落除外)の請願，陳情の決定
15	再度の視察派遣(新潟)
18	在京の清崟太郎衆議院議員(政友会)に協力依頼
19	視察報告．先例に比較して買収価格は低廉と判定
20	請願陳情委員の東京出発(～10.25)
24	陸軍省にて経理局長と会見(局長は理解を示す)
11.12	板妻にて陸軍側と移転問題再交渉．陸軍担当者は村側の陸軍省への請願陳情は知らずと回答．買収価格修正案および予算総額 12 万円なること(これ以上出せない)を明らかにする．村民側は村の意向を無視した陸軍側の対応に憤激
13	会談 2 日目．村委員は陸軍省の対応を，譲歩している村側への同情もなく冷酷と批判したうえで，堀金部落の存置，村側が希望する買収・移転価格案その他の具体的要望を提示．陸軍側，修正意見を提示するが決裂
	委員各地に出張．新聞報道などで「社会の大問題」となる
12.18	陸軍側との第 3 回交渉．陸軍側は堀金部落の存置を認めるも，その他の条件で折り合えず
27	村委員，陸軍省訪問．今後の交渉ではより上級の機関が当たるとの情報を得る．翌 28 日，清議員と陸軍省再訪

ピール、第五に地元選出衆議院議員＝政友会の効果的利用など、高度な地域民衆運動であったことがみてとれる。これまでみてきた富士裾野地域の高い政治的交渉能力を、運動の民主制の徹底・調査の徹底・地域ジャーナリズムの利用による一般世論喚起[92]・政治力の利用・政治力を介した陸軍省への直接交渉によって、より高い水準に引き上げ、かつ地域一体の「運動」として陸軍との長期交渉を遂行したのである。印野村民の攻勢のなかで、陸軍省は第一師団経理部から軍務局長という高度なレベルでの対応への引き上げを余儀なくされ、予算関係の手の内まで住民にさらさざるをえなかった。七カ月にわたる粘り強い交渉の結果、三部落の移転から北畑一部落の移転への計画縮小、当初三部落の移転費として用意されていた一二万円から、一七万円に予算を引き上げて一部落移転実施という、一戸当たり補償額の大幅増額を勝ち取った。移住者はその後、隣村の原里村内(御料地)に、部落のまとまりを保って移住した。陸軍が、演習場拡張方針にすえようとした土地買収は、早くも厳しい抵抗に直面し、方針修正を迫られたのである。

当時の原里・印野組合村助役であった勝間田芳衛は、当初の四面楚歌状態のなかで交渉委員や総代が「無定見ニ而モ薄志弱行ノ徒デ有リマシタナラバ如何ガデアリマシタロウカ。……当時スザマシク圧制的デ有ルト評セラレマシタ所謂陸軍風ノ渦中ニ投セラレマシテ唯々諾々トシテ当局ノ意ノ如ク片端ヨリ将棋倒シニ倒サレマシテ其当初ノ目的トシタ生活状態ノ維持又ハ持続ト云フモノモ或ハ不可能デ有タカモ知レマセン」と回想している[93]。「此等幾多ノ迫害ノ間ニ断々乎トシテ初志ノ貫徹ニ相尽」した委員・総代を支えたものは何だったのだろうか。

印野村民の運動の正当性に対する確信は、交渉の膠着を破った一九一一年一月一九日の軍に対する三項目の提示に端的にあらわれている[94]。第一項「本村ニ対スル陸軍ノ評価ハ極メテ不当ナリ、斯カル失当ノ要求ニ対シテハ其求メニ応スル限ニ非ラズ」、第二項「陸軍ノ村民ヲ遇スル事甚惨酷ナリ、自今当村民ハ演習上ニ対シ便宜ヲ与フルヲ欲セズ」は、印野村の当初からの主張の集約であり、第一項前段の断定は、民衆生活の成り立ちに関する陸軍の無関心への怒りであるとともに、各地の調査結果との比較により得られた結論にも支えられている。戦後経営の一環としての演習場拡張という国家の事業といえども民衆生活の破壊は許されず、一部の人びとが国家政策の犠牲となる以上、犠牲者に対して、何らかの代替措置で現在の生活状態を持続できる補償をすべきであり、それは他地域の事例を見渡した時、無理な要求ではない。しかし、軍の対応は、印野に対しこの補償水準をまったく無視しており、国家が補償を無視する以上、村もその要求に応じる必要はない、ということになろう。演習場拡張の犠牲に対する相応の補償要求であるが、実弾演習による生産・生活破壊への補償に発展する要素を含む論理であった。これとあわせて、初期の接収地縮小要求のなかで強調されたのは、一村の独立経営、一村の死活という主張である。国家の経済力の強化が町村自治体の財政力の強化のうえに成り立っているとする、市制・町村制の発想であるが[95]、ここでもこの「自治」の考え方が、国家政策への抵抗の武器の一つとなっていた。

第三項「村民ハ憲法上保障セラレタル所有権ノ尊重ヲ主張ス、仍テ軍隊ハ自今右民有地ニ損害ヲ及ボサヾル場所ヲ選定シ而モ農業差支ナキ期節ヲ選ビテ演習ヲ実施セラルベシ」という考え方は、印野の運動ではこの時初めてあらわれたものであるが、一九〇九年九月の玉穂・原里両村の陸軍への抗議と共通する所有権に依拠する国家への異議申し立てであることはいうまでもない。三項の後段部分は間もなく、畑地耕耘播種時期である四〜六月期の所有者出入りを妨げぬように演習実施のこと、春蠶(はるご)時期の五〜六月、秋蠶(あきご)時期の八〜九月期の桑葉採取作業を妨げぬように演習施行のこと、などという具体的な地元要求(対陸軍省軍務局)として提出された。実質的な実弾演習の中止要求に近い。演習地所有権問題の解決に端を発した買収方針は、それが頓挫したことで、再び所有権を根拠とする手痛い反撃を受けたのである。そして、演習被害地のどこからでも噴出する可能性のある、所有権に基づく演習場使用制限の主張を押さえ込むには、演習による損失・犠牲地域全体への「手当て」が必要となった。

印野移転地がほぼ決定した一九一一年末、第一師団経理部長が板妻主管事務所に出張し、玉穂村長、原里・印野組合村長との間で、演習地(民有地)使用報酬支給交渉が開始された。演習内民有地の報酬支払いは、他に「有価の例なし」として陸軍が従来の交渉では応じようとしなかった問題であったが[96]、この時点で態度を一転し経理部長が報酬交付の現地交渉に乗り出したことは、印野村移転事件の影響の大きさを物語っていた。

一九一二年一月一四日に結ばれた民有地に関する協定は、第一条で規定された演習場の境界内にある民有地(個人、村有、共有)を対象に、第六条で報酬交付を規定したことが核である[97]。

第五条には、演習による損害賠償は行なわず、付随する覚書でも個々の損害に対しては第六条の支給額のうちから弁償すると規定しているから、「報酬」とは、使用料、損失補償(演習中の立入禁止、植林禁止などの間接的損害)、損害補償(直接的損害)を含み込んだ交付金であった。一九〇九年の協定が、演習場問題全般にわたる内容であるとすれば、この協定は、それに民有地補償料交付を付加したものであるが、補償料の交付により、軍による演習場内民有地使用が、金銭契約を中心にして成り立ち、それゆえ契約期限が限定されるものであることを確認された。演習場使用協定は、これまでのような軍の恩恵の形をとった物資払い下げを代償とする契約ではなく、金銭契約を主とし、物資払い下げを従とする(ただし利益が大きい)内容に転換したのである。その結果、初めて演習使用区域が限定され、実弾射撃時間内の危険区域立入禁止、植林禁止区域の指定などが協定に盛り込まれた。付属する「覚書」では、廃弾、人馬糞払い下げ、残飯・残菜払い下げ(なお、人馬糞払い下げおよび残飯払い下げの見返りとして関係箇所の清掃義務を負わされた)が改めて確認され、「演習ヲ妨害セザル範囲ニ於テ共有地ニ於ケル諸産物ノ採収(ママ)ヲ妨グルコトナシ」と地元民の入会地への立入権が確認された。この協定締結と同じ一九一二年、高師原・天伯原演習地でも、補償金の支払いと馬糞払い下げが開始された。この地域で、紛争や交渉が行なわれた形跡はないから、富士裾野の協定の波及効果であろう。富士裾野の対軍交渉は、演習場使用の契約化の流れを、押し進めたのである。

この最初の協定で決定された報償金交付額は総計四〇〇〇円である。報償金の内訳は、原里・印野・玉穂三村が各五〇〇円、富士岡・須山村各一〇〇円、富岡村五〇円、共有地支払い分三カ所計一二五〇円、個人所有地に対する損害賠償予定額計九〇〇〇円、役場人夫・通報費一〇〇円であり、厚薄の差はあるが、演習場内民有地にかかわるすべての団体に報酬が及ぶことになった。しかし個人所有地には報償金は支払われず、損害賠償金のみが準備された。なお、一九〇九年の原里、印野、玉穂三村の村税総額はそれぞれ二五七四円、一一四〇円、二二八八円であり、各村への配分金の財政寄与度は大きかった。[98]

協定の契約期間は一〇年とされた。したがって一〇年ごとに演習場に関する諸問題を討議・総括する、軍と地元との正式交渉が設定されることになる。定期的交渉による契約を、演習場使用のルールにした出発点であった。

第3章　総力戦時代とデモクラシー状況下の軍隊と地域

1　第一次世界大戦と静岡俘虜収容所

青島出兵と銃後

明治末年から大正初年にかけて、都市化の風潮と政党運動、二個師団増設問題をきっかけとする護憲運動の盛りあがりのなかで、日露戦争で確立したかにみえた軍部の社会的基盤は揺さぶられ、軍部に対する国民の嫌悪感、兵役からの逃避的傾向、軍隊的規律や拘束からの解放欲求などがあらわれはじめた。日露戦後の軍法会議の特徴として、上官への反抗、集団的反抗の増加が指摘されるが、浜松歩兵第六十七連隊でも、徒党による上官暴行事件が起こった[1]。奨兵会、愛国婦人会、赤十字など軍事関係団体の会費未納の累積は常に各郡町村長会議で問題にされ、未納金整理を督促されつづける状況であった[2]。

第一次世界大戦は、このような時期に勃発し、一九一四年八月二三日、日本はドイツに宣戦布告した。開戦直後の八月二九日、駿東郡長は郡下町村長に対し、「挙国一致国威」を発揚し、「軍国後援」(勤労と勤倹)に努めるよう訓令するとともに、「列国貿易系統ノ移動ト帝国ノ地理上ノ位置トハ寧ロ我産業ノ発展ヲ促スベキモノナキニアラズ」と述べている。(3)日露戦争以来の巨額の対外債務、貿易入超に苦しみ、政治的にもゆきづまっていた日本の支配層にとって、国民統合の面でも、貿易を拡大し、中国に対する帝国主義的進出をはたすうえでもまさに「大正新時代の天佑」であった。

日本の軍事目標の一つは、ドイツの中国経営の根拠地であった中国山東半島の青島要塞攻略であり、膠州から済南にいたる膠済鉄道に沿った山東半島の占領であった。済南は中国側が日本軍に認めた軍事行動区域外であり、中国側の撤兵要求を無視した軍事占領であった。これらの目的のために、日本は二万九〇〇〇人の兵力を派遣し、第十五師団のうち、歩兵第二十九旅団(静岡歩兵第三十四連隊と浜松歩兵第六十七連隊)もこの兵力の一部として出動した。これに対するドイツ側の守備兵力は五九〇〇人であった。第二十九旅団は九月二六日に臨時動員令(現役中心、帰休兵と予備兵で補充)を受け、一〇月一〇日から要塞攻撃、守備隊などの任務についた。この出動の折、初めて両連隊に機関銃隊が編成されている。一一月七日、ドイツ軍守備隊は降伏した。両連隊は各一大隊を青島守備隊として残し(一九一五年五月まで勤務)、一二月までに県内に帰還した。この間の戦死者は九四人であった。

この戦争では、現役以外の召集範囲が狭く、出征期間が短かったこともあり、「銃後の後援事業は至って地味であった」(4)。出征兵士家族保護事業は従来の規定のほぼ延長上に行なわれたが、「保護」対象(応召者)が少ないこともあり、日露戦争時のような罰則を含む厳しい生活改革規約に類する申し合わせはなされなかったようだ。要救護軍人家族は、六三七戸、二五二二人と日露戦争時のほぼ二〇分の一であった。軍人家族救護については、日露戦争時までは、応召兵(在郷軍人)を中心に実施されたのに対し、第一次世界大戦期には現役兵・応召兵の区別なく実施されたことが大きな相違である。磐田郡敷地村の例をみると、現役出征者四人に対し、応召出征者五人(このほか、補充大隊へ、現役二人、応召二人)であり、日露戦争時より現役出征比率が高いことからこのような変更が起きたものと思われる。[5]現役兵およびその家族に対して従来行なわれてきたのは、出征中の慰問と満期・凱旋時の慰労であったが、この時期から出征中の現役兵家族の生活援護が意識されはじめたのである。要救護軍人家族への生計費支給額は、賀茂郡の申し合わせでは、一人一円五〇銭以内(救済必要度の高い「甲種」の場合)、小笠郡南山村の事例では二円以上七円以下とあり、日露戦争時より若干の増額をみた。また現物支給の規定はない。[6]出征の歓送、青島陥落祝賀行事、凱旋歓迎は、連隊衛戍地である静岡・浜松を中心に盛況であったが、教員に引率された学校児童生徒に加え、資本主義の発展を反映した職場(企業)の団体動員が実施され、また在郷軍人会が歓迎市民の指揮役・世話役として進出した。[7]小学校児童は、記事のなかで「小国民」とも形容されているが(『静岡民友新聞』一九一四年一二月二日)、次代の「国民」を担う学校生徒はその量において動員の中心部隊であった。しかし、凱旋行事への動員は他面からみれば、組織動員の枠からさほど広がらなかったと思われる。民衆の戦争熱は、これまでの「戦時」に比べれば弱く組織的な街頭への動員と、日露戦争で習熟した軍事援護事務の遂行によって銃後が成り立っており、軍部離れの国民意識を逆転させるだけのインパクトはなかった。ただし、静岡県地域が第二十九旅団の出動によって、日露戦後約一〇年にして、再び「銃後」を形成し、戦時動員体制を経験したことの意味は、動員への馴致あるいは軍に対する意識の点からみて、過小評価できないであろう。青島出兵は第十八師団(久留米)に静岡の第二十九旅団を加えた部隊を主力としたため、静岡県内の新聞報道はもっぱら県内部隊の奮戦ぶりに焦点を当て、戦時報道の最初から最後まで「静岡聯隊」「浜松聯隊」「岳南健児」「静岡兵」「浜松の将士」などの見出しで、〝郷土部隊〟を強調しつづけた。日露戦争期から強まる地域連隊(郷土部隊)意識は、静岡県の場合、この第一次世界大戦期を通じて定着し、静岡連隊に対する「常勝聯隊凱旋」、浜松連隊に対する「初陣の武勲赫々(かっかく)」の記事が端的に示すように(『静岡民友新聞』一九一四年一二月二三日、二四日)、郷土部隊の凱旋を通じて、向かうところ敵なしの対軍意識も強まった。

地域紙にみる第一次世界大戦の戦争報道では、ドイツ軍と戦う郷土部隊の奮戦ぶりだけが強調され、戦場と化した青島の町がどのような惨状を呈したのかについては、まったくみえてこない。日露戦報道では、多少でも戦場である中国と中国人の生活を垣間見ることができたが、第一次世界大戦報道では、それがまったくといってよいほどみえてこないのである。以下は、劉大可ほか『日本侵略山東史』(8)が描く青島市の被害状況を翻訳したものであるが、郷土部隊を主役とする戦争に焦点が当てられるのに反比例するように、このような戦場と占領地民衆への視線は薄れていった。

青島市はもっとも悲惨な破壊と損失を蒙った。戦前、飲用水工場、発電所などの市政施設及び港口の重要設備は全部破壊された。銀行は凍結され、中国人民の大量の貯金は奪われた。防御工事のため、多数の民宅は潰された。戦争が始まって、全市の商業は停止状態に陥った。近郊の李村は人口が減少し、一一月終戦時の人口は五万九二〇〇人しか残らず、戦前の七万一三〇〇人より三分の一も減少した。市内台東町だけで不慮の死を遂げた中国人は百数人に至った。戦争で青島市民は二四〇〇万元以上の直接損失を受けた。日本軍は市内に侵入した後、青島、李村で軍政署を設立し、住民の財産報告を強制した。日本の通貨軍票と円銀を使用させ、厳罰条例を公布・実施し、罪人の名を並べあげ、「軍政」管制を実施した(9)。

静岡俘虜収容所

日露戦争時に続いて、第一次大戦時にも静岡市に俘虜収容所が設置された。第一次世界大戦で日本国内に収容されたドイツおよびオーストリア軍人数は四六九七人、当初全国一二都市に開設された収容所のうちの一つである(10)。静岡収容所は一九一四年一二月一〇日に入所を開始し、一八年八月五日に捕虜が静岡を離れ、二五日をもって閉鎖された。収容捕虜数は一〇七人、追手町日本赤十字社静岡県支部内元看護婦養成所を第一収容所に、鷹匠町恤兵団授産部を第二収容所にあてた。ホテルや寺を利用した日露戦争時に対し、軍事関連団体の施設を利用したのである。静岡を離れた捕虜は新設の習志野収容所に移され、一九二〇年一月までに帰国した(一九一九年六月、講和条約)。収容年月は静岡で三年八カ月、帰国までは計五年間余という長期収容となった。習志野収容所への移動は、「俘虜ノ警戒取締ノ為メ完全ヲ期シ難ク、且ツ市民ノ為メ風教上好マシカラサル影響」を考慮、さらに秘密保持、新聞記者の取り締まり等の観点から行なわれた[11]。日露戦争時に比べ、捕虜に対する警戒・取り締まりの観点が強まっていたのである。

静岡収容所内での捕虜の生活は、起床・朝夕点呼・食事・消灯などは服務規律に基づき律せられたが、その他の時間は自由に運動・研究・娯楽に費やすことができた。捕虜は隣の師範学校運動場を利用して運動したが、静岡市民のなかにはサッカーの指導を受けた人もいる。所内では酒保が開かれ、ビール、果物、缶詰、日用品が売られた。また、ドイツ兵の技能を利用したいという市民の申し出により、おもちゃ製造・パン屋などに警護付きで通い働く捕虜もいた[12]。捕虜の扱いは、日本が批准して間もない「陸戦ノ法規慣例ニ関スル条約」および「付属規則」(一九〇七年、ハーグでの第二回国際平和会議で採択)に基づき制定された俘虜取扱規則に従っており、「総テ俘虜ハ博愛ノ心ヲ以テ其ノ取扱ヲ為シ……決シテ侮辱虐待ヲ之ニ加フルコトヲ許サス、其ノ身分階級ニ応シテ相当ノ待遇ヲ与へ」ということが処遇の基本であった。

しかし、国際法に即した捕虜の処遇の基本的考え方においては、日露戦争期と微妙な相違が生じていたように思われる[13]。一つは、「文明の戦争」と称した日露戦争では、捕虜の虐待は文明国たる日本の恥という面から、捕虜の扱いに関する国際法の遵守を説いていたが、第一次世界大戦では、文明国の立場からの立論はやや後景に退き、「大国民の度量を示し彼等を同情厚遇せよ」という(『静岡民友新聞』一九一四年一二月一〇日)、一等国にふさわしい捕虜処遇論が登場する。もう一つは、日本人の俘虜観の独自性が従来以上に意識されはじめたのではないかという点である。陸軍省『大正三年乃至大正九年戦役俘虜ニ関スル書類』は、青島要塞攻防戦にからめて「欧米人ノ陣地要塞ノ死守ト称スルハ必スシモ我邦古来ノ解釈ト等シカラス、人力ヲ尽シテ及ハサルトキハ俘虜ト為ル猶名誉タルヲ信スルノ風アリ」と述べ、また戦闘中捕虜となった日本将校が拳銃で自害したことをドイツの新聞が「寧ロ短慮ナル犬死」と批評したことを批判的に紹介している。ドイツ人の軍人像、捕虜観の特質をみきわめたうえで、捕虜に対する正当な処遇を実施していこうとしている点では問題ないが、注目したいのは、捕虜になるよりは死を選ぶことをよしとする日本側の軍人像・戦争観である。日本兵捕虜に対し、あえて非難すべきにあらず、とした日露戦争時に比べ、捕虜否定の度合いは強まったと思われる。日露戦争後に強まった大国意識・常勝軍意識とからまった日本軍の精神主義(攻撃精神＝生命軽視)の強調は、[14]日本兵捕虜観の変化としてもあらわれていた。

捕虜の処遇に関する考え方の変化は、静岡収容所でまとめた今後の捕虜収容のあり方への意見にもあらわれている。この意見では、西洋思想の浸透が国民道徳の動揺をもたらしているとの危機感から、国民から捕虜を隔離すべきとし、郊外に専用の陸軍廠舎式施設を建設すべしとしている。日本軍の精神主義、日本軍人精神の特異性(そして日本独特の国民道徳)を強調するほどに、西洋人兵士捕虜の隔離・取り締まりに発想は流れてゆかざるをえない。ここでは、文明国民としての共通性よりも、差異が押しだされ、相互の交流・理解が否定されていった。また、意見では、下士卒の捕虜全部の労働義務づけを主張した。「労役」そのものは国際法上合法的であることを断ったうえで、財政上の浪費を防ぎ、捕虜の特殊技能を生かせば国益にもなるというメリットを強調した。したがって、収容所は、工場地域など労働力提供に至便な地域に立地すべきということになる。確かに当時の国際法は、過度にならない使役、国家のための労務(報酬を支払う)を認めていたが、捕虜労働の義務化(強制)は、問題を含む提案だったと思われる。捕虜に対する財政支出の抑制、労働による管理(取り締まりの観点からの労役)、技能の効率的活用という、国益と取り締まりの立場からの捕虜処遇は、「人道ヲ以テ取扱ハルベシ」という捕虜処遇の根本原則をふみはずすおそれを多分にもっていたからである。

2　デモクラシー状況下の軍と民衆

対軍感情の変化

「第一次世界大戦後の数年間は、明治以来の軍国日本において、ほかにその例を見ないほど軍国主義が力をうしなっていた時代であった」といわれる[15]。その兆候は大戦中からあらわれており、大戦後の軍縮と民主化機運のなかで、さらに顕著になった。この点を、軍隊に対する国民意識の指標の一つである兵役義務観念にみてみよう。

徴兵制の陸軍の場合、兵役観念の強弱は徴兵忌避の増減や徴兵忌避の神仏祈願の流行、入営前の逃亡などの形であらわれる。全国的には、一九一七年から二五年までの九年間の徴兵忌避者は一万一二一七人、年間一〇〇〇人以上という徴兵忌避感情の強さを示していた[16]。また、静岡の地域紙『静岡新報』一九二二年一二月一一日付は、徴兵検査未済の「非国民の数は(全国累計で―引用者注)実に三万六千七百十七名」、満四〇歳まで逃れ通したものは、二四三一人と報じている。静岡県下の忌避者数は統計的に確認できないが、一九一六年七月の賀茂郡町村長会文書は、同年度徴兵検査時の徴兵令違反告発者は郡下で六人と述べ、志太郡町村長会文書は、この年の県下徴兵忌避容疑者を一九人としている[17]。また、一九二二年度の静岡連隊区管内徴兵忌避者は一三人、二四年度の検査を前にした調査では、壮丁中逃亡行方不明者二〇余人であった(『東京日日新聞 静岡版』一九二三年三月八日、二四年三月一八日)。これらの断片的数字や憲兵隊の評価からみて、静岡県下の忌避者数は全国水準と比較して低かったが[18]、それでも、醬油の多量服用、偽病、下剤服用、故意の身体毀損、偽装近視など巧妙な徴兵忌避が懸念され、静岡・浜松両憲兵分隊は、各地で徹底した壮丁素行調査を実施した(『静岡民友新聞』一九二三年三月二九日)。その際、短期現役の特権を利用できた高学歴者、教員に対し厳しい監視の目が向けられた[19]。一九二四年、静岡区裁判所では[20]、身体損傷(指の切断)にかかわる徴兵忌避裁判が争われ、検事側の懲役六カ月の求刑に対し、裁判長は証拠不十分で無罪を宣告、被告勝訴となった[21]。当時の新聞では、軍の談話の出し方に影響されて、徴兵忌避行為は「非国民」として報じられることが珍しくない状況になっていたが、一方で、無罪判決を勝ち取る余地もあったのである。判決当日、傍聴席には被告の近親者、友人が詰めかけ、無罪と聞くと「一同雀躍し」被告を囲み「狂喜して退廷した」という(『静岡民友新聞』一九二四年一二月一一日)。

県下の兵事行政指導で、毎年くり返し注意されたのは徴兵忌避の神仏祈願である。壮丁本人、その家族、あるいは隣保ぐるみの徴兵忌避祈願につき、当時全県的に注意が促されていたが、最も盛んだったのは、日清戦前同様に遠州地方であった。一九二二年六月二八日の『静岡新報』は、「大仕掛の徴兵忌避」と題し、「十数年来西遠地方一帯に亘って徴兵検査に際し徴兵免れの目的で壮丁は勿論全村を挙げて各地の神社仏閣を祈禱巡拝するの弊風あり。浜松憲兵隊では連隊区司令部と協力して祈禱者の検挙に努めたが、……悪風は益甚だしく祈禱者は跋扈し各村民も一の義務として徴兵免れの巡拝に参加して居る有様」「何れも一の村付合として毎年正月各神社仏閣に巡拝、検査当日は各々垢離を取り草鞋、腰弁当で応援に出掛けて居る」と報じ、翌二三年四月二九日付では「愚者が迷信から徴兵除けの祈願 咄非国民 浜松管内の」の見出しで、その年の徴兵検査に際し「今尚一部の町村には忌避の目的で頻りと愚にもつかぬ徴兵除の祈願を為す者があるので、同憲兵隊は極力彼等非国民を根本的に一掃せんとて引続き内偵中だが、廿七日迄に取押へて訓戒の上放還されたもの二十件、百八十余名の多数に達した」と記している。徴兵逃れ祈願は、日露戦後再び増加し、第一次世界大戦後を二回目のピークとして「村」全体で徴兵逃れの願望を共有した。鳥取県を事例とした喜多村理子『徴兵・戦争と民衆』[22]によれば、ムラで共有した徴兵逃れの願望は、日中戦争開戦期まで続いたという[23]。

現役兵の逃亡については、さらに個別データが不足しているが、豊橋憲兵分隊(豊橋歩兵第十八連隊)における一九一九、二〇年の現役兵犯罪件数をあわせて紹介すると、逃亡二、四(前者が一九年、後者は二〇年、以下同じ)、逃亡窃盗一、〇、窃盗三、三、横領三、二、横領詐欺収賄〇、一、詐欺〇、二、傷害二、〇、強姦未遂〇、一、往来暴害一、〇、上官暴行一、〇、計一三、一三であった(『新朝報』一九二一年一月二三日)。逃亡は、これでも「逐次減少を示せる」という。

志願兵の割合が高かった海軍では、志願者の激減という危機的状況に見舞われた(24)。一九一七年ころから大戦中の好景気、都市の職場の広がりのなかで、志願者減少が懸念されていたが、一九一八年度の志願者勧誘時に県内各郡で志願者願書が割当予定数を下まわる状況があらわれ、その後の必死の勧奨にもかかわらず、戦後の海軍軍縮の影響もあり、志願者減少傾向は止まらなかった。志願者の募集は毎年年末から年明けにかけて実施されていたが、県下の志願者数は、一九二一年二七〇人、二二年一六七人、二三年の場合は一月一三日までに「僅(わずか)に三名あっただけ」、二四年は割当三六二人に対し、一月半ばの願書受理件数十人(最終的に三四一人)、二五年は割当三八四人に対し一月半ばで二五人であった(25)。志願者勧誘に苦しむ状況は一九二〇年代末まで続いた。

対軍感情が悪化するなかで、軍側は民衆の軍隊理解の実情、あるいは入営前の状況、市町村軍事援護事業などを正確に把握すべく、大正期に入ると各種調査を実施し、さらに町村側の意見を求めた(26)。軍は明治末年より、現役兵個々人の身上調査表の作成など連隊(担当者は中隊長)と町村を結び、現役兵の家族状況・家庭生活実態・素行調査に力を入れてきたが、より広く軍隊をとり巻く地域の状況把握に乗り出したのである。

そのうえで、軍はさまざまな対策を講じた。第十五師団が主催する郡市町村会では、師団長から入営予備教育、入営、退営、召集、父兄の送金・面会、軍服調整など諸般にわたり、具体例をあげての細かな注意が与えられ、各郡町村長会を通じて徹底がはかられた(27)。一九一八年一月施行の軍事救護法も支給対象はごくわずかだったが、戦病死者遺家族および傷病兵家族生活援護とともに、貧困家庭から現役兵を出した場合の平時生活援護としての意味ももち、後者は、中隊長が各入営兵士の家庭生活に目配りすることで制度的に可能になった。一九二一年六月末における県内被救護者は二三九戸、七一六人、一人当たり救護月額七円一六銭であった(『静岡新報』一九二一年七月二三日)。当時の支給に関するわずかな事例から類推して、二三九戸のうち三分の一程度が、現役兵対象とすると、当時の静岡県出身の現役兵家族の一〜二%ということになる。従来の経緯からみて、支給割合も、支給額もごくわずかだが、遺家族に対する国家の生活援護策を打ちだしたこと、および現役兵家族の生活援護を国家が開始したことの意義は軽視できない。農繁期における現役兵への二週間の請願休暇制度も一九一九年から実施されている。この年の田植え時期には静岡連隊で三〇〇人、浜松連隊で二五〇人が休暇を得た(『東京日日新聞 静岡版』一九一九年五月二一日、『静岡新報』一九二一年一一月三〇日)。また、一九二一年一二月には、勤務演習規則を改正し、在郷軍人に対する勤務演習期間が短縮された(『新朝報』一九二一年一二月九日)。他方で、一九二三年からの第十五師団の方針に基づき、長期の連隊行軍演習時に、宿泊地付近の小学校などを会場にして連隊幹部による軍事思想普及講演を連続に行なっていることも、国防思想普及運動の先例として注目される。地域での演習を軍隊の宣伝の機会として利用したのである(『新朝報』一九二三年八月三日、二五年一月二八日)。

また、軍は大戦後現役への父兄対策に気を配っている。浜松連隊区内では明治末に軍隊と現役兵家族との連携を密にする目的で町村「現役兵父兄会」組織化を指示しているが、大正期の半ばには徴兵検査合格者の父兄に対する希望、入営者の父兄に対する希望などの文書が出されている。そこには入営前の心構えや入営に際しての注意事項なども盛られているが、それとともに「軍隊ノ事ニ関シ不審ノ廉アル時ハ遠慮ナク所属中隊長ニ問合サルレハ詳細ニ即答スヘシ」と一言したうえで、内務班での古参兵の初年兵いじめ問題、休暇制度、給与、食事の量など父母の懸念や関心をもつ情報が用意されていた。国民の軍隊忌避感情の広がりのなかで、行政経由ではなく、壮丁やその家族に対し、軍隊生活を直接的にアピールすることに努めたのである[28]。

ところでこの時期の徴兵合格者に与えた連隊区司令官の注意をみると、兵役が男子だけの名誉ある国家的義務であり、健康で優良な心身をもつ者だけが選ばれ、「陛下ノ股肱タルノ名誉ヲ荷ヒ其郷里ヲ代表シテ護国ノ大任ニ」当たる存在であることが強調されている[29]。徴兵制は、このように性的差別や障がい者への蔑視、選ばれた優良者という意識と深くかかわっているのであるが、大正デモクラシー状況のなかで被差別者たちが差別への批判と同権意識なったのが全国水平社の活動家たちである。その告発主体となったのが全国水平社の活動家たちである。

をもちはじめた時、このような体質をもった軍隊は厳しい告発に直面した。その告発主体と

一九二七年一一月一九日、岐阜歩兵第六十八連隊二等卒北原泰作が軍内差別を告発する天皇直訴事件を起こした。この事件報道は四日後の一一月二三日に解禁となり全国各紙は一斉に記事を掲載したが、第三師団隷下の部隊で発生した事件ということもあり、二週間後の一二月五日付『浜松新聞』は、この問題を社説(一面巻頭「批判」)で正面からとりあげた。そこでは、北原の差別糾弾を軍内差別が厳然としてあるならば、「もとより当然」と支持し、「我等は、現在の軍人意識に限っては、差別待遇のごとき変則な事実は、もちろん絶無であると信じてゐた。それにも拘らず直訴兵卒の不敬事件によって、軍隊内には今尚ほ、差別待遇若しくはこれに準ずる陋習が、巣食ってゐることに、驚きの声をあげざるを得ない。我等の欲するものは、少なくとも軍隊だけには、差別待遇及び差別待遇的気分を、掃討し尽して、社会にこれが儀表たらんとすることにある」とする。次いで、輸卒への軍内差別にもふれた後、「差別待遇と、輸卒蔑視とが軍隊内に、依然として影をひそめないうちは、要するに、軍隊といふものは、完全に国民のものにならないであらう」と軍の課題を提起した。軍隊は、経済的・社会的格差を超えて、個人の兵士としての実力で評価され、出世できることが、徴兵制を是認する意識の要因を形成していたが、水平社活動家の軍内差別告発は、このような軍の建前の虚構を鋭く突き、地域ジャーナリズムも、「不敬」への批判を措いて、軍隊内の改革を訴えたのである。その批判は「良兵即良民」という軍自体の論理を片面の前提にしたも

のであるが、もう一面では、デモクラシーを要求する当時の国民要求に根づいた批判であり、軍内秩序の民主化欲求を代弁する提言であった[30]。

在郷軍人統制と弛緩

県内の帝国在郷軍人会支部は、一九一一年末までにほぼ組織的枠組みを完成させた。この結果、青年団との共同事業、とくに入営前の予備教育は従来以上に各地で恒例化され、また、大正天皇即位などにかかわる記念事業も、連隊区司令部の指導下に広く企画された。各地方における軍隊演習受け入れ準備の主役は、在郷軍人となった。

在郷軍人の精神教育面では、奉公袋普及や軍服着用が奨励された。奉公袋とは、軍隊手帳・印鑑などの応召用の必需品やいくらかの軍用準備金を収めた貯金通帳、麻縄、名札を入れた袋であり、これを家のなかの目に付く場所に掛けることになっていた。いつでも有事の召集に対応できる、在郷軍人としての精神的覚悟を促す手段であった。最初に豊橋支部で発案され、次いで同じ第十五師団のもとにあった浜松支部が普及にとり組んだ。浜松支部の奉公袋調整は、第一次世界大戦時に顕著な効果をみた事例として全国的に紹介され、以後各地に同様の「軍用袋」が広がった。静岡支部の場合は「動員袋」の名前で推奨した[31]。軍人の象徴として、あるいは在郷軍人統制上有効であるとして、現役除隊時に軍服を調整し、在郷軍人として着用することも奨励された。この方面では、静岡歩兵第三十四連隊が、一九一七年の除隊兵全員に軍服を調整させ、全国的モデルとなった[32]。軍隊が忌避され、軍服への嫌悪感が強まりはじめた時期にもかかわらず、大正期半ばの第十五師管内在郷軍人の軍服着用成績はきわめて優秀であった[33]。

しかし、在郷軍人会の日常活動は、現実にはなお各町村の援助が活動を大きく左右しており、軍の指導力には限界があった。軍部が、良兵は良民であるとして在郷軍人を国家の中堅に位置づけることを目指しても、それに応えることは、組織的にも、活動水準からも困難であった。在郷軍人会が新しい目標をもって地域社会に根づこうとした時期は、都市化、政党勢力の浸透、デモクラシー状況が広がった戦前日本社会の転換期であり、連隊区司令部が服従と規律の重視をどれほど強調しても、こうした社会的影響から免れることは困難であった。その影響が顕著にみられるのは一九一八年の米騒動からである。県下の米騒動時には、在郷軍人分会は青年団とともに自警活動の中心になったが、地域的には、金谷町在郷軍人分会のように民衆の反発を買うとして自警活動への参加を避けた場合もあった。三ケ日町では、群衆中の在郷軍人が出動した軍を面と向かって非難した例もあり、騒動に参加した在郷軍人も多かった[34]。『季刊現代史』第九号のまとめによれば[35]、米騒動への参加を理由に検事処分を受けた在郷軍人が全県で五二人にのぼり、静岡区裁判所で検事処分を受けた人員の一六・六％を占めた。在郷軍人の騒動参加がかなり多かったことをうかがわせる数字である。

一九二三年ころからは、在郷軍人による自主的な要求運動が盛り上がり、県下の在郷軍人会もその影響を受けた。その一例は、普選運動の高揚を受けて全国的に展開された在郷軍人に対する参政権付与要求運動である。一九二三年三月一五日に小田原町で開催された神奈川県足柄下郡連合分会総会で運動の火の手があがり、現役に服した在郷軍人の社会的優遇策の一つとして選挙権を要求し、各町村の分会長を実行委員として全国的な運動を起こすことを決議した(『東京日日新聞』一九二三年三月一七日)。間もなく小田原町では在郷軍人参政同盟が結成される。神奈川県足柄上郡・下郡は、一九二〇年八月七日の軍管区表改正で第一師管から第十五師管静岡連隊区に編入されており、在郷軍人も静岡支部に属していた。したがってその影響はすぐに静岡県下の分会に及び、五月二七日付で在郷軍人参政同盟より県下の全分会に宛てた文書が配布された。その宣言・決議は、良兵即良民という軍部の主張を逆手にとって、兵役によって十分に国民として訓練された在郷軍人には、参政権を得る資格があることを前面に押し立て、国際的な正義・人道・自由の流れからいっても付与は是認さるべきという内容であった(『静岡民友新聞』一九二三年五月三〇日)。また、運動方向を示した覚書は、各地で同じ目標をもった団体を結成し、全国代表者会議を開催することと、地元選出衆議院議員の利用を説いている。参政同盟は、その後、全国の連合分会にも同様の文書を発送しており、連合分会ないし分会レベル＝下からの大衆的な参政権運動組織化を目指したのである。

これに対し、在郷軍人会静岡支部と静岡連隊区司令部は、在郷軍人の政治運動介入を警戒し、まずは抑圧の方向に動いた。しかし、反対姿勢はしだいに不明確になり[36]、個人としての参政権要求を当然とし、干渉せぬようという第十五師団長の発言で、抑圧方針の動揺が起こった。一九二三年七月三日付『横浜貿易新報』は、この師団長声明が、運動が全国に広がるきっかけになったと報道している。静岡県下では駿東郡御殿場町と駿東郡泉村(現裾野市)の両分会がいち早く参政同盟への参加を打ちだし、八月一日に全国代表を集めて京都で開催された在郷軍人参政大会にも静岡の代表が参加した[37]。参政権運動は、運動の中心地が関東大震災に襲われいったん頓挫したが、翌年春には在郷将校を含む運動として広がった。

金鵄(きんし)勲章年金の増額運動も参政権運動と同じく在郷軍人会下部による自主的運動である。一九二二年に全国期成運動同盟会が結成され、一九二四年六月の第四九議会に向けて高揚期を迎えた。やはり足柄地方が拠点の一つであり、県下でも宣伝が行なわれた[38]。在郷軍人会静岡支部長による運動参加規制にもかかわらず、県下から六件(三六三人)の請願が行なわれた。

在郷軍人団体とは別に、大正期後半には「廃兵」(傷痍軍人)の恩給増額運動も起こり、在郷軍人の運動に刺激を与えていた。一九二三年四月には浜松連隊区管内の「廃兵大会」も開催されている(『東京日日新聞 静岡版』一九二三年三月三〇日)。県下傷痍軍人の待遇改善(傷疾者全体への年金支給)、生活保障(煙草・切手販売業の認可と子どもの授業料免除)要求は、一九二六年に盛り上がり、二月には静岡県傷痍軍人会員一五〇人が東京の全国傷痍軍人大会へくり出した(『東京日日新聞 静岡版』一九二六年二月一四日)。傷痍軍人の要求は、国民代表として「国難に参加して」国家に尽くし犠牲になったにもかかわらず、その後の精神的・物質的待遇保障が貧弱であることへの不満に根差していた[39]。この時期のさまざまな社会運動には、共通して国家意識を背景とする権利要求が特徴的にみられるが、傷痍軍人や在郷軍人周辺にあってはその面がとくに強烈にあらわれ、国家に対する忠誠・貢献度あるいは兵役義務を遂行したことによる国民代表意識が、権利要求の根幹をなしていた。特権意識を背景とした参政権要求、待遇改善要求という色彩が濃かったのであるが、在郷兵たちの〝権利〟要求は、兵士側の「名誉ある国家的義務」のみを強調し、義務修了者への国家的見返り（具象化された名誉）と兵士の生活に対する国家の側の援護義務を不問に付してきた兵役制度の矛盾を鋭くえぐる内容をもっていた。

在郷軍人内部の権利要求、自主化の期待が強まるなかで、一九二五年三月、帝国在郷軍人会は会の統制強化の方向で全面的な規約改正を行なった[40]。従来の組織は、分会を単位とした連合体的性格を残しており、それゆえに、下部からの運動を展開する組織的な余地もあったが、この改正では、地方行政当局や在郷軍人会下部からの反対を押しきって、師団に対応する連合支部を設置し、師管―連隊区という軍制との組織的一致、軍側の指導権強化をはかった。また、下級団体に対する上級団体の指導監督権を明確化しただけでなく、下級団体の決定を取り消させることもできる権限を与え、中央から下部への統制を強化した。この点は、青年訓練所の発足により、訓練を担う町村在郷軍人分会への管理という問題と結びついていた。軍人会の事業の面では、思想問題、社会問題への能動的対応が打ちだされ、「治安維持法」を頂点とする新しい治安態勢の一翼たることが明記された[41]。この新規事業のきっかけは関東大震災の自警団活動である。財政的には、分会財政を市町村の補助金依存から自立化させる方向がとられたようである。一九二七年における豊橋支部の傘下三一六分会財政調査では、会員からの会費徴収分会一六〇でほぼ五割、市町村補助一九六分会（一五～一三〇〇円）、他の団体からの財政補助受領一五〇分会（五～二六〇円）であり、分会の財政基盤は脆弱であったが、支部は分会の基本金造成による財政基盤の強化に意を用いた[42]。組織運営・事業両面で、在郷軍人会は新しい態勢に入ったのである。このころ、豊橋連隊区では、在郷軍人の母と妻たちの組織化も試みられている。一九二〇年代後半から在郷軍人母妻会(ないし家族会)という組織の設置が勧奨され、市には複数の、郡部では町村ごとの分会が結成された。一九三〇年初めに六五分会を数え「豊橋連隊区司令部管内の全国的誇り」とされた[43]。

他方で、待遇改善に関しては、一九二九年に在郷軍人会静岡支部が、現役および応召中の雇用継続、給料支払い、勤続年数への算入などに注意を払いはじめ、調査を行なったことなど新しい対応があらわれていた[44]。現役・応召中の雇用補償問題は、満州事変以後大きな問題となるが、静岡の場合、県下の連隊が山東出兵に動員されたこともあり、ひと足早いとり組みが始まっていたのである[45]。

3　陸軍の近代化と静岡地域部隊の増設

三島野戦重砲兵部隊の設置

野戦重砲兵部隊は重砲兵部隊から分化して、要塞・攻城重砲兵とは異なる独自の機能をもつ部隊として再編されたものである。日露戦争の際、野戦重砲兵連隊が臨時編成され、第一次世界大戦下の青島攻略の際、野戦重砲兵連隊が編成された。その後、野戦重砲兵部隊は陸軍が打ちだした装備近代化計画の一環に位置づけられ、一九一八年一二月、従来の重砲兵連隊を改編して野戦重砲兵第二連隊(横須賀)・同第三連隊(和歌山)を置き、両連隊をもって野戦重砲兵第一旅団を編成した。[46]

この部隊改編計画と並行して、一九一八年初めから新設旅団設置場所の選定作業が進められたが、野戦重砲の実弾演習が可能な施設は限られており、第二連隊の前身である東京湾要塞砲兵連隊以来の演習実績からみても、富士裾野演習場が最適地であった。兵営候補地には演習場付近の駿東郡富士岡村、田方郡三島町、駿東郡金岡村の三カ所があがり、御殿場町の誘致運動もあったが、陸軍省は三島町に的を絞った。当時の三島町は鉄道の発展からとり残され[47]、沈滞した町の空気を一新し、かつての東海道の宿場時代の繁栄をとり戻すには、軍隊の移転は願ってもない朗報ととらえられた。これまでみてきた軍隊誘致例に比べ、三島町の誘致にかける期待は切実なものがあったといえる。町長・町会は同年四月二二日に誘致を決定し、陸軍の計画に沿って土地買収を代行した。敷地総面積は、三島町および北上村(現三島市)、長泉村にわたる六六町(二〇万坪)であり、五月六日までに陸軍と土地所有者との買収交渉は完了した。誘致決定からわずか二週間である。『静岡民友新聞』は「同町民は今回の旅団新設に付ては殆(ほと)んど熱狂的歓迎し居る」と伝えている(四月二八日)。この三島町の野戦重砲兵旅団誘致のケースでは、買収交渉につき、陸軍に最大限の便宜をはかっているが、従来のような敷地献納は行なわれていない[48]。用地献納競争は姿を消したようである。ただし、町は、将校用住宅の建設と、買収評価額への一部の不満に対する差額の補塡(町有地を売却し費用を捻出)という形で軍に事実上の寄付行為を行なった(『静岡民友新聞』一九一八年三月二六日

～五月九日、『東京日日新聞 静岡版』一九一八年五月六日）。

衛戍地全体の工事は一九二二年までかかったが、その間、一九一九年一一月五日、第二連隊が移転し、翌二〇年一一月四日第三連隊が移転を完了した。陸軍初の野戦重砲兵旅団が三島で完成し、三島は二〇〇〇人近い兵隊が生活する町となった。同旅団は、一九二〇年三月一五日付で第十五師団のもとに配備された（『官報』三月一六日）。三島町に練兵場が開設されたことで、静岡県東部地域においても、在郷軍人、中等学校生徒、青年訓練所生徒の兵営宿泊訓練、射撃訓練場所が提供されることになった。

軍隊誘致による町の経済振興の期待の強さからも、そして旅団誘致時の財政的負担もあって、旅団将校の居住や兵士の外出が許される区域の制限は、三島町にとって重大問題であった。最初は沼津までの外出が可能であったが、沼津に商業的利益が奪われることを恐れた三島町の要求で沼津区域は締め出された。この外出区域問題はその後再燃するが、三島町側は旅団への優遇措置で譲歩しつつも、自由散歩地の限定では譲らなかった[49]。一九二四年一二月八日付の『静岡民友新聞』によれば、当時、旅団によって三島町が潤う額は一カ年十数万円であった、という。

浜松歩兵第六十七連隊の廃止と連隊存置要求運動

第一次世界大戦後の陸軍は、国内外の軍縮気運、海軍軍縮の実施、国民の軍隊忌避感情の広がりのなかで、大規模な軍縮、予算の削減が避けがたい課題となり、他方で、今後の総力戦に備えた大規模な大衆軍隊の創出と装備の近代化を急速に進める、という課題にも直面した。この課題の遂行を担ったのが山梨半造、宇垣一成両陸軍大臣である。

一九二二年から二五年にかけて三次にわたる大規模な部隊・人員整理が行なわれ、そこで節約された経費をもって装備改善が推し進められ、片や入営前の軍事教育体制が整備された。二二年の第一次軍縮では、歩兵大隊の平時編制を四個中隊から三個中隊への削減(一個連隊で三個中隊減)などで六万人近い人員削減を行ない、代わって機関銃隊、野戦重砲兵連隊、飛行大隊などが新設された。静岡、浜松の両歩兵連隊でも、それぞれ四〇〇人程度の入営者減となった。この年は、経費節減のため現役の四〇日間短縮(入営日を一二月一日から一月一〇日に変更、除隊は一一月三〇日)が実施され、予後備兵の勤務演習と簡閲点呼が中止となった。

一九二五年の「宇垣軍縮」では四個師団が廃止され、人員三万四〇〇〇人削減、一方で戦車隊、高射砲連隊、飛行連隊が新設された。その廃止四個師団の一つは、第十五師団であり、静岡連隊区内ではほとんど影響がなかったが、浜松地域の軍隊配置はこれを機に激変することになる[50]。

「宇垣軍縮」の概要が報道されはじめたのは、一九二四年七月からであり、以後二五年三月二七日に陸軍省が廃止師団・連隊を正式発表するまで、各地で地元師団・地元連隊の廃止の噂、存続要望の動きが広がった。師団司令部のお膝元の豊橋市では一九二四年八月五日付『新朝報』が、「豊橋師団愈々廃止されん」との観測を流している。浜松連隊整理の噂は、一〇月三〇日付『静岡民友新聞』を皮切りに報道されはじめ、一二月に入ると、浜松市内有志の連隊存続協議が起こった。日露戦後軍拡で誕生した豊橋師団を含む新師団が廃止対象にあげられるであろうとの観測、静岡県内では静岡連隊か浜松連隊どちらかが整理対象にされるとの情報が流れ、浜松連隊廃止の可能性はきわめて高かった。それゆえ年末からの浜松連隊存続運動は、一九二五年二月一五日連隊存置を求める浜松市民大会(有志)、市への決議提出、二月二〇日の志太郡以西一市七郡(浜松連隊区管内)代表五六〇人の連隊存置研究大会、三月三日連隊存置運動報告会(三〇〇人予定)と急速に大衆運動的広がりを示し、それを背景に陸軍省への存置陳情をくり返した(『静岡民友新聞』一九二五年二月一七日、二一日、三月三日、一七日、三〇日)。

この存置運動の中心となったのは、第一に浜松連隊区管内の行政当局と在郷軍人団体、とりわけ後者、第二に市内の御用商人、貸座敷業者[51](当時二二軒)・飲食店など連隊からの経済的受益層、第三に連隊付近の地域住民、の三層である。軍の権威を背景に存立する在郷軍人が、自らが現役時代をすごした地元連隊の存続を求めるのは当然として、第二集団については、兵士一人一月五円の小遣いを浜松市内で落とすと仮定すれば、連隊兵士一五〇〇人で九万円、その他を含め年間一〇万円以上の経済効果をもつということになる。また、米麦の主食は豊橋の御用商人が納入していたというが、副食物は、浜松市内の業者から納入され、一人一食二五銭とすれば一万三五〇〇円ということになる[52]。将校の消費分を含めれば、年間十数万円の日常消費が浜松市内で行なわれていたことになろう。第三集団は、御用商人に農産物を納める農業者、連隊付近の小商人、および連隊の存続が道路など生活基盤整備と結びついていると考えている層も含まれよう。一九〇八年三月の浜松転営から一七年間で、浜松歩兵第六十七連隊はこのような地域との関連性を築いていたわけである。

一九二五年三月末の浜松連隊廃止、豊橋歩兵第十八連隊第三大隊の浜松駐屯（浜松連隊兵営の利用、従来兵員数の三分の一となる一大隊約五〇〇人規模の存続）という陸軍省の決定は、以上のような地域の連隊存置要求運動を考慮して行なわれた。存置派勢力は、陸軍省決定後も、一個大隊の永久存続と近い将来の連隊復活を期待する陸軍省への陳情実施を決議している。そして、こうした浜松の動きは、都市計画的見地から第十八連隊の移転・跡地の公園化（廃止された豊橋市郊外の歩兵第六十連隊跡地への第十八連隊移転）を求める豊橋市当局にとって、移転促進運動・都市計画の推進を鈍らせる脅威として映った。

しかし、この時期の浜松市民は、歩兵連隊存続一色で染まったわけではない。『静岡民友新聞』一九二四年一二月一一日付は、浜松市会議員有志が、浜松連隊廃止後の敷地と建物の払い下げを市会に提案する意向であること、また同一二月一六日付は、鐘紡が、連隊廃止後の敷地と建物を利用し、浜松進出を行なう計画があり、連隊跡地を利用した浜松の新たな工業発展の期待が高まっていることを伝えている。市会の一部に、連隊の廃止を前提とした都市発展構想もあったのである。上記のように、豊橋では第十八連隊の郊外移転を前提にした都市計画があり、また、豊橋の地元紙『新朝報』一九二四年九月六日付は、政友会の産業立国主義の立場から、豊橋市が工業面では、製糸女工に依存した町であることを強調したうえで、「何時までも兵隊さんと製糸工女を以て安閑としては居られぬ。大々的工場の引寄せ策は市の発展上緊急時とせねばなるまい」と指摘している。同紙は、「存続運動など決してしないことだ。兵営で活きる封建思想を脱して産業繁栄で活きる方策を講ぜよ。之が都市人の本分だ」と、市当局の第十五師団存続運動にも否定的であった(一九二四年八月一〇日)。都市の経済をどう自立させ、どのような都市の将来像を設計するのか、そのためには軍事的施設をいかに再編するか、こうした問題がこの時期の兵営所在都市の課題として自覚化され、軍縮気運とあいまって、衛戍地であった都市が軍事依存から脱却する可能性もあったのである。[53]

とはいえ、都市自立の発想が、ストレートに非軍事化志向を意味するのでもない。都市発展を阻害する市街地の軍事施設や歩兵部隊維持への関心が相対的に低下する一方で、航空部隊、高射砲部隊、戦車隊など新鋭部隊誘致への関心は高く、のちにみるように、浜松もその例外ではなかった。

一九二五年四月二一日、青年団、市内小中学校生徒その他二万五〇〇〇人の市民が見守るなか、浜松歩兵第六十七連隊および在郷軍人会浜松支部の解散式が行なわれ、五月一日をもって全在営兵一五八〇人余が除隊、帰郷した。空いた兵営には、同日中に豊橋歩兵第十八連隊第三大隊五三〇人が分屯を開始した(『静岡民友新聞』一九二五年四月二二日、二三日、五月一日)。分屯隊と兵営、練兵場が存続したことで、在郷軍人の勤務演習は規模を縮小してこの兵営で引き続き実施され、後述のように青年層の軍事教育の地域センターとしても利用されていく。しかし、連隊廃止により、浜松の招魂祭が一時中止となるなど、浜松地域での軍事組織の役割低下は避けられなかった。

なお、第十五師団の廃止によって、静岡歩兵第三十四連隊・豊橋歩兵第十八連隊は第三師団隷下に戻り、静岡連隊創設期と同じく、両連隊で歩兵第二十九旅団を編成した。三島の野戦重砲兵第一旅団も第三師団隷下に入る。また、旧来の浜松連隊区のうち静岡連隊区に組み入れられた志太郡以外は、豊橋連隊区に入り、静岡連隊区から神奈川県の足柄上郡・足柄下郡が切り離された。

青年訓練所の開設

学校教練と青年訓練場による青年層への組織的軍事教育制度も、飛行第七連隊や高射砲第一連隊と同じく、宇垣軍縮の一環としてスタートした。この項では、引き続き浜松に焦点を当てて、青年訓練所が発足した当時の出席割合や訓練所に対する新聞論調をみることによって、浜松市民がどのような対軍感情・意識をもっていたのかを、上記の連隊存置問題とは異なる角度からさぐってみる。後述する、浜松に設置されたばかりの二つの連隊が地域に根づこうとした時、障害となったのは何であったか、という問題の検討である。

青年訓練所は、一九二六年四月公布の青年訓練所令に基づく、男子青年層(一六～二〇歳の入営直前時期まで)の軍事教育(四年間で四〇〇時間の教練)と国家的観念養成(修身・公民を四年間で一〇〇時間教授)機関である。訓練所主事には小学校長・実業補習学校長が就き、教練は在郷軍人(または中等学校配属将校)が担当した。従来から在郷軍人分会や青年団が行なっていた壮丁予備教育(入営前教育)の本格的制度化であり、かつ入営予定者以外にも長期的に軍事教育を及ぼす総力戦対応の国防教育であった。すでに指摘してきたように小学校は、日清戦争後から軍事教育に組み込まれてきたが、小学校長が訓練所主事になることで、小学校卒業後の地域青年軍事教育にも深く関与することになった。四年間の訓練による最大の恩典は、兵役の半年間短縮(現役一年六カ月、ただし歩兵の場合のみ)であり、軍事教練指導の成果を確認するため、年に一度、師団査閲官の査閲を受けた。一般青年層が、定期的に軍(師団)の査閲を受けることは従来ありえなかったことである。軍事教育面から陸軍と青年層をつなぐ制度的保障であり、かたや軍縮のなかで沈滞していた在郷軍人会の活性化対策でもあった。[54] 静岡県下の青年訓練所は一九二六年七月一日、一斉に開所したが、経費は、主事や指導員に対するわずかな国庫補助以外は、市町村の負担であった(この年のみ年次途中に入所、その後は入営時期に合わせ、一月入所)。入所者からの費用徴収は、原則として認められていない。市町村は、経費と運営の両面で新たな軍事負担を負ったのである。[55]

青年訓練所発足に先立つこと半年前、一九二六年二月に静岡県国防思想普及委員会が発足した。委員長を県知事が、副委員長を第二十九旅団長が務める行政と軍の協力組織であるが、学校関係者・青年組織幹部が主たる役員であり、この時期の国防思想普及の対象は青年層であった(『浜松新聞』一九二六年二月一〇日)。その前後から、静岡県西部では、浜松駐屯の歩兵第十八連隊第三大隊と中学校生徒・青年団員との合同軍事教練実施、あるいは連隊将校指揮による在郷軍人・青年団の合同演習、また中等学校・青年団の軍事演習への第三大隊の兵器貸与開始など、地域の部隊・兵営が青年層の軍事教練への協力を通じて軍事思想普及、軍事教練のセンター的役割をはたしはじめる(『浜松新聞』一九二六年一月一五日、三〇日、四月二五日)。青年訓練所発足後は、訓練所生徒の短期宿泊訓練(軍隊見学と実弾射撃など)の便宜をはかっている。また、一九二六年一〇月の第三師団秋季演習の際には、一般参観人のため、演習中の休養日に各種新兵器につき将校の解説を行なうサービスも実施している(『浜松新聞』一九二六年一〇月一日)。青年訓練所は、民衆に対する軍側のこのような支持調達工作と並行してスタートしたのである。

七月一日の青年訓練所開所を前に、浜松市は市内青年団長会議を開き、青年層への入所勧誘を行ない、教練指導を担う在郷軍人も入所勧誘に動いた。浜松市内の青年訓練所は元城・南・西・東の四校、必死の勧誘の結果入所したのは一六七五人であった(『浜松新聞』一九二六年六月一六日、七月一日)。市内では、このほか東洋紡績浜松工場で私立青年訓練所が置かれた。

しかし、出席率は開所後すぐさま激減し、静岡県内の訓練所はほぼ一様に不振をきわめた。静岡市の場合は四カ月後の一〇月、二割六分まで低下したという(『浜松新聞』一九二六年一〇月二八日)。『浜松新聞』一九二七年一月一四日付は、「前年下半期に於ける青訓の不振状態は、実に惨鼻を極めたとも評すべく、現に(静岡―引用者注)県下の或地方では出席者皆無に近く、ほとんど絶滅に瀕するの悲鳴さえ伝へられたほどであった」と伝えている。浜松市の出席率は不明だが、一九二七年一月の浜松市内青年訓練所入所者数は、予定の半数以下の八〇〇人(前年度の半分)、四月の在籍者数は九六一人(公立のみ)と増加したが、同年九月には在籍者が七四八人に減ったという。この時期は募集努力の減退も指摘されており、約一年後の一九二八年七月の在籍者は六〇〇人となった。[56] 愛知県では、一九二七年初め、名古屋で五割、豊橋・岡崎は七割、一宮は四割であり、都市部平均の六〇%という全国的動向(文部省発表)と比べても、静岡県の出席率は不振をきわめたようだ。[57]

訓練所不振の原因は、兵役短縮の恩典が歩兵のみであると知れわたったことなどがあろうが、「忙しいさなかに働き盛りの長男次男を訓練などと称して遊ばせておいては堪らない。そんな暇があったら鎌でも研いで置いたほうが余ほど為になる」という言は、農家経営の現実の厳しさとともに、青年軍事教練＝無益な遊びという、軍事・国防から距離をもったこの時期の民衆意識を象徴的にあらわしていよう(『浜松新聞』一九二六年一一月一九日)。軍国主義への批判・軍隊への関心低下は、当時の浜松市図書館で、軍人もたくさん出入りしているにもかかわらず、軍事関係図書が一冊も読まれていないという事態にもあらわれていた(『浜松新聞』一九二七年六月一九日)。一九二七年六月五日、第一次山東出兵政府声明の直後に、浜松合同労働組合が「対支出兵反対民衆大会」を企画できたのは、地方都市にもこのような軍国主義批判の広がりがあったからであろう(『浜松新聞』一九二七年六月四日)。こうした世論を背景に、『浜松新聞』一九二七年二月四日付「今日の批判 一般青年の青年訓練所観」は次のように論じた。

(青年訓練所への不平不満、嫌悪感の原因は)即ちその根本的精神が、時代逆行の軍国主義にあるといふ、もろもろの感想に要約されるのである。再言すれば、乱視的錯覚的な前代過去のイデオロギーに対する挑戦でなければならない。軍閥軍国主義の破産は、常識ある青年にとって、少しも議論の余地なく知悉（ちしつ）したることであって、今更時代錯誤の、イデオロギーの奴隷となることに堪へられぬのは、決して無理からぬことでもある。地方によりては、訓練所生徒の制服をして、軍隊と在郷軍人とを繋ぐ中間地帯にふさわしい形式を、努めて濃厚ならしめている事実は、青年者をして反訓練所熱を煽り立てるに、旧来の念の手代たる当局自身が懸命に馬力をかけていることを、露骨に物語るものである。この第一の重点に就いては当局に深甚なる覚醒を促し須（すべか）らく善処策に出づるを欲する。

この厳しい軍国主義批判を前提とする青年訓練所論については、一部読者の批判があったらしく、二月一〇日付では、「今日の批判　青年訓練所再論」を掲げている。「記者の論点は、「青年訓練所の施設が、軍国主義を強調するものである以上、一般青年がこれを嫌悪し、しかして今日見るがごとき頽勢を招致した」といふことに訳説される」、「要するに反軍国主義的青年心理と軍国主義的訓練所精神の決定的闘争と記者は見るより外しかたない」という読者への反批判は、軍国主義およびそうした精神に基づく軍事教育を、時代精神にそぐわない遺物と論じる点で、まったく譲るところはない。後述する、飛行第七連隊歓迎の論説のなかにさえあらわれる軍隊という組織への警戒感の背景には、このような時代精神のとらえ方、軍国主義への強い批判があったのである。

しかし、一年半後の一九二八年七月二八日付『浜松新聞』における「批判　如何にして青訓を振興するか」は、青年訓練所振興に関する各種の対策も力なく、「現代の青年の心理」に即した根本対策が必要と指摘するにとどまっている。ここでも、青年心理にそぐわない訓練所精神という批判は継続しているが、かつての軍国主義精神に対する激しい批判は影を潜めている。のちにふれる、高射砲第一連隊を迎えた時の論評と似た微妙な〝抑制〟という面で、合い通じていよう。静岡県における一九二八年という時期は、軍隊と地域という側面からみた時、一九三一年の大転換期に舵をきる分岐点に位置しているように思われる[58]。

その分岐をつくった要因は、軍事的側面に限定して考えれば、同年の第二次山東出兵(後述)であろう。一九三〇年一月二三日付『浜松新聞』は、浜松師範、浜松工業学校の事例を含め、「近来各中等学校、青年訓練所等で軍隊生活の一端を経験し軍隊と密接に接触するために短期の兵営生活(豊橋第十八連隊―引用者注)を希望し二三泊位づゝ兵営宿泊を申出るものが漸次多くなった」と指摘し、四月一〇日付では、「地方の各団体に軍事思想普及　兵営宿泊を希望して十八連隊へ申込殺到」、さらに七月三〇日付でも、青年訓練所の歩兵第十八連隊宿泊訓練が年ごとに増え、昨年度は二一団体延べ一万人に達したと報じている。一九二八、九年を境に、青年と「兵営」との距離は、明らかに狭まりはじめていたのである。一九二九年度の浜松市青年訓練所の出席率は静岡県下で最低であったが、四九％という水準であった[59]。出席率は最低でも五割という水準まで、全体として向上していたのである。この水準は、一九三〇年五月の天皇行幸を記念した静岡県下の「青訓振興週間」のとり組みによりさらに向上したと思われる[60]。

一九三〇年一二月、周智郡南部一〇カ村の青年訓練所生が連合演習を実施、それに飛行第七連隊と歩兵第十八連隊の機関銃隊が協力した（『浜松新聞』一九三〇年一一月二八日）。青年訓練所は、これほど大規模な地域連合演習を企画するまでに発展し、地域連合演習という大イベントの目玉として、飛行連隊が出演したのである。青年訓練所による青年の組織的軍事教育は、飛行第七連隊と地域を結ぶ一つの機会を提供し、対応する新鋭の「科学戦部隊」である飛行第七連隊は、地域青年層の心理を再び軍隊に引っ張るうえで、無視できぬ役割をはたすことになる。

陸軍航空と浜松

本項以下、日本陸軍初の爆撃専門部隊である飛行第七連隊の浜松設置の経緯を追うが、最初に、設置の遠因となる浜松と陸軍航空との歴史的関係を跡づけておこう。

第一次世界大戦末期の一九一八年三月、陸軍航空隊練習生は、所沢―浜松間往復飛行を実施した。浜松の着陸場は歩兵第六十七連隊練兵場である。当時、編成を完結した陸軍航空隊は、まだ所沢の第一大隊（戦闘、一九二〇年に岐阜県各務原移転）しかなく、各務原の第二大隊（偵察）は編成途中という陸軍航空の揺籃期であった。飛行機そのものも浜松の人びとにとっては物珍しく、浜松とその周辺地域からの練習飛行参観者は二万人にものぼったという（『新朝報』一九一八年三月七日、一六日）。翌一九一九年一月、陸軍省はフランスの航空団を教師として招き、三～八月にかけて射撃、爆撃、機体・発動機の製作、偵察観測などの総合的訓練を実施した。その折、爆撃訓練が三方原(みかたはら)[61]で、射撃は浜名湖畔の新居浜で実施された[62]。三方原の爆撃訓練場は、三方原御料地内の「神田原陸軍急設飛行場」あるいは「浜松連隊神田原新練兵場」と呼ばれたところであったと思われる。両者は同じ場所であろうが、このころから陸軍は、宮内省より飛行練習場・爆撃場として三方原御料地を借り受け、以後も時折訓練場所として使ったのである。御料地の軍事的利用が、軍用地拡大の橋頭保となるのは、富士裾野の場合と同様である。一九二一年六月には愛知県渥美半島の高師原(たかしはら)と三方原をつないで、飛行第一大隊の飛行練習、夜間を中心とする爆弾投下演習、空中攻防演習が行なわれ、一〇月には第三師団七五〇〇名が三方原で、爆弾を投下する飛行機との攻防演習を実施した(『新朝報』一九二二年五月一八日、二六日、六月四日、九月二三日)。また、一九二二年一二月には、各務原飛行隊の四日市—所沢間飛行の中継点として「三方原新練兵場」が指定され、翌二三年八月には、飛行第一大隊が高師原と三方原で演習を実施した(『静岡新報』一九二二年九月二日、一二月七日、『新朝報』一九二三年八月二三日)。

三方原が、陸軍航空部に注目された理由は、上記の利用法にみるように、第一に爆撃演習場としての条件を満たしていた点である。周辺に山のない広大な台地で、しかもほとんど開墾されていない御料地であることから、爆撃演習による周辺住民との衝突、買収上の問題も少ないはずである。また、三方原周辺には、浜名湖があり、この波静かな広い水面も、爆撃飛行演習地として利用できる[63]。さらに、この時期、掛塚町福永飛行場(民間)を発着場とした天竜河畔での飛行演習が実施されているように、天竜河畔の利用も射程に入れることができる[64]。加えて、三方原は浜松駅からさほど遠くなく、物資輸送上も至便である。したがって当時、陸軍航空学校分教場として爆撃投下訓練場設置場所を求めていた陸軍にとって、三方原は、高師原、伊良湖(いらこ)(ともに渥美半島)とならぶ有力候補地であった。三方原が注目された第二の理由は、東京―大阪のほぼ中間地点に位置していたことである。当時の航空機の性能では東西の中央に着陸場(不時着用)を設置する必要があり、爆撃訓練場への発着を兼ねた飛行場が設置されれば、この問題も一挙に解決可能であった。ただし、この面でも、高師原は有力な対抗馬であった(『静岡新報』一九二一年四月二六日、八月二六日、二三年四月一六日、五月五日)。

三方原が備えたこうした条件から、陸軍航空部の爆撃場設置計画がもちあがるたびに、陸軍の調査員が浜松入りし、そのつど、三方原への爆撃場設置計画が新聞紙面に登場した。これらの計画は、一九二〇年暮れに始まり、一九二二年七月には、「十六日航空局事務官永淵大尉一行来浜、三方ヶ原の実地調査を開始したが、右は七月十一日より効力発生した航空条約の航空路設置に対して中部表日本に飛行場の必要を認め之が下調べ、及び同局が五百万円の予算計上計画したる二十万坪の爆撃班飛行場は三方ヶ原と決定し宮内省と土地貸与交渉纏まりたる為め実地調査である」という実現間近を予想させる情報まで流れる(『静岡新報』一九二二年七月一八日)。しかし、第一次軍縮期で経費節減が求められるなかで、この計画の一挙実現はむずかしかったようで、計画はいったん頓挫した。

翌一九二三年二月一五日付『静岡新報』は、北海道での御料地小作争議をきっかけに、御料地払い下げの計画が進展し静岡県の御料地も対象に含まれたことを報じている。以後、三方原の爆撃場指定問題は、密かに進められる静岡県と宮内省との三方原御料地払い下げ交渉とからんで進展することになるが、五月五日付同紙は、再び「試験地として内定した爆撃投下飛行場　近く正式に指定」との観測を流した。この記事は、続けて「近き将来に於て大浜松の建設を見るべき事は既に何人(なんぴと)も之を否定する能はざる事実であって之に接続する三方ヶ原の如きは本邦航空路の中心地点として大なる飛躍を見るべき事も亦一般の知る所である」と、飛行場建設が浜松の都市発展の推進条件となるという見方を浜松市民に促した。この年秋、三方原地域の行政当局・有力者が、飛行場開設の前提として周辺道路の県道編入による整備を陳情しているが、このころから、誘致に向けた地元の動きがあらわれるようだ(『静岡新報』一九二三年一一月二七日)。具体的な誘致運動の内容は分からないが、朝日新聞社記者岡野都多次はのちに「多年要望し血と熱とを以ってかち得た敬愛する爆撃隊の建設は、いかに市民を力付けたことか」と述べており、水面下の誘致工作が激しく行なわれたものと思われる。(65)

ただし、浜松歩兵第六十七連隊の存置運動や従来の連隊誘致運動が公然と、地域ぐるみの大衆運動として展開されたのに対し、飛行部隊・爆撃場誘致に関しては、献納や大衆的集会などの公然たる動きがほとんどあらわれていないことが特徴的である。高師原を擁する豊橋でも、それほど目立った誘致運動はみられない。三方原の場合、御料地であり、浜松市側が御料地内への基地誘致に動くのは不可能なこと、豊橋側では、高師原の爆撃被害賠償金問題

（後述）を抱えていたことが、公然たる誘致運動を展開できなかった背景であろう。結局、一九二四年七月、飛行連隊の新設方針が報じられた後、陸軍爆撃場誘致の積極的運動を展開したのは、伊良湖を擁する渥美半島の福江町であった（『新朝報』一九二四年八月二九日、九月八日、一二月八日）。そして二五年三月二七日の陸軍省発表で飛行第七連隊（爆撃）の設置予定場所は豊橋と決定、爆撃演習地は『新朝報』四月一七日付が伊良湖の可能性がきわめて高いと観測していた。三方原は、この時点でいったん、飛行連隊設置場所としても、爆撃場としてもはずされたのである。

ところで、浜松と陸軍航空の間にはもう一つの関係がある。浜松日本楽器の陸軍航空機用プロペラ製作である。日本楽器『社史』では一九二一年三月、陸軍省発注による航空機用木製プロペラ製造開始とあるが[66]、『静岡新報』一九二一年五月三〇日付は、次のように報じている。「陸軍航空隊本部にては夙に民間工場に於て海陸軍飛行器具を調整せしむる目的を以て全国的に適当なる工場を物色し、即ち浜松市なる日本楽器会社を選定、最初試験的に海軍飛行機フロートの製作を同会社に命じ製作し、予期以上の好成績を納め得たるが、更に先般同航空隊本部稲留検査部長は同工場に出張し中沢なる木工部を調査、帰隊の上愈々同会社を陸軍航空隊飛行機器具製作工場と指定し、本年二月以来陸軍用飛行機のプロペラー製作の試験に着手し、爾来日々製作を継続」、続けて、多様な種類の指定に対応でき、成績良好のため、陸軍省でも非常に嘱目し、次年度も継続とある。社史の記載より製造開始は早かったようである。そして一九二六年までには、日本楽器内に「飛行機部」が設置される[67]。その部長が永淵三郎であった。永淵という人物は、先述の一九一八年三月の所沢―浜松往復飛行の際に練習生として参加した陸軍中尉であり、爆撃場選定調査員も務め、たびたび浜松入りした。陸軍航空と日本楽器、そして浜松という地域をつなぐ人物だったのである。[68]

陸軍飛行第七連隊の浜松設置

一九二五年二月発令の「陸軍軍備改変計画」は、従来の飛行第一〜第六大隊をすべて連隊に拡充再編すること、および飛行第七・第八連隊の新設を決定した。[69]飛行第七連隊は、陸軍最初の爆撃隊であり、同年三月、立川（第五飛行連隊）で編成を開始、まず連隊本部と重爆撃隊一個中隊を設置し、一九三〇年一月までに第一大隊（重爆二個中隊。一個中隊の定数六機）、第二大隊（軽爆二個中隊。一個中隊の定数九機）、練習部、材料廠の編成を完結させる計画であった。連隊駐屯地は、前項で述べたように、三月末に豊橋と発表されていた。豊橋側では、飛行連隊と同じく豊橋設置が発表されていた高射砲第一連隊とともに、高師原に設置されるという見方が有力であった（『新朝報』一九二五年五月八日、一六日）。

しかし、一九二五年一〇月九日発表の陸軍常備団隊配備表変更で、豊橋設置は、突然浜松設置に変更される。[70]設置発表わずか半年後の変更理由を『戦史叢書　陸軍航空の軍備と運用(1)』は、「同地（豊橋―引用者注）の飛行場等の取得が順調でなく」と説明しているが、[71]この変更の背景には、三つの要因があったと思われる。

第一は、連隊設置場所と目されていた高師原陸軍演習場での、農民と陸軍（第三師団）との賠償金をめぐる紛争である。一九二四年二月、演習場に関係する三川、高師、高豊の三カ町村は当時の第十五師団に対し、積年の演習による被害の救済を請願し、農繁期の演習回避・射撃時間の明示要求とともに、これまでの損害の賠償、および今後の年ごとの補償金支払いを要求した。年間賠償額は地元の八万円案に対し陸軍は三万九〇〇〇円を示すが、四月に、いったん五万円で妥結した[72]。しかし、翌年陸軍は賠償契約書の不備を理由に五万円の年額補償支出に難色を示した。そのため七月、農民側が農繁期の射撃中止を陳情、さらに危険区域内で農作業を強行するという実力行使まで実施され、陸相宇垣一成が射撃場が邪魔ならば三方原に移してもよいと漏らすほどに演習場使用問題は深刻化した(『新朝報』一九二五年七月二二日、二七日)。その間会談は「数十回」に及ぶ[73]。一九二五年一〇月初め、陸軍は同年度までの賠償金五万円の支払いと翌年以降の演習日数に応じた補償金支払い案を提示、同年度までの賠償金問題に関しては農民側要求どおり賠償契約に沿った支払いとなり、一旦妥協が成立した(『新朝報』一九二五年一〇月三日、七日)。農民側の攻勢が陸軍側に譲歩を余儀なくさせたのであるが、陸軍は紛争が頂点を迎えるなかで、密かに三方原への飛行連隊移転交渉を進めていた。

なお、高師原演習場農民が陸軍に対し強気に対処しえたのは、農漁業による地域振興への見とおしがあったゆえと考えられる。当時、高師村の大根、西瓜、南瓜は特産として村の産業上大きな地歩を占めており、大根反収は一五〇円以上、また白菜反収一七〇〜一八〇円、さらに漁業面での養殖、海苔の特産化も進めていたという(『新朝報』一九二五年七月二二日、一一月二七日)。

第二は、三方原御料林を含む静岡県内の御料林払い下げ交渉が大詰めを迎え、それと並行して静岡県から陸軍への土地転譲交渉が順調に進んだことである。陸軍にとって新たな地主である静岡県との交渉が成立し、買収価格で折り合いがつけば、個別の地主との買収交渉や、立ち退き交渉の必要もない。県側の対応次第で新たな連隊設置場所獲得交渉を急ピッチで進めることが可能であった。その面では静岡県知事の対応は申し分なかった。七月七日、東京での御料林払い下げ交渉を終えて帰静した静岡県知事は、「三方ヶ原御料林に就いては既に陸軍省に於て五十万坪の払下げを受けているが、更に百万坪の追加を要求し」、本県も転譲はやぶさかではない、と語っている(『静岡民友新聞』一九二五年七月九日)。水面下で進行していた静岡県側の飛行連隊誘致工作は、ここで初めて公然化し、八月八日、宮内省の御料林払い下げ内示(県内三五八五町歩、うち三方原二三〇四町歩)、払い下げ価格決定を受け、払い下げ分のうち一一〇万坪を陸軍省に一二万円で転譲する旨の知事談話が発表された。こうして三方原御料林の陸軍転譲は具体化し、同月一二日、県、陸軍、浜松市など関係者が爆撃飛行場敷地決定の協議に入った(『静岡民友新聞』一九二五年八月九日、一二日)。翌年夏からの五万円を投じた浜松市の飛行連隊将校用の住宅建設は、この誘致時期に浜松市が提供した飛行第七連隊設置の「交換条件」であったと思われる(『静岡民友新聞』一九二六年七月八日、『浜松新聞』一九二七年五月三〇日)。将校用住宅建設は、三島の例と共通である。

豊橋側では、事態の急展開を知り、陸軍省への飛行連隊存続陳情を展開するが、陸軍省は豊橋市に対し、別施設の設置を匂わせ、豊橋市は飛行連隊に代わる大部隊の誘致に切り替えざるをえなかった(『新朝報』一九二五年八月一五日、一九日、三〇日、九月三日)。こうして豊橋市が連隊設置を断念した後、浜松への連隊移転が正式に発表されることになる。払い下げ地の合計面積は一五〇万坪(五〇〇町歩)、価格は初期の報道と異なり三〇万円であった[74]。

第三は、連隊設置場所移転の考慮が高師原演習場周辺農民との紛争から始まったのに対し、三方原では、周辺農民の三方原開拓要求とさしあたりの矛盾・衝突がなかったことである。一九二六年一月二〇日付の浜名郡農会「三方原開拓事業意見書」には、「三方原は総面積六千余町歩にして内大部分は広漠たる林野をなし、之れが開拓は夙に識者によりて計画せられたりしが、未だ僅全面積の二割五分たる一千五百町歩を開拓せられたるに過ぎず。加之既墾地といえども、用水不足のため、全く水田として米作なきのみならず、畑作物も亦干害のため極めて不安な状態にあり。為に居住農家の経瀬(ママ)は著しく困憊に陥り最近に於ける景況は寧ろ衰微しつゝあり」と、農業生産力の高い高師原周辺農民とはまったく異なる環境におかれていた(『浜松新聞』一九二六年一月二一〜二三日)。この意見書での灌漑要求面積は、六〇〇〇町歩のうち二八〇〇町歩であり[75]、陸軍用地五〇〇町歩の存在は障害ではなかった。また、連隊の浜松移転が正式決定するや、一〇月二五日、三方原飛行場敷地付近六カ村が、敷地内立ち木払い下げと在郷軍人、青年団による地均し工事援助を第三師団に申し出るなど、周辺村当局の対応も好意的であった[76]。

こうした事情であれば、浜松市長と浜名郡長、さらに三方原五カ村有力者を含めて、地域振興の呼び水として飛行第八連隊誘致（当時太刀洗で編成中、のち台湾に配備）を陳情する動きがあっても不思議ではない（『静岡民友新聞』一九二五年一一月四日、一二月一一日）。また、陸軍側にも、昭和「四年度には練習学校を飛行学校に改める計画で設備の整備、旅団への拡張を考慮して飛行隊の北側から都田にかけての膨大な土地を秘密裏に測量」する動きがあるなど（『浜松新聞』一九二七年二月二三日）、陸軍航空関係施設が飛行第七連隊の施設の北側にさらに広がる可能性（日中戦争期以降に現実化）は、すでにこの時期から予測されたのであり、こうした用地拡大可能という条件は、陸軍航空本部にとってこのうえない魅力であったはずである。

ところで、飛行第七連隊の設置場所は、図4のとおりである。工事は一九二六年一月、東京の大倉組が九九万六〇〇〇円で落札し、地均し、兵営・格納庫などの設営工事に入った（『浜松新聞』一九二六年一月二二日、『新朝報』一九二六年一月一一日）。朝鮮人土工をはじめ最盛時一八五〇人の作業員が動員され、日々数百人の人夫が工事に従事した。その結果、基地周辺は地価が暴騰し、さびれていた売店は息を吹き返し、設置予定地東側を北上する浜松鉄道は乗客増を見こんだ（『静岡民友新聞』一九二六年四月一日、五月二日、九月二六日、一〇月九日）。また飛行連隊の設置と工事にともなう人口流入は、周辺の市街地化を進め、浜松市域編入の期待を高めた（『静岡民友新聞』一九二六年三月二三日）。他方、紺屋、高町、名残など、連隊設置地域への玄関口に相当する浜松市内の各町でも、市北部の道路整備・拡張、県道編入（将来は国道編入）の好機ととらえ、県・県会に対するはたらきかけを強めた。[77] 飛行連隊設置準備はこうしたさまざまな利益期待のなかで進行したのである。

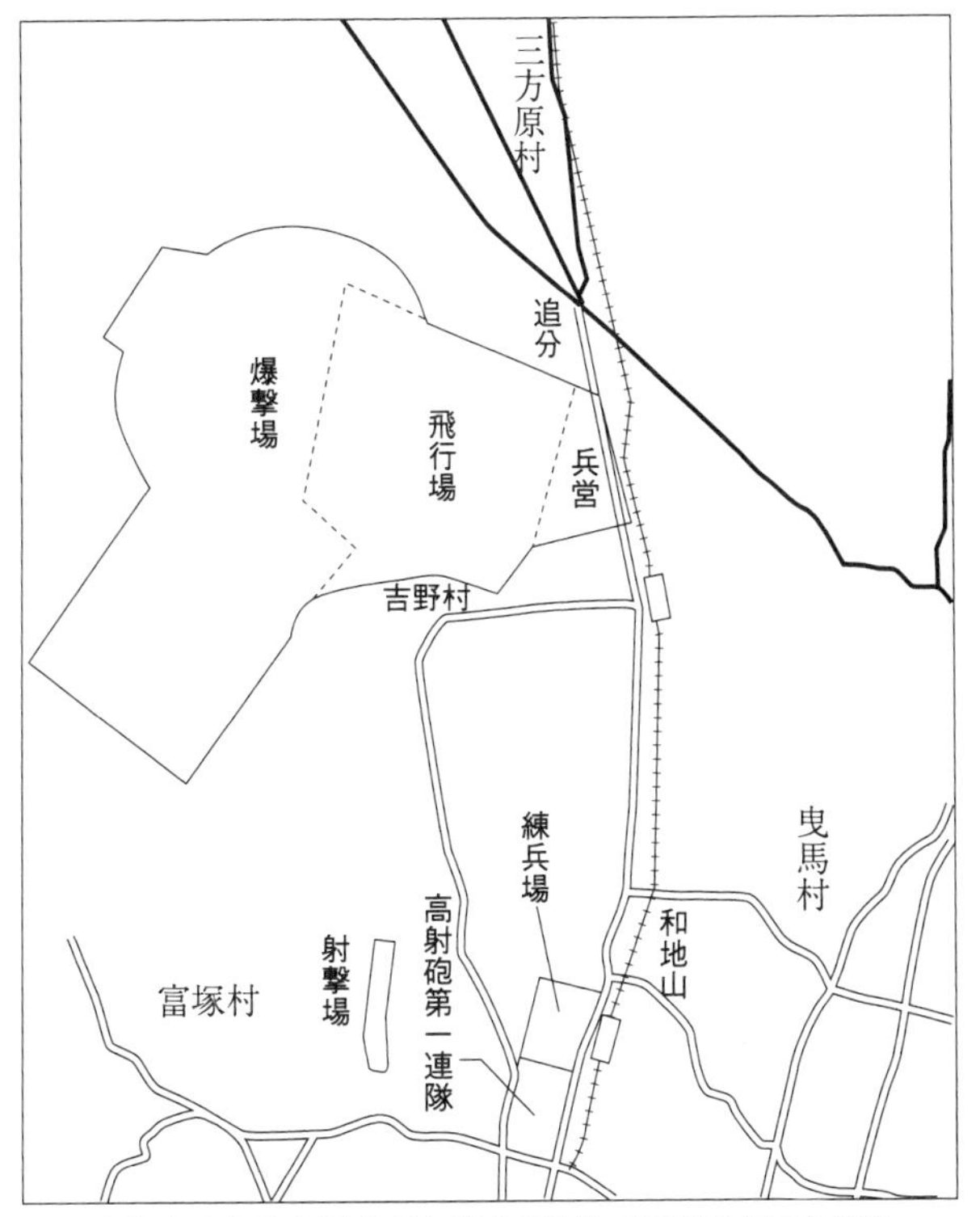

出典)「浜松都市計画地域参考図」(陸地測量部, 1931年3月)より作成.

図4　飛行第七連隊位置図

飛行連隊を迎える世論対策の一つとして行なわれたことに、「航空思想普及会」の設立がある。一九二六年二月一三日付『浜松新聞』によれば、「予備航空兵永淵三郎、一等飛行士大場次郎等の発起」で、浜松市長、郡長、日本楽器社長らが後援したという。これはほぼ同じ時期に発足した静岡県の国防思想普及運動の一環であろうが(『東京日日新聞 遠州版』一九二六年二月一〇日)、国防思想普及運動が県庁と旅団の組織的協力で始まったのに対し、この場合は個人の発起で始まっている。永淵はすでに紹介したように日本楽器飛行機部部長であり、日本楽器という民間企業が世話人となって、軍と郡市行政をつなぐ、それも航空思想普及という全国的にみても特異な国防思想普及運動が始まったのである。日本楽器飛行機部が、飛行連隊の浜松誘致の中核に位置していたことを類推させるできごとである。地域有力企業が軍隊の誘致に密接にからみ、誘致部隊積極的支持への世論対策まで組織している点で、従来の軍隊誘致運動とは質を異にしていた。一般的地域振興型から総力戦型への転換といえようか。

航空思想普及とは、軍用機・空軍の役割に関する教化であり、四月、『浜松新聞』は三日にわたって「最近の航空機」という特集記事を組み、〝航空機が軍用になって以来、国境や海岸線は意味を為さず、時とところを選ばず侵入可能となった。国土を敵機の侵略から守るには他国と同等以上の航空隊の編成が必要だが、現状では他国にはるかに劣る航空力である〟という趣旨のキャンペーンを実施した(四月一八〜二〇日付)。陸軍航空兵中佐春田隆四郎(飛行第七連隊初代練習部長)は、「空中防備と飛行機に関する通俗的智識」と題した浜松在郷軍人会総会での講演において、飛行連隊一つの経費は、従来の一個師団分経費に相当する大掛かりなものであり、「莫大な費用をかけて飛行聯隊を設けるのもまたやむを得ない」という国民の理解が必要である、それには国民の「空中防備の観念を養成」せねばならないと指摘している。[78] 軍側のこうした要請を受けた世論対策のはしりが、浜松で始まった航空思想普及運動であったといえよう。

これらの準備を経て、一九二六年一〇月三日、立川で編成された七機の爆撃部隊が、空から浜松に到来した。『浜松新聞』一九二六年一〇月四日付は、「此の日市民は歓迎の傍ら新兵器といはれる巨大な爆撃機を見んものと三方原に詰めかけ無慮一万五千にて大雑踏を呈したが、右の爆撃機はわが国最初のものであって、主翼は二十八メートル、長さ十四メートルで偵察機に比し約八倍の大きさ」とその歓喜と熱狂を伝え、社説に相当する同日の「今日の批判」では、「新興の都市、それを祝福して俯瞰する上空を幾旋回することによりて、市民に対し、深甚な敬意を表するを忘れ得なかった。これら東洋航空界に誇るべき新威力は、要するに市民対軍隊の感情の融和ともなり、更にまた、市氏(ママ)をして、空の勇士に科学文明の精巧に、尊敬の念を払はしむるに、最も効果をもちきたらすものである。かくのごとき空中の偉観を軍国主義のシンボルなりとして、客観視する軽佻(けいちょう)を警しめ、深くも一歩を進めて、人智の産物の偉大を驚異的に、主観的に愬(うった)へるものたらしめたいのである」と論じた。同じく一〇月七日付同紙の「今日の批判　飛行第七聯隊を迎へて」でも、「陸軍の航空界への進退如何が現代国家の存立に、至大の関係を有することに就いては、茲(ここ)に改めて論議し、説述することを控る。軍備の問題を離れて近代文化が人間にもたらした、科学の具象化をして、全人類的に一層意義あらしめるために、最も完備した国家の施設から、余沢を得ることの期待を抱くは、市民に向かって、許さるべき筈のものであると思はれる。この見地から論ずる時は、市民が同隊に寄せる好感と親しみとが、ヨリ一層深甚になるは、当然である」と論評している。

ここでは、第一に、これまでのような地域経済振興的視点は皆無であること、第二に市民の熱狂と地域ジャーナリズムの受け止めが、国防という観点以上に、先端科学文明のシンボルを自分の地域に受け入れるという文化的側面を重視していることをみてとれよう。これまでみたように、飛行連隊設置に対する地域振興期待は無視できないが、入営する兵卒数が歩兵連隊の三分の一程度であることを考えれば、繁華街の売上を伸ばす従来型の地域経済効果は弱かったはずである。飛行連隊を迎えた市民の多くは、経済や国防的観点以上に、文化振興という面に注目していたのである。そして科学文明への期待感が、新しい軍事力の受容論理を導いた。地域文化誌『文化之浜松』(一九二六年一〇月号)巻頭言「飛行第七聯隊を迎ふ」は、陸海の戦闘力は過去の遺物となったが、これに対し航空機(空軍)は万能であると称えたうえで、「こゝに飛行第七聯隊を浜松に迎へる。空の勇者は三方原の原野に猛々しく陣取る。嬉しい、飛びたつ程に嬉しいこの事実を吾等はなんのことばをもって歓迎すべきぞ、適当の言葉を知らざるも、飛行七聯隊を迎へ得たことは、浜松飛行七聯隊としての警鐘である。浜松飛行七聯隊としての勇者を吾等は先覚者として迎へなければならぬ。然り先覚者である。

空の勇者よ。幸ひにして健在であれ。然して国家のために。お互ひの生命財産保全のために。最後まで化学戦(ママ)の勇者として邁進すべきである」と記している。空の軍事力を新時代の国防の要としてとらえ、そのような「先覚」的部隊を浜松という地域が日本国内で初めて迎えるという形で地域の名誉意識をあやつり、飛行連隊への支持を調達しているのである。

他方、これらの論評では、陸上・海上戦力の維持拡大への批判を含んでいることも見逃せない。そして、そのことは、旧来の戦力によって象徴される、以下のような「軍国主義」、軍隊的論理への強い警戒感ともつながる側面をもっていた。先の『浜松新聞』一〇月七日付「今日の批判」は、最後をこう結ぶ。「けれども記者には他に一つの希望がある。それは同隊員の人格問題である。生命を的にという一種の自暴自棄的観念から、万一にも斬捨御免式な驕慢な態度と、軍紀を紊乱する頽廃した行為を敢てして、市民を顰蹙(ひんしゅく)せしめ、且(か)つ純朴なる青年子女に黙し難き悪影響を及ぼすことが、特権視さると仮定するならば、実に由々しき一大事である。絶大な好感は、一転して直ちに堪へ難き悪感に化し、同時に嘗(かつ)ての尊敬と期待とは、遺憾なく裏切られるのは、火を観るより明らかな事実である。この点に向って、最も多くの注意を部下隊員に払はれんことを、記者は鼓を鳴らして、賢明なる池堀聯隊長に望んでおく」。飛行第七連隊を科学文明の象徴として積極的に受け入れる一方で、軍隊という武装集団の思想を「生命を的にという一種の自暴自棄的観念」と厳しく批判する微妙な対応、これが大正デモクラシー期の浜松市民が示した飛行連隊受容の位相であった。

先にみた、航空思想普及運動の開始は、浜松市民のこのような軍隊観に対処すべく、「国土を敵機の侵略から守るには他国と同等以上の航空隊の編成が必要」という国防論、国民生活防衛の立場から飛行連隊に対する支持を獲得しようとする試みであった。一〇月二一日の転営披露に際し、飛行第七連隊は、赤白青などの四種の色刷りビラを空から撒布し、市民の注目を集めたが、そこに記されていたのは、第一に市民の歓迎に対する「空中より」の謝意、第二に爆撃隊の任務、第三が国を守る「偉大」な「空の守護者」としての姿であった(『浜松新聞』一九二六年一〇月二二日)。航空思想普及講演も、空からのビラ宣伝を軍が行なうこともまったく新しい試みである。浜松は軍に対する新たな同意形成の実験場ともいえる位置に置かれたのである[79]。

では、現実にはどのような手段をもって飛行第七連隊は国防に資するのか。先に紹介した春田隆四郎中佐は、在郷軍人に対して爆撃隊の役割を次のように語っている[80]。

この爆撃機には、昼夜の二種類あって遠距離から敵国の大市街、会社、工場を襲撃することが出来る。現在では爆弾の他に毒瓦斯(ガス)を空中から発射しまたは焼夷弾と称して消防や水の力では消すことの出来ない鋼鉄まで焼き溶すほど猛烈な火の弾丸を放つのである。これは非常に効力のあるもので三里四方位の大都市は二、三時間で焼きつくすことが出来る。又液体窒素、病原菌などの細粒弾を落下し人畜を苦しめることが出来る。

在郷軍人相手に語られていたのは、国土の防衛戦術ではなく、敵国の大都市を主目標に焼夷弾を利用する壊滅作戦であり、毒ガス戦、細菌戦まで飛行第七連隊発足のこの時点から実戦的研究課題に入っていたのである。そして、このような情報は、軍人と在郷軍人レベルで閉じられていたものではなく、『文化之浜松』という地域文化誌を通じて一般市民へも伝わっていた。『浜松新聞』一九二八年九月の連載「飛行機の話」でも、重爆撃機の「使用する爆弾には投下爆弾、焼夷爆弾、ガス爆弾、細きん(ママ)爆弾の四種がある」。「ガス爆弾には数種あってホスゲンを使用するものは呼吸器を侵して人畜を窒息死に至らしめ、アダムサイトを使用するものは上気道粘膜を侵してクシャミを連発させ、クロリピクーンを使用したものは無闇と涙を催させる」。「多くの毒ガスは飛行機上から撒毒後十数分の後には消散するが、イペリットを使用する腐乱性ガスは数日又は十数日間その地に滞留する。ホスゲンによる窒性ガスは、根本的効果を期して人畜を死に至らしめるためには一平方キロにつき四噸(トン)を要するが、人馬の活動を阻止するためにはその半量二噸で充分である。つぎに細菌爆弾は最も恐怖すべき各種の細菌を爆弾内に装着したもので人道上から云へば許すことの出来ない程の種類に属するが、人道を無視し狂暴飽くなきものに対しては止むを得ないものである」(九月二八日、二九日)として、爆撃機と毒ガス戦、細菌戦が密接なかかわりをもつことが、爆弾の種類、効力とあわせてキャンペーンされていた。毒ガスの実戦研究についても、『浜松新聞』一九二七年九月一五日付、天皇親閲の「富士裾野の演習に毒ガス対抗の重要な研究」と題した記事、同一九三〇年七月三日付の空軍の毒ガス弾(クシャミ性、ビラン性)投下を想定した九月の第三師団演習記事、同年一一月三日付の、琵琶湖畔饗庭(あいば)野における毒ガス弾を含む飛行第七連隊爆弾投下演習実施記事[81]など、地方都市の地域新聞がくり返し報道している。また、『浜松新聞』一九二九年一一月一三日は、陸軍特別大演習への重爆撃機参加に関連して、「元来重爆撃機は其用途並に任務より推して遠く戦場の後方に在る兵站基地、軍需品集積所、諸工場並に都市の如きを爆撃し損害を与へると同時に、又之より起る所の民衆の恐怖に依り戦争の直接行動以外の効果を収めんとするのが任務の一」と解説している。都市爆撃で「民衆の恐怖」を生じさせ、降伏に追いこむ戦略爆撃の思想の片鱗がすでに紹介されていたのである。そして、この種の対外侵攻を想定した非人道的な戦術・戦略研究に対し地域ジャーナリズムの批判が向けられることはなく、危険性を予見するキャンペーンは自らを被害者としてのみ想定する都市防空の完備、訓練に収斂していった。

発足後の飛行第七連隊

一九二六年一〇月一六日、浜松入りをはたしたばかりの飛行第七連隊を宇垣一成陸相が視察、初の爆撃連隊にかける陸軍の期待の大きさを示した(『浜松新聞』一九二六年一〇月一七日)。地元浜松市と浜名郡町村長会は、一〇月二三日、来賓三六〇人を招き飛行連隊将校歓迎会を開催、こちらも地元の期待度をあらわしたが(『浜松新聞』一九二六年一〇月二四日)、かつて歩兵第六十七連隊を迎えた時と異なり、市民こぞっての歓迎祭は行なわれていない。

連隊は、年内に無線電信設備や爆撃観測台など周辺設備を完成させ(『浜松新聞』一九二六年一二月一日)、一九二七年一月一〇日、新営舎に初の新兵を迎えた。入営兵数は一四六人と報道されているが、三年後の一九二九年一一月三〇日の除隊兵数は二七〇人、三〇年一月の入営兵数は二九〇人であり、当初まず定員の半数だけが入営したものと思われる。これらの兵卒は、すべて地上勤務であり、飛行機工手、発動機工手、自動車工手、鍛冶工手、電気工手、無線電信工手、写真工手、気象観測手などとして配属された。飛行機に搭乗できたのは下士以上であり、その下士官も二九年末、同乗禁止となった。飛行連隊兵卒や後述する高射砲連隊の場合、在営中に当時まだ希少価値の自動車運転技術を習得する機会があり、除隊後に再就職する場合、大きな強みとなった(82)。不況下の就職難の折、この面でも、壮丁や市民を引きつける魅力をもっていたのである。

前述のように、発足時の飛行第七連隊は重爆撃隊一個中隊だけで、編成完結は一九三〇年一月であるが、その間も激しい訓練が実施されていた。

発足後数年の訓練をみると、一九二六年一〇月一六日からの訓練を手始めに、当初から、夜間爆撃訓練が重点的に行なわれている。一九二二年八月起案の「航空部隊用法ニ関スル一般原則」でもすでに重爆撃隊の夜間利用が説かれていたが(83)、一般新聞でも、重爆撃機の「機体は大形で運動は通常鈍重であって昼間は敵の飛行機や高射砲の射撃の損害をさけるため主として夜間飛行するもの(84)」と解説されており、実際に夜間訓練が頻繁にくり返された(85)。第二に、他の飛行連隊、あるいは高射砲部隊・砲兵部隊、気球隊との連合演習である。とくに、一九三〇年以降、空中戦闘・射撃の訓練学校である明野陸軍飛行学校および高射砲第一連隊との共同演習が目立つ(86)。第三は、実弾爆撃演習である。一九二八年には、フランス軍の将校を招いての爆弾投下、とくに夜間投下訓練が五カ月にわたり行なわれた。訓練場は、三方原のほか明野ヶ原、大型爆弾の場合には伊良湖爆撃場が使用された(87)。満州事変出動前の仕上げの実弾演習として行なわれたのが、一九三一年一〇月の一〇日間にわたる大規模な鉄橋爆破演習であった。事前に付近住民から耕作地の被害を憂慮する演習中止の要望が出されたほどの大規模な爆弾演習であり(実際に響音でガラスが割れる被害が出た)、実戦即応型の訓練であった(『東京日日新聞 静岡版』一九三一年九月一三日、二二日、一〇月二〇日)。第四は、師団演習、天皇行幸をともなう陸軍特別大演習などに目玉の新鋭部隊として参加し、「壮烈な科学戦」の主役として、演習の話題づくりに大いに役立てられたことである。一九二七年の愛知県における陸軍特別大演習(三個師団の参加)の際には、飛行連隊、高射砲隊、戦車隊など宇垣軍縮で誕生した新鋭部隊の参加ということで注目され、名古屋放送局が戦場にマイクロフォンを持ち込みラジオによる実況放送が実施された。この時、あわせて名古屋松坂屋で陸軍展が開かれている[88]。「科学戦部隊」は、この時期から始まったメディア・イベントの手法を利用し、陸軍を宣伝する際の目玉となったのである。第五に、大都市爆撃訓練である。これは一九三〇年一二月にはじめて東京を舞台に実施されたものであるが、東京の夜間爆撃、立川飛行隊との攻防、無着陸のままの浜松帰還というシナリオで実施された(『浜松新聞』一九三〇年一二月一二日)。

爆撃訓練とともに重視されたのは、長距離飛行訓練である。一九二七年一〇月、飛行第七連隊は三方原―仙台間飛行を実施するが、途中一度ガソリン補給で着陸している。しかし、二八年八月には重爆撃機一機、軽爆撃機三機が九州太刀洗(飛行第四連隊所在地)への無着陸飛行に成功した(『浜松新聞』一九二七年一〇月一〇日、二八年八月二六日)。その一〇カ月後、二九年七月には飛行第六連隊が置かれていた朝鮮半島平壌までの無着陸飛行が企画されている[89]。この年一〇月、北に向かって浜松―盛岡間無着陸飛行、さらに一九三〇年一〇月、旭川までの無着陸飛行が行なわれた(『東京日日新聞 静岡版』一九二九年一〇月二五日、『浜松新聞』一九三〇年一〇月二日)。長距離飛行は、一九三一年四月浜松―大連間無着陸飛行の企画にゆきつく(『東京日日新聞 静岡版』一九三一年四月一八日)。太刀洗の飛行連隊が、飛行第八連隊が設置された台湾への長距離飛行を完成させたこととあわせてみれば、植民地を拠点とする飛行部隊の戦闘活動を視野に入れた訓練であったことはまちがいなかろう。また、一九三〇年七月には、無線による連絡や爆弾投下訓練を含む金沢までの日本アルプス越え長距離飛行訓練が実施され、続けて八月、太刀洗まで二〇〇〇メートルの高度を保った羅針盤飛行が試みられた(『浜松新聞』一九三〇年七月二一日、二五日、八月二日)。高高度(当時の水準からみて)の長距離飛行により爆撃目標に達する訓練であろう。

こうした訓練のかたわら、飛行第七連隊は、連隊と空の軍備への浜松市民および周辺住民の理解を広め、さらに積極的な支持を調達するためのさまざまなとり組みを展開した。第一に、連隊発足初期に行なったのが、すでにふれた航空思想普及活動の継続である。各地在郷軍人大会に出席しての航空思想講演・飛行連隊見学、一般社会への航空思想普及の鍵となる教育関係者への講演、帝国飛行協会浜松支部設立と講演活動など連隊幹部が講演者として各地に出張し、数百人から千人以上の聴衆を相手に航空思想普及講演を行なった[90]。第二は、連隊内への参観、場内開放、創立記念日の公開模擬演習などを通じた宣伝活動である(『浜松新聞』一九三〇年六月九日、一二月二一日)。一九二八年九月二八日付『浜松新聞』は、浜松高等女学校生徒の連隊見学を紹介しており、女学校まで学校単位での見学会が組織されていたのである。また、年頭には連隊所属の航空機総出の空中分列式が行なわれた。祭り・イベントという点では、軍縮でいったん中止になった浜松の招魂祭が、飛行連隊の浜松設置により静岡県西部一市六郡共催招魂祭という県西部行政組織ぐるみの主催形式で復活し(祭主県知事)、副祭主は飛行連隊長が務めた(『浜松新聞』一九二八年一〇月二三日)。第三は、青年訓練所・青年団軍事演習への協力である(『浜松新聞』一九二七年四月六日、二八年九月一六日)。青年層への実物教育により、国防思想・航空思想普及が行なわれたのである。第四に、静岡県下の先陣を切った防空演習へのとり組みである。まず、一九二八年三月一〇日の陸軍記念日に飛行第七連隊と高射砲第一連隊を中心に夜間空襲と防空演習という軍主導の浜松市防空演習が行なわれる。そして、その後まもない七月、最初の本格的な都市防空演習である大阪の防空演習を見学した浜松市長は、「浜松市も爆撃飛行隊の根拠地でもあるから一朝有事の場合の為大いに市民を訓練して置く必要があるので近くその相談も具体化すであろう(ママ)」「市役所の屋上へも機関銃すえ付け台を」との談話を発表し、一九三〇年三月一〇日の陸軍記念日前夜、市長の陣頭指揮のもと、夜間防空演習を実施した。[91] 飛行第七連隊による浜松上空侵入軍の演出、青年訓練所生徒、消防組、中等学校生徒、在郷軍人などを多数動員し、高射砲連隊が協力した、地域一帯の消灯防備をひいた本格的な防空演習であった。[92] 浜松市民に対しては、このような企画が最も効果的な国防思想普及運動であったことはいうまでもなかろう。第三師団・

愛知県共催による名古屋市や豊橋市の防空演習は一九二九年七月であり、浜松の防空演習はこれにも先んじていた[93]。なお、静岡市の最初の防空演習は、一九三一年三月一〇日であった[94]。

第五に、これまでの諸点とは、やや傾向を異にするが、飛行第七連隊が、一九二八年一二月の御大典観兵式で花形を演じ、一九三〇年五月の静岡県への天皇行幸の際、飛行第七連隊と高射砲第一連隊との夜間訓練を観戦するなど、地域に「名誉」を呼び込む存在であることをアピールした点である。浜松市民に、科学の先端、陸軍航空の街浜松を意識させるには、十分な演出であった。この時期すでに、飛行連隊内で爆撃機墜落事故や不発弾爆発による人身事故が起こっていたが、これらが連隊批判の世論に結びつくことはなかった（『浜松新聞』一九二八年八月二八日、三〇年三月三〇日）。

満州事変開始後の一一月八日、浜松市で、静岡県下の先陣を切る「満蒙権益擁護」の市民大会が開催された。発起人代表は、先に防空演習を企画した前浜松市長である[95]。その後まもない一一月一六日、飛行第七連隊に出動命令が下り、一七日、深夜にもかかわらず黒山の人だかりが熱狂的に見送るなか、地上勤務兵が出発した。出動したのは軽爆撃中隊であり、静岡県下で初の満州事変関連の出動部隊であった[96]。飛行第七連隊への出動命令が、浜松市民の軍事行動支持世論を熱狂的なものに盛り上げたのである。『東京日日新聞　静岡版』一九三一年一二月一五日付は、毎日「馬賊討伐」に明け暮れている様子を伝え、「空中から馬賊の集団めがけて爆弾を投下する気持は実に痛快」「爆弾が命中して倒れるのが手に取るやうに見えます」との飛行連隊将校談話を紹介している。これが、「科学戦」の担い手たる飛行第七連隊初の実戦出動であった。同じころ、浜松の重爆撃機四機が、朝鮮北端までの長距離耐寒飛行実施とその後平壌中心の訓練準備に入っていた。満州事変対応の訓練であり、この部隊出動に際しても、浜松市長以下二〇〇〇人が三方原からの出発を見送った(『東京日日新聞 静岡版』一九三一年一二月二三日、二四日)。同部隊に対しては一二月二八日に出動命令が出され、関東軍の指揮下に入って錦州攻撃に参加した(『静岡新報』一二月二九日)。満州事変によって排外熱が高揚するなか、飛行第七連隊と浜松市民の間の微妙な緊張関係は姿を消し、市民世論は、「満蒙権益擁護」という排外的な「国防論」を前提とする飛行連隊支持に変貌を遂げていった。

高射砲第一連隊の浜松移転と新津村射撃場問題

一九二六年五月に豊橋市で発足した高射砲第一連隊が浜松へ移転する経緯をみるために、話を再び高師原演習場補償問題に戻そう。

すでに述べたように高師原では、一九二五年一〇月、過去の演習による損害賠償については妥協が成立した。しかし、以後の演習被害の補償額をどのように決定するかをめぐって、一一月下旬から一二月初めにかけて、陸軍側と町村(農民)側は再び激しく対立した(『新朝報』一九二五年一一月二六日、三〇日)。陸軍側は、年間補償金額は陸軍省経費節減の必要から二万円以内とし、演習一回につき四〇〇円、演習は五〇回程度に縮減することを提案、これに対し町村側は一回一〇〇〇円を主張して交渉は決裂する。第三師団参謀長は「今後は実弾射撃を絶対にすることが出来なくなったのです。……今後は実弾射撃を行ふ場合は他の演習場へ出掛ける事になったのです」といわざるをえなかった（『新朝報』一九二五年一二月九日）。そして、高射砲部隊の移転を恐れた豊橋市の調停にもかかわらず、年が明けても双方とも譲歩はなく、実弾演習停止は現実のものとなった（『新朝報』一九二六年一月二六日）。一年後の一九二七年一月二五日付『新朝報』は、高師原が一年間使用停止状態であったことを報じており、実弾演習停止は少なくとも一年間続いたのである。さらに、同紙三月一六日付は、高豊村では賠償問題交渉が進まないので、養蚕業と農閑期の漁業による復興と、演習で阻害されていた道路開削を計画し各方面の注目を集めていると報じている。軍事経済依存からの離脱の模索を含め、地元の対軍交渉態度は強硬であった[97]。

この一九二五年一二月の高師原での交渉決裂を受けて、陸軍は年末から浜松地域沿岸への高射砲隊実弾射撃演習場移転調査を開始、翌二六年二月には、浜名郡新津（しんづ）村（現浜松市）米津（よねづ）海岸を候補とする設置交渉が始まった（『新朝報』一九二六年一月八日、『浜松新聞』一九二六年二月二〇日）。この地が候補にあがった理由は、直前に浜松移転が決定した飛行第七連隊との空地共同訓練の便宜、および遠州灘という夜間訓練も可能な実弾射撃適地の存在である[98]。射撃場設置交渉を受けた新津村、舞阪町などの関係町村では、当初漁民の懸念も強かったが、浜名郡長の国防的見地からの説得で、さしあたり条件付賛成の意を示し、試射による影響測定を前提とする補償決定、射撃場までの自動車道路開削への「相当」の援助、射撃開始時間は午前一〇時以降、射撃期間中でも魚群があらわれ出漁の申し出があった場合斟酌（しんしゃく）すること、の四条件および高射砲連隊兵営の浜松移転を希望条件として、一九二六年二月末、第三師団参謀長との交渉に入った(『浜松新聞』一九二六年二月二〇日、三月四日)。のちの『静岡民友新聞』報道(一九二七年六月一七日付)とあわせて考えると、当初、報奨金(被害補償金)を「相当」額と期待し、出漁制限を十分補うものと判断したこと、関係行政当局にとっては、新津村から浜松市につながる自動車道路の開削費がほとんど陸軍・県の援助で行なわれ地域発展が保証されると期待したことが、郡長の説諭を受け入れた理由であろう。高射砲連隊そのものの移転は、飛行連隊と高射砲部隊という新鋭部隊を一挙に誘致しようという浜松市側の期待であった[99]。

その後、第三師団参謀部は詳細な検討に入ったと思われるが、一九二六年一〇月、射撃場利用計画と慰藉料交付の基本方針が陸軍省の決裁を得た[100]。同決裁案によると、射撃日時は、春季(おおむね四月)約七日間、秋季(おおむね一〇月)約二一日間、慰藉料は一年間の漁業純損益を一万円と見積もり、二年分二万円以内を「一時下付」するものとした。その後の賠償は、この時点では考慮されていない。この決定を得て、陸軍は一二月二二日、陸上での高射砲発射実験を公開実施し、関係者に受け入れ決断を迫った。同日、新津村など射撃場予定地周辺五町村漁民は受け入れ可否の協議をもつが、四月と一〇月は漁民にとってかき入れ時であるゆえに生活の道をたたれるとして反対の意向を示した(『静岡民友新聞』一九二六年一二月一八日、二四日)。『浜松新聞』一九二六年一二月二四日付「今日の批判　高射砲音響の実地試験」も、「三方原に飛行連隊が新設されてから、鳥類の影を没して了(しま)ったかの観があると、狩猟者は一斉に唱へている。この犠牲は堪へ忍ばれぬことはないが、砲弾射撃のために、遠州灘に面して生活資料の倉庫たる宏大な天与の宝庫が、支離滅裂に破壊し尽くされ、漁民の生活が保証されぬといふに至るとすれば、実に由々しき一大事といはねばならぬ。こと賠償問題が起きるのはけして怪しむに足らない」と、いっそうの被害想定調査と慎重な交渉を要望した。生活権を盾にした漁民の反対論は地域ジャーナリズムからも無理からぬものと判断されていたのである。飛行連隊に対する論調と同じく、この場合も単純な国防論的見地からの賛同とは距離をおく、当時の地域ジャーナリズムの姿勢をみることができよう。

しかし、射撃場周辺町村の行政当局は、先にみたような地域発展の見地から誘致に積極的であり、漁民のみが正面からの反対を貫くこともできず、損害補償として七万円を要求、無理なら他に移転してほしいという対応を示した(『静岡民友新聞』一九二七年二月四日)。だが、後退したにしても陸軍が当初見積もった二万円とは大きな懸隔があったのであり、第三師団は、高師原で農民の反対を受けたと同じく、遠州灘の漁民からも、生活に根差した強い抵抗を示されたのである。明治期の富士裾野演習場のような住民立ち退き問題がなくても、実弾(砲弾)射撃場に対する生活条件維持の立場からの反対・抵抗が、陸軍を制約した時代であった。

陸軍と漁民との交渉は、その後五月まで長引く。五月一〇日、漁民側の最低補償要求六万円に対し、軍が補償金三万円を提示するが、軍側の「高圧的態度」に漁民が憤慨して協議は物別れとなる。その後ただちに静岡県が仲裁に入り、五月一七日、県庁で第三師団と浜名郡町村長、水産会長らの折衝が行なわれた。この交渉でも軍は、三万円を譲らなかったが、射場の使用日数を増加しない、春季演習は出漁を考慮して四月上旬に実施する、射撃開始前に関係漁業組合へ通知する、演習中の終了時間周知と終了時間後の出漁許可、漁業制限期間中魚群が発見された場合の出漁の便宜、などの漁民側の希望条件をすべて軍が受け入れ、交渉は妥結、二三日に調印となった。[101] 調印結果に対し、「「これでは全然漁民側が譲歩したものだ」と非常に不満を抱いているものが多い」との報道は、漁民の偽らざる気分を伝えていようが(『新朝報』一九二七年五月二二日)、軍との間で演習通知と漁業制限下でのできる限りの漁業活動保障を規定した地域協定が結ばれた意義は小さくない。初歩的な協定であるが、このレベルでの地域協定すらも、遠州灘漁民の抵抗、および第三師団側の高師原演習場紛争経験という二つの要因が重なって初めて締結することが可能となったのではなかろうか。なお、この三万円という額が、年ごとの補償額か二年分以上のまとまった補償額なのか、当時の報道からは明瞭ではないが、『浜松新聞』一九二九年一二月一九日付では「遠州灘における浜松高射砲聯隊の演習実施による地元漁業者の出漁不能に伴ふ補償金は去る昭和二年中本県当局及び陸軍側と種々折衝の結果、毎年四月中一週間、九月中三週間程の漁業制限によって三万円を交付し関係漁業地新津、舞阪、篠原、白脇、五島、河輪の六ヶ町村がこれを等分して受けることゝ決定して今日に至ったが……」と記しており、掲載時期から判断して、陸軍の当初方針どおり二年分と思われる。陸軍は一年当たり一万円の補償予定から、一・五倍の支出に引き上げたことになる。

地元漁民が高射砲射撃場設置で折り合ったのち、陸軍省はただちに高射砲第一連隊の浜松移転計画をまとめ、一九二七年七月六日には、豊橋からの部隊移転と浜松駐屯の歩兵第十八連隊第三大隊の豊橋復帰案を決定した。後者は連隊を引き抜かれる豊橋への「地方」対策である。[102]高射砲連隊移転の報道は、八月から各紙で始まるが、分屯大隊兵営改築による高射砲連隊の移転はこの時期に決まったようである。そして、一〇月一一日の『官報』で正式発表され、まもなく工事費四〇万円をもって、高射砲隊兵舎工事が始まった。二五〇人の人夫が作業に従事したという(『浜松新聞』一九二七年一〇月二〇日、『新朝報』一九二七年一〇月一三日)。飛行第七連隊関連工事から高射砲第一連隊兵舎工事と、不況をよそに、浜松ではほぼ連続的に大規模公共事業が行なわれたわけである。

射撃場への道路に関しては、新津村が当初の負担額に難色を示しつづける。その結果、村からの出費は一〇〇〇円に満たない額となり、一万数千円の経費を陸軍省と県、浜松市が分担することになった(『浜松新聞』一九二七年六月一七日、九月九日、『新朝報』一九二七年一〇月一三日)。村は、当初の要求を自力で実現したことになる。

一九二八年三月二〇日、高射砲第一連隊連隊長以下六八七人が浜松駅に到着、浜松市長以下の地方有力者、小中学校職員生徒一万三〇〇〇人、在郷軍人・青年団・消防など五〇〇〇人の歓迎を受け、新兵営に転営した。[103]高射砲第一連隊の編制は、二個大隊(各二個中隊)と照空大隊であるが、転営直前の一月、初めて初年兵を迎え編成作業が半ばに達した段階であり、編成完結は一九三一年一月である。[104]

連隊転営の当日、『浜松新聞』は「高射砲第一聯隊を迎ふ」と題し、「十万市民を挙げてこれを歓迎する。只に表面的な形式一転張りはない。そこには自ら国防上の熱誠の、ほとばしるものがなくてはならない」と論じた。しかし地元の歓迎は、準備状況と軍の報告から判断して、学校生徒に頼った組織動員であり、一般市民の沸き立つような歓迎はみられない(『浜松新聞』一九二八年三月一五日、『静岡民友新聞』一九二八年三月一四日)。飛行連隊を迎えた時とはやや異なり、国防意識を強調しはじめた地域ジャーナリズムと「熱誠」がみえない市民との落差、ここに一九二八年初めの浜松という地域の、対軍意識があらわれていた。

高射砲第一連隊を迎えたことで、浜松は二つの連隊をもち、師団司令部が置かれた大都市あるいは地方中核都市を除けば、有数の軍都にのし上がった。二つの連隊とも、最初豊橋という同一都市に設置されたように、また、今日の航空自衛隊浜松基地内にも高射教導隊が設置されているように、両連隊は相互補完的機能をもつ部隊であり、第一次世界大戦以後の空軍主体の現代戦を代表する戦闘組織である。浜松は、日本陸軍現代化の最先端をゆく新しい軍都となったのである。一九二八年一一月の昭和天皇即位大礼当日、浜松では、他の地方都市ではみられない、飛行連隊による「空からの奉祝」と高射砲隊の一〇一発の「砲祝」が行なわれた(『浜松新聞』一九二八年一一月一一日)。浜松では、従来型の歩兵や騎兵連隊駐屯地ではありえないこうしたイベントなども通じて、「科学戦部隊」を郷土部隊としてもつ誇り、新しい形の軍への支持意識が形成され、それが満州事変の際、静岡県下で先陣を切る排外主義的世論高揚を生んでいった一因となったのではなかろうか。『浜松新聞』一九三〇年一月九日付は、一〇日の入営を控え、高射砲六五〇余人、飛行連隊二九〇人、付き添い人と関係市町村吏員を含め二〇〇〇人が市内各旅館に分宿し、浜松市内見物で雑踏をきわめる、と伝えている。歩兵連隊一個分の入営時の人出である。二つの連隊は、こうした町のにぎわいという経済効果を添えつつ、浜松の町の新しい日常風景をつくり、この面からも市民意識に影響を与えていったのである。

こうしたのどかな風景の一方で、高射砲連隊は飛行連隊との実戦的合同演習をくり返していった。転営後初の一九二八年一〇月の新津海岸射撃場における秋季演習では、五メートルの吹き流しをつけた飛行機を射撃する演習が行なわれるなど、浜松周辺はしだいに危険な実戦準備の訓練地に変貌しはじめていった(『浜松新聞』一九二八年一〇月一二日、一七日)。

一九二五年から二八年にかけて、浜松市は日本陸軍の現代化を象徴する新しい軍都に変貌した。日本陸軍最初の爆撃部隊である飛行第七連隊と最初の高射砲部隊である高射砲第一連隊は、先端科学の粋を集めた施設として、市民に迎えられた。当時の浜松では、軍国主義に対する批判的感情が強く、国防論的観点や、地域経済振興的連隊誘致論が、明治期のように、圧倒的支持を受ける状況ではなかったが、科学技術あるいは文化的側面から連隊受け入れへの同調を得ることによって、連隊誘致は、多数派を形成しえた。その意味では、当時の日本国民が大衆的規模で新しい思想、科学技術、新しい文化に関心をもっていたことが、こうした軍隊への新しい支持のあり方とかかわっていようが、特に浜松の場合、工業都市としての性格・技術革新への強い関心がこのような関心のあり方を増幅し、新しい科学技術で装備した部隊への支持に結びついていったように思われる[105]。そして、こうした市民のやわらかな支持を受けて浜松の地に誕生した二つの連隊は、航空思想普及・防空演習・青年層の軍事訓練への協力などを通じて、市民の支持を固めていき、そのなかで国防論的見地からの両連隊支持も増加傾向を示していったものと思われる。軍国主義批判が弱まりはじめたのは、一九二八、九年であり、一九三一年九月の満州事変、一一月の飛行連隊一部出動で、市民の軍への支持は決定的に高まっていく。両連隊は、一九三〇年代に入り、「郷土の連隊[106]」として、地域に根づいていくのである。

宇垣軍縮は、軍縮世論が風靡するなかで、旧来の軍備の縮小と新鋭部隊の設置を実現し、第一次世界大戦後の軍事技術革新に対応しつつ、軍部への国民的支持の回復をはかろうとしたものであった。その支持回復のあり方は、浜松の世論の推移に注目してみると、単に軍縮による批判の回避という消極的な戦略ではなく、新鋭部隊への支持調達によって、新しい質の軍部支持世論を開拓しようという野心的な試みであったと考えられる。その鍵は、まずは「科学戦」であり、空の国防であった。この時期に各都市で始まる防空演習は、軍批判の強い都市部の世論を変え、空の国防の観点から軍部支持を再編していくうえで欠かせない演出だったのである。浜松という都市は、このような軍の戦略とそれに対する市民意識の動向を、最も典型的に示す事例、実験場としての位置を占めているように思われる。

4　震災出動と山東出兵

第一次満州派遣

一九二一年三月末、第十五師団は二年間の「満州」守備に出発した。静岡歩兵第三十四連隊は、鉄嶺および寛城子(長春北方)、浜松歩兵第六十七連隊は遼陽、豊橋歩兵第十八連隊は、ハルビンを拠点に、長春から綏芬河までの鉄道沿線(東支鉄道)に配備された。当時、日本は南満州鉄道沿線警備と居留民保護を目的に常駐の独立守備隊(六個大隊)のほか、内地から二年交代で一個師団を派遣していた。しかし、これでは南満州鉄道警備をはみ出した第十八連隊の守備の説明はつかない。この連隊配備の根拠は、シベリア干渉戦争に対する中国東北地方からの支援活動を目的として一九一八年五月に締結された日華陸軍共同防敵軍事協定であった。[107] この軍事協定は一九二〇年に廃止され、第十八連隊が派遣された二一年三月には、「北満」駐留の根拠は失われていたのであるが、日本は相変わらずこの地域に部隊を派遣しつづけていた(『新朝報』一九二一年九月二一日)。関東軍隷下の第十八連隊「北満」駐留は、一九二二年九月まで続き(第十五師団隷下に復帰)、その間、同連隊は第十五師団主力と異なる「遊動の性質」をもつ戦時勤務体制をとり(『新朝報』一九二一年七月一三日)、シベリア派遣軍と連絡をとりつつ中国東北地方での「過激派」の動きを監視した。と同時に、第十五師団の駐留が総体として、日本が支持する奉天系軍閥(張作霖系)の勢力拡大を、反張作霖系勢力への武力弾圧、張作霖系部隊が華北に進出した後の東北の治安維持などの形で支援する役割をはたしていた。静岡県出身兵士は、県民が明確に意識しえないところで、シベリア干渉戦争と中国への軍事的干渉を支えていたのである。

守備隊の性格の違いから、派遣中の歩兵第十八連隊の戦死者は一〇名、病死者六人に達する。第十五師団中の静岡県出身兵の死者は二二名であった(『歩兵第十八聯隊史』、『静岡新報』一九二三年四月一九日)。

一九二一年春の出発から二年の間に、同年一一月、二年兵の帰還除隊、一二月初年兵派遣、翌二二年九月、軍縮(前述の第一次陸軍軍縮)の影響で一部兵士の帰還、一一月二年兵満期帰還除隊、二三年一月初年兵出発、同年四月全部隊帰還という具合に、送迎行事とそれにともなう在郷軍人、青年団、小中学生の数千人規模の組織動員(三十四連隊の場合)が頻繁にくり返され、第三十四連隊の最終帰還時には、二万人の群衆がくり出した。各連隊区ごとに慰問袋送付行動が組織され(主として地域別に割当、それを愛国婦人会、在郷軍人会などが補う)、一部青年会・小学校生徒の慰問品が派遣兵に送られた(『静岡新報』一九二一年四月〜二三年四月、および『新朝報』一九二一年三〜一二月各号、以下同じ)。二年の間、第十五師管内では準戦時に近い状況が続いたのである。浜松連隊区や豊橋連隊区では連隊区司令部の発案で各市町村・軍事後援団体に呼びかけ現地慰問団も組織されているが、これがこの地域からの軍隊慰問団派遣の嚆矢と考えられる。各地域紙はそれぞれの地域部隊の活動を「馬賊過激派跋扈」、「排日思想」などをキーワードとして紹介しつづけ、物騒で野蛮な「満州」イメージを提供していたが、派遣期間の後半になると、日本人の「満州」進出を促進すべく各連隊は安全で将来性のある地域としての「満蒙観」育成に努めた。また、第十八連隊の場合は毎月『新朝報』に「北満通信」を連載し、日本の経済開発に重大な関係を有する地域としての「北満」意識を育てようとした。静岡県および愛知県三河地域において、一九二一～二三年の二年間の満州派遣は、一九一四年と二八年の二つの山東出兵に挟まれた「戦間期」の中間点における〝緩やかな準戦時期〟となって戦時動員態勢・軍隊支持意識の弛緩を、弱いながらも食い止めんとする役割をはたし、かつ「満州」への関心の維持・形成の機会としても利用されたのである。

第十五師団の震災出動

一九二三年九月一日関東大震災が発生するや、三日、まず静岡歩兵第三十四連隊第二大隊が東海道本線で神奈川県に隣接する駿東郡小山町へ出動し、五日第一・三大隊が神奈川県小田原地域へ向かった(一〇月二七日まで)。また同日、浜松歩兵第六十七連隊からも第一大隊約五〇〇人が同地域へ出動した。都合三大隊の神奈川県域への出動は、第十五師団長の独断による「戒厳令」施行地域への派遣であり、七日以降派遣部隊は関東戒厳司令官の指揮下に入った[108]。師団長の判断は、神奈川県足柄上郡・下郡が第十五師管に編入されていたことによるものであろう。静岡連隊区は、神奈川県足柄両郡と静岡県下で最も大きな被害をこうむった田方・賀茂・駿東三郡を含んでいたため、当時一八〇〇人の静岡連隊将兵中、実家が半壊以上の被害にあった罹災兵士数は二九九人にものぼった(『静岡民友新聞』一九二三年一〇月二六日)。また、避難民の引き揚げと援助物資輸送の根拠地となった清水港には、静岡連隊から一個中隊が派遣され、港の監視にあたり、動員された四〇〇人の在郷軍人が運搬作業にあたった(『静岡民友新聞』一九二三年九月一〇日)。

第六十七連隊第一大隊の業務日誌によれば、小田原方面派遣部隊は、治安維持、道路・橋修築、避難民輸送、救護、埋没物・埋没者発掘援助などの任務を遂行した(109)。この地域に在住した朝鮮人の一部は軍の命令で土工として使用され、歩兵第十八連隊は二〇〇〇人の朝鮮人を小田原付近の鉄道復旧工事で使役し、箱根では歩兵第三十四連隊によって約二〇〇人の朝鮮人が一カ所に集められた(110)。真鶴—熱海間で六〇〇人の朝鮮人を使役しているという第十五師団情報もある(『新朝報』一九二三年九月一二日)。静岡県地域からの派遣部隊は、戒厳令を利用して朝鮮人を集団的に軍の監視下におきつつ、強制的に使役していたのである。

同報告は、震災出動の教訓として震災体験を通じて、従来軍隊忌避感情の強かった箱根地域でも軍隊の権威が高まり、軍服の価値が上昇したとして民衆の対軍感情の転換点となったことを指摘し、また補給問題については、米を主食として調理する日本軍の場合には、破壊された都市でまず困るのは薪炭であり、「之ヲ下級幹部ノ指導ニ任センカ、彼等ハ最寄ノ破壊家ヲ焚焼シ、動モスレハ住民ニ略奪ノ疑念ヲ抱カシメ、或ハ不知ノ間略奪ノ素因ヲナスモノナリ。故ニ機ヲ失セス国立公立等ノ建物ニシテ軍紀上之ヲ許スモノヨリ薪材トナス如ク指導スルヲ要ス」と所見をまとめた。この危惧は、のちの日中戦争時に現実化するが、日本軍が抱える「軍紀と補給」の問題は、このように早くから部隊レベルで経験的に認識されていたにもかかわらず、対策が講じられなかったのである。

山東出兵と銃後活動の画一化

満州派遣終了から五年後の一九二八年、静岡県関係部隊は第二次山東出兵に出動した。中国国民革命軍の北伐が再開され、北伐軍は中国民衆の歓迎のなかで、日本の紡績資本が集中し二万人の在留邦人がいた山東省に進出した。前年も在華紡の要求を背景に、居留民保護を名目に第一次山東出兵を行なった日本政府だが、この年は、退去勧告を無視して麻薬密売を実施していた日本商人などを中国人が殺害したことを口実に、中国軍に対する排外主義をあおり、計一万五〇〇〇人に及ぶ大規模な派兵を実施した。まず四月に第六師団が派遣され、次いで五月九日、第三師団に動員令が発令された。しかし現実には第三師団到着の直前に主要な戦闘は終了しており、歩兵第三十四連隊は、膠済鉄道沿線警備、第十八連隊は支那派遣軍に配属された。前掲『日本侵略山東史』は、以後の行動を次のように記述している。「五月二九日、日本軍第三師団第二十九旅団の牛島部隊は濰県(いけん)を占領し、坊子(ぼうし)で司令部を設立した。三一日、膠州、高密などを占領した。その後、淄川(しせん)、博山、益都の地方政府を武装解散し、県知事を駆逐した。六月上旬まで、日本軍は青島及び膠済鉄道沿線両側城町の軍事占領を完了した」[11]。『浜松新聞』の報道では、その後の中国側の抵抗を「便衣隊」による抵抗とみなし、「掃討」作戦を実施している(一九二八年七月一一日、一二日)。

山東出兵は、シベリア出兵がロシアの政治改革に対する干渉戦争であったように、中国の政治変革に対する干渉の手段としての軍事力使用であった。軍事力行使の動機が露骨な主権侵害と領土的野心以外にはないゆえに、戦争目的の正当化は困難で、いずれも国民の敵愾心（てきがいしん）をあおりたてる意図的なキャンペーンが行なわれた。第三師団の増派は、「日ごろ中国人から好ましく思われていなかったアヘンの密輸入などに従事している居留民十三名が殺されたこと」に対して陸軍省が「三百人以上の邦人が虐殺されたという新聞発表を行ない、世論を出兵に向ってあおろうとした」なかで行なわれたものである。[112] その効果は、『浜松新聞』従軍記者が連載した山東通信で「青島へ上陸して凄惨そのものゝ邦人惨殺の写真を見せつけられた時僕達の血は逆上した。彼等が皇国に与った侮辱に対する復しゅうの念はいつまでも消えなかったのである」という記事にもみることができる。[113] 戦意の高揚、戦争熱の形成方式がきわめて作為的な操作をともなう段階に入りつつあったのである。『浜松新聞』一九二八年七月一三日付は、天津に別派遣された第十八連隊本部からの「便り」として第九中隊兵士の希望事項を列挙している。それによると、「外出希望」全員、「偽便衣隊の首斬り見物」二三人、「羽布団」二五人、「早く帰りたい」二八人、「「サック」の官給」二〇人などが主要項目である。中国人蔑視を含んだ復讐心、予後備兵を主体(後述)とするがゆえの帰省欲求と軍隊的規律からの解放欲求の強さ、すさんだ気分のなかで昂進する性的欲求などを、この時の出征兵士の意識の特質として確認できようが、このような意識の生成は、山東出兵という新たな戦争の性格に起因していたのである。[114]

軍事占領は一九二九年三月まで続き、第三師団は最終的には同年五月までにすべて帰還した。歩兵第三十四連隊の死者は七人であった。

銃後後援については、静岡県における軍事救護法（一九一八年施行）の最初の戦時活用ケースとなった。静岡県社会事業協会のまとめによれば、静岡県内兵卒応召者数（現役兵を除く）八九一五人に対し、七三五家族、八・二％が軍事救護法による救護を要すると見込まれた。[115]第三師団の山東出兵は警備中心の限定的な出兵であったので、当初は後備兵と古参の予備兵が動員され、「三十才前後の壮年」が最も多かったという（『浜松新聞』一九二八年七月一九日）。この一家の経済的支柱を対象とする動員のあり方が、軍紀の維持にも、応召家族援護にも深くかかわっていた。

一家族（平均で四人）当たり給与額の見積もりは、各郡とも平均して一日五〇銭程度である。先にみた一九二〇年代初頭の平時支給水準からみると、月額換算でほぼ二倍であるが、最低限の家族生活維持に必要な額の半分位であったはずである。しかし、一九二二年に発足した方面委員（静岡県の場合）が、全県一斉に応召軍人家族生活調査を実施し、その調査に基づく生活救護が法的裏付けをもって組織的・統一的に実施されており、戦時出征家族生活援護の新しい態勢を示していた。

軍事救護法・方面委員制度とともに、銃後後援の水準を引き上げ、地域的不均等を是正するカギになったのが、一九二〇年に結成された静岡県町村長会である。県町村長会では、山東出兵に際し、緊急幹事会で応召および出征軍人ならびに家族後援法について協議を行ない、県内全市町村が実施すべき保護後援基準を定めた。[116] 出征軍人家族すべてに対する二円の慰問金、応召者家族・現役出征者家族中要救護者に対する月二〜一〇円の援護金と労力提供、傷痍者に対する一〇〜三〇円の慰問金、戦病死者への弔祭・慰問規定などである。第一次世界大戦期と同じく現役兵出征家族への生活援護を含みつつ、物価水準の影響もあるが、支給額も上昇した。これに基づき、各郡町村長会では、さらに詳細な援護のモデル的規則・細則案を示したが、各郡とも酷似した規則案となった。各市町村では、このような指導により救護が実施されたが、実施の実情をみると、県町村会の基準が最低基準の役割をはたした。静岡市の場合は、軍事救護法による救護戸数二〇に対し、四三戸を対象に毎月五円を最低基準とし、これに老幼病弱者一人当たり月二円を加えた額が支給された。援護の担い手をみると、従来からの奨兵会・在郷軍人会・赤十字・愛国婦人会のほか、方面委員が生活援護家族調査と家族との相談という新しい役割をはたす存在として登場したこと、青年団の組織的協力が増え、[117] 普及しつつあった処女会が慰問活動に加わったことなど、新たな担い手の登場が注目される。このほか、従来からの医師会の無料診療に加え、産婆組合などの助産協力が登場し、大手企業の県内工場では従業者中の応召者に対する給与支給継続が行なわれた（支給率は会社により三分の一から全額まで）。第一次世界大戦期に、企業（職場）は凱旋動員面から銃後の一翼を担いはじめたが、この段階では、雇用継続の保障、さらに応召者救済保護の面からも銃後世界を支えはじめたのである。

県内の社会運動団体による組織的な反戦運動は、山東出兵で初めて出現した。一九二八年五月九日付『静岡民友新聞』によれば、県下でも沼津市内で沼津地方無産団体協議会の出兵反対ビラが辻々の電柱に貼付され、同日、静岡市無産者団体協議会は派遣軍即時撤退の声明書を県下友誼団体に配付した(118)。しかし、静岡市の数万の人出と歓声のなかの出兵風景にみられるように、人びとは熱狂して出征軍人を見送った。小学校児童はじめ学校生徒、青年訓練所生徒、青年団の組織動員が一万人にのぼるが、それを上まわる一般市民が湧きだしたことになる(119)。この時期の賀茂郡仁科村(西伊豆町)の『仁科村報』の記事からみて、出兵支持の背景にあったのは、居留民を殺害した「暴虐」な中国兵に対する「応懲」意識であった。日露戦争におけるロシア兵「暴虐」宣伝は、「敵意識」の醸成に利用されたが、対中国人の場合、差別意識が作用して敵意識は「応懲」意識に転じている。誇大に宣伝されあおられた事件報道によって形成された敵愾心(同胞の被害に対する報復)を核に、日本人の特権的権益擁護という帝国主義的利権意識と中国人蔑視(日本人の優越)が加わり、高見にたった攻撃的精神が形成されたのである。従来と異なる新しいタイプの戦争支持意識であり、以後の対中国戦争支持につながる傾向があらわれていた。そして、このような戦争支持意識をより組織化された銃後の支援体制が支えていたわけである。

第4章　十五年戦争下の地域部隊

1　満州事変の衝撃

国防思想普及運動と事変の開始

全満州を日本の支配下に取り込む構想は、一九三一年春までには関東軍だけでなく陸軍指導部まで支持を広げていた。そして、石原莞爾ら関東軍参謀は、謀略的な軍事行動をきっかけに軍部の戦争指導計画を一挙に実現しうるような国家改造を密かに企図していた。同年七月の日中の武力衝突(万宝山事件)、八月の中村(震太郎)大尉射殺事件などで国内の対中国強硬世論が高められ、軍事行動の舞台装置は整えられつつあった。こうした対中強硬世論を下から形成すべく、軍部は帝国在郷軍人会を主体とする国防思想普及講演会の全国的開催を計画し、八月末の帝国在郷軍人会本部の指令に基づき、静岡県内でも九月初めから、主として郡単位の在郷軍人会連合分会主催で、各市町村における国防思想普及軍事講演会が開かれた[1]。静岡市内では九月一〇日から七日間、市内各所で市在郷軍人会主催の時局講演会が開催され、国論形成が試みられた[2]。

	計画，留守宅訪問計画)
	日活撮影班の満州事変映画，静活など各映画館で上映開始
9. 27	見付町在郷軍人分会主催満蒙問題講演会(磐田座)
	静岡市在郷軍人会・市奨兵会・市長連名で満州出動部隊の静岡市出身兵に慰問状送付(沿線防備，居留民保護，治安回復のための出動)
	小笠・周智・榛原の3郡在郷軍人会連合分会共同で，出動部隊への激励電
9. 28	小笠郡西山口村国防思想普及講演会
9. 29	沼津市在住7将校，首相と外相に満州事変に対する決議文送付
10. 4	駿東郡在郷軍人会連合分会主催国防思想普及講演会(富士岡村)
	相良高等家政女学校同窓会で満蒙事情講演会
10. 5	駿東郡在郷軍人会連合分会主催国防思想普及講演会(高根村)
10. 6	駿東郡在郷軍人会連合分会主催国防思想普及講演会(原里村)
10. 7	駿東郡在郷軍人会連合分会主催国防思想普及講演会(小山町)

出典)『静岡新報』による.

奉天(現瀋陽)での関東軍の軍事行動開始は、県民には九月一九日朝、号外や張り出された特報によって、「日支両軍の衝突」として伝えられ、戦時気分が醸成された。以後、国防思想普及講演は「満蒙問題講演会」として、いよいよ旺盛に展開され、各地で「立錐の余地無き盛況」ぶりを示すなど高い関心を呼んだ。**表17**にみるように、満州事変初期の講演会や現地軍激励行動のほとんどが在郷軍人会によって展開されており、初期の世論形成を圧倒的にリードしていった。静岡連隊区管内で在郷軍人会静岡支部および傘下組織が実施した講演会は満州事変以来一二月二〇日までに五〇〇回、活動写真会は一五〇回に達した(『静岡新報』一二月二〇日)。県西部の豊橋連隊区管内で在郷軍人会豊橋支部が実施した講演会をあわせると、年内に在郷軍人会が行なった講演会だけでも七〇〇〜八〇〇回に達す

表 17　満州事変初期における静岡県内の事変関連の催し

月日	事　　柄
9. 18	田方郡在郷軍人会連合分会主催軍事講演会(三島町，昼夜2回，異常の緊張)
9. 19	小笠郡在郷軍人会連合分会主催国防講演会(掛川中学校，立錐の余地なく，第二会場を設け2回の講演会を実施)
	榛原郡金谷町青年団主催国防思想普及講演会(金谷町小学校，満蒙時局問題)
	田方郡在郷軍人会連合分会主催軍事講演会(大仁高女，立錐の余地なき盛況)
9. 20	小笠郡在郷軍人会連合分会主催国防講演会(池新田第一小学校，予想以上の盛況)
	榛原郡在郷軍人会連合分会主催国防講演会(川崎町小学校)
	榛原郡在郷軍人会連合分会主催国防思想普及講演会(相良町煙草収納所，3000人の大盛況)
	沼津市満蒙問題座談会および講演会(沼津市国技館，事変号外への市民の高い関心)
	磐田郡町村長会主催満蒙問題講演会(見付町自治会館，800人)
9. 21	浜名郡下8町村分会連合主催満蒙問題講演会(北浜小学校)
	小笠郡在郷軍人会連合分会，陸軍大臣・関東軍司令官宛に激励電報
9. 22	浜名郡下各町村分会連合主催満蒙問題講演会(芳川小学校)
9. 23	小笠郡下各町村分会連合主催国防講演会(佐束小学校)
	浜名郡下各町村分会連合主催満蒙問題講演会(北庄内小学校)
9. 24	小笠郡下各町村分会連合主催国防講演会(横須賀町)
	浜名郡下各町村分会連合主催満蒙問題講演会(曳馬小学校)
9. 25	小笠郡下各町村分会連合主催国防講演会(掛川町大日本報徳社公会堂)
	浜名郡下各町村分会連合主催満蒙問題講演会(鷲津小学校)
	帝国在郷軍人会静岡支部，多門第二師団長らに激励電
	静岡市奨兵会，満州事変関係軍隊に激励電
9. 26	浜名郡下各町村分会連合主催国防講演会(舞阪劇場)
	帝国在郷軍人会静岡支部，静岡連隊区管内出身兵300人からなる独立守備隊第六大隊第四中隊に慰問の手紙発送
	帝国軍人後援会支会長(知事)，満州出動各部隊に激励電
	沼津市奨兵会，市出身の出動兵に慰問状発送(さらに，慰問袋発送

ると思われる。[3]兵事主任会議が「軍縮ノ声」による国防思想の弛緩を「憂慮」したのは三一年春のことである。[4]わずかな期間で世論は大きく変動した。

初期の世論形成にあたって、県内各紙の新聞紙面では「事変の発端 暴戻支那兵の満鉄爆破から」、「正当な権益擁護にして軍事占領にあらず」など、自衛目的の名による軍事行動正当化キャンペーンが展開される一方で、山東出兵時と同じく、「支那各地の情勢 邦人虐殺さる」、「支那暴民の為めに一家六名虐殺さる」(『静岡新報』九月二六日、二八日)という類の中国兵の暴挙、蛮行、邦人の危機・負傷が喧伝された。帝国在郷軍人会静岡支部の決議がいう「近時頻発する同胞の虐殺凌辱に対し我等在郷軍人は敢然蹶起して之れが報復応懲を絶叫す」(『静岡新報』九月二七日夕刊)と相呼応する紙面づくりが行なわれたのである。軍事行動支持の世論形成では、東京に本社をもつ『東京日日新聞』のような大新聞が、資本力にものをいわせ、いち早く九月二二日から県内で「日中交戦映画」を公開し、映像による熱狂を生んだ。[5]これ以降も、大新聞は継続的にかなりの紙面を割いて戦争美談創造、慰問金・慰問品寄付行為を組織化しており、満州事変初期の排外世論形成では県内の地方新聞を上まわる熱意を示した。[6]

こうした組織的な世論形成を背景に、事変開始一週間後位から、沼津市や静岡市の奨兵会が慰問状・慰問袋発送などの軍事後援活動に動きだし、小学生の慰問金、激励の手紙、地域青年会の慰問金寄付などの小さな事例が新聞で紹介されはじめた(表17参照。以下の記述は当時県内地方紙で最大部数を誇った政友会系の新聞である『静岡新報』を主たる史料としている)。しかし、満州事変初期においては、市町村や一般の慰問運動事例はごくわずかで、在郷軍人会の国防講演計画が一〇月初旬で一段落すると、一〇月二旬目から三旬目にかけては慰問運動や講演会がいったん下火になっていく。この時期の満州戦線における静岡県出身兵は、朝鮮羅南から満州に出動した第七十六連隊に五〇七人、関東軍隷下の独立守備隊第六大隊第三中隊(静岡県西部を含む豊橋連隊区管内出身兵で編成)と第四中隊(静岡連隊区管内出身兵で編成)をあわせて二六七人、その他を含め計八七九人であった(『静岡新報』一〇月二七日、一一月二六日)。第一次世界大戦時の出兵や山東出兵と比べても出動兵数ははるかに少なく、またこれらは県内から直接出動の部隊でもなかった。在郷軍人会の活動と新聞により排外世論が広がっても、慰問活動の高揚など「銃後」の形成の条件は整っていなかったのである。しかし他方で、郷土からの派遣部隊だけを注目してきた従来の戦争熱に対し(静岡連隊、豊橋連隊の出動と地元の戦争熱の高揚という関係)、部隊の所属はどこであれ、県出身のすべての出動兵を慰問、銃後後援活動の対象にするという満州事変時に独特の現象が早くもあらわれていた。

排外熱高揚の契機

江口圭一『日本帝国主義史研究』第六章「満州事変と民衆動員」によると、名古屋市の排外熱が「急激に奔騰」するのは、一〇月二四日の国際連盟理事会で日本に対する撤兵勧告決議案が一三対一で可決された直後からであり、国際的孤立による危機感、「連盟を抱き込んだ中国への憎悪」が「一挙に民衆をとらえ」、国論喚起への町総代会レベルからの新しい動きが始まったという。静岡県の場合、排外熱の新しいうねりの開始を象徴するのは、一一月六日、渡辺素夫前浜松市長(前出、浜松の夜間防空演習を実施した市長)・天野千代丸(日本楽器第二代社長、浜松市総代会代表)・石井浜松市青年団代表ら浜松市内有志が、「満蒙問題積極解決」を求めて満蒙問題協議会を開催し、市会議員ら市内有力者二〇〇人を集め、「満蒙時局憂国同志会」設立と市民大会開催を決定したことであろう(『静岡新報』一一月七日)。静岡県下陸軍部隊が属する第三師団の司令部が置かれる名古屋市の上記の動向が刺激となって、週遅れで排外熱が表面化したと思われるが、名古屋と同じく市総代会を巻き込み、さらに青年団、議員その他市内の有力者を排外世論形成の運動に、一応、引き込んだ。

こうして、すでに第三章でもふれたように、一一月八日、浜松で県下最初の満蒙権益擁護市民大会(満蒙時局憂国同志会主催)が開かれた。しかし、大会参加者は二〇〇〇人であり、先にみた在郷軍人会主催国防思想普及講演会の盛況を想起すれば、さほどの盛会ではない。それは、時局への危機感と排外世論がなおも市民を深くとらえていない状況を示していた。ただし、全県的にみると、第一に、一一月三日、小笠郡六郷村在郷軍人分会主催国防思想普及映画大会(六郷村小学校)、五日、浜名郡豊西村在郷軍人会が招魂祭に合わせて満蒙講演会、一一日、磐田郡中泉町在郷軍人分会など主催で満蒙問題講演会(町公会堂、立錐の余地なし)、一三日、静岡市在郷軍人会第五分会主催支那事情講演会(県教育会館)と、一一月初旬から、局所的ではあるが、在郷軍人会の排外世論形成活動が、町村分会単位で始まったこと、第二に、一一月五日ころからの沼津市奨兵会の慰問金募集計画開始(各戸一〇銭〜一円)、七日、県学務部主催学校教員対象の満蒙問題講演会、一一日、富士郡町村長会による郡下出身在満兵士への慰問状発送、同じ時期に磐田郡町村長会の慰問袋発送(郡下各種団体からも慰問袋発送予定)、一三日、静岡市・市在郷軍人会・市奨兵会による静岡市出身在満兵士への慰問状と慰問袋の発送、一五日、熱海町で在満兵士の健康祈願祭など、行政側が慰問活動に動きはじめたこと[7]、第三に、四日、三島町の日蓮宗信者主催満州派遣兵慰問講演会(青年訓練所生など一〇〇〇余人参加)、九日、静岡市少年団(三〇〇〇人)、満蒙駐在兵士慰問品送付運動開始、一〇日、浜松高等工業応用化学科学生一同が在満兵慰問のため石鹼五〇ダースをつくり満州に発送、愛国婦人会県支部の「在満在支」兵士宛慰問袋発送計画、一二日、県氏子総代会小笠郡支部による郡出身在満州兵士宛慰問状発送決議、一五日、金谷町青年団の出征兵士健勝祈願など、各種団体の独自の慰問活動があらわれはじめたこと、の三側面は次の時期の戦争熱爆発の下地を形成した。

一一月一五日、満州出征の弘前第八師団兵士一二〇〇人が、県内を西下した。戦時の軍の出動、帰還に当たっての停車駅での犒軍は、在郷軍人会や婦人団体による恒例行事ではあるが、満州事変時のそれは、終始、銃後世論高揚・維持を目的として上記以外の諸団体も動員する一大イベントとして意図的に展開されたことが特徴である。この日、沼津駅では在郷軍人・青年団・青年訓練所生徒・処女会・少年団・婦人会・小中学校生徒・三島重砲兵兵士など六、七〇〇〇人、静岡駅では静岡連隊兵士・在郷軍人・青年訓練所生徒・愛国婦人会・消防組・婦人会・小中学校生徒・処女会など三〇〇〇人が駅ホームで、さらに一万人の群衆が静岡駅西方の安倍川付近まで沿道に立った。堀之内駅(現菊川町)では駅内組織動員一〇〇〇人、構外に同じく一〇〇〇人、浜松駅では夜九時過ぎだったが二〇〇〇人が見送った。[8] これが静岡県における本格的銃後形成の第一弾である。諸団体の動員力の背景には、青年への軍事教練開始、防空演習での動員、一九二〇年代の軍隊派兵時における民衆動員の経験蓄積などの影響がみてとれよう。また、一九日に第三師団の満州派遣補充兵一四五人が県内を通過した際にも、沼津では三〇〇〇人の駅ホーム送迎、静岡駅でも在郷軍人会、各町総代、処女会など一〇〇〇人の接待と見送りが実施された。

そして、翌一六日、浜松飛行第七連隊への軽爆撃隊即時出動命令(二個中隊)が出る。地上勤務隊の一部は同夜深夜、飛行隊は翌朝出動したが、一八日、浜松市および市奨兵会は飛行第七連隊に慰問金を贈り、一九日午前六時四〇分の飛行連隊後発部隊の浜松駅出発に際し、浜松市当局と各町総代会が協力し、全戸に日の丸を掲げ、三方原(みかたはら)の連隊兵営から駅までの沿道送迎を実施、午前五時から小旗を持った人垣が沿道を埋め尽し、駅では万歳と歓呼の熱狂的な見送りが行なわれた。この時期、全国的にも、陸軍省恤兵部への慰問は高揚期を迎えており、そのなかでの静岡県における最初の部隊出動は浜松地域を中心として戦争熱を一挙に高めていった。この部隊出動が、本格的銃後形成の第二弾である。

第三弾は、一七日、静岡市で満州派遣祈願および国際連盟日本代表激励の市民大会が静岡市浅間神社に三万人を集めて開催されたことである(『静岡民友新聞』一九三一年一一月一八日では一万五〇〇〇人)。この市民大会は、浜松市の市民大会に刺激されて、在郷軍人などにより結成された対支同志会・在郷軍人会静岡支部・氏子総代会等が計画したものであり、市会を表に立てて実施された。同様の市民大会は、三カ月後に満州国官僚に転身する塩原時三郎を市長とする清水市でも、二一日、市と市会が中心となり、区長会・在郷軍人会・教育会などを動員し、一万人の参加を得て開催された。沼津市では一一月末に企画協議が始まり、一二月一三日に五〇〇〇人を集めて、満蒙問題市民大会が行なわれた。

こうした一一月中旬の一連の催しを通じて、在郷軍人会や行政だけでなく、青年団、青年訓練所生徒、消防組、婦人諸組織、中等・高等学校、小学校など諸団体、および総代会・区長会など町行政の基本組織、市会議員、そして戦勝・健勝祈願を媒介として県内各神社の氏子組織が、一斉に活性化していったのである。個人や集団の慰問金・慰問状の寄託は、これらの動向を背景として、一一月一八日ころから目立ちはじめた(連隊区司令部、憲兵分隊、警察署、県市町村行政、新聞社などでとり扱った)。翌一九三二年一月一三日現在でまとめた静岡連隊区司令部への寄付金のうち、国防献金二〇四四円に対し、慰問金一万八二二円という数字が示すように、満州事変初期の献金の大半は出動兵士への慰問金である。新聞は、個人については幼い児童の小遣いの献金や女給、遊廓の女性たちの慰問金献金・慰問品献納・慰問文を詳細にとりあげて、慰問熱をセンセーショナルに高め、学校生徒・児童、職業集団、企業従業員、青年団・在郷軍人会、仏教宗派などの町村内の各種団体、小営業者・店員などの慰問事例を、県内諸地域からバランスよく拾い、紹介に努めた。そして、慰問金・慰問文募集に際しては、行政や団体ごとの割当も実施されたが、街頭募金や催し物収入の献金など自発的・世論喚起的な行動が注目された。また、この慰問熱の発揚のなかで在郷軍人会県支部と青年団による慰問団派遣も実施された。この最初の慰問熱の山は、一二月中旬まで、ほぼ一カ月続く。さらに、出動兵士への慰問熱の高まりは、出動軍人家族への関心につながり、一一月下旬から出動軍人家族慰問が、在郷軍人会や愛国婦人会、青年団によってとり組まれはじめ、行政当局・奨兵会の事業として広がっていった。

戦争熱持続を支えた、この時期のもう一つのしかけは、各地の青年団、在郷軍人会主催という形で始まり、しだいに町村全体の催しとなっていった出動兵士健勝祈願祭であった。「祖国」の危機に、極寒の満州で戦う出動兵士の無事を祈る健勝祈願祭・武運長久祈願祭は、県内四市の市民大会に続くかのように、一一月中旬から町村部に広がり、数百人から一〇〇〇人規模で実施された(この時期、弾除け祈願、弾除けの「お守り」寄贈も行なわれた)。これには、一一月二四日、県神職会と氏子総代会が、県下の全神社で健勝祈願祭を実施するよう通牒を出したことも預かっている。戦勝ではなく、健勝という祈願のあり方に、中国兵に負けるおそれはないという優越感情が如実にあらわれているが、国家意識・挙国一致意識は、講演会などの啓蒙活動とあわせて、民衆の感情・心情に訴える形でも展開され、それがいっそうの戦争熱を掘り起こしたのである。

行政や地域有力者の軍部支持・軍事援護を積極化させるうえでは、軍当局自身の積極的世論工作の事例として一一月二三日、第三師団長・連隊区司令官などの主催で満蒙問題世論喚起を目的に対支問題座談会が企画されたことが注目される(県教育会館)。県知事以下、県内市町村長、各級議員、学校長ら地域有力者二五〇人が参加した。この当時、県知事が派遣兵後援活動に冷淡であり、「非日本人的」という政友会や『静岡新報』の執拗な批判も行なわれている。行政当局・地域有力者が、軍部支持・軍事援護を積極化せざるをえない世論工作が仕掛けられていたのである。

戦争熱の維持

一二月半ばから翌一九三二年一月末まで、慰問行動や祈願祭は下火となる。しかし、その熱気の減少を食い止めるかのように、一二月後半は、満州事変初期と同様に郡単位の在郷軍人会連合分会単位の国防思想普及講演会が各地で開催され、年明けの一月半ばから一カ月間、県西部の町村では在郷軍人会豊橋支部主催の国防思想普及講演会が連日のように行なわれた。そして、豊橋支部の講演会と時期を同じくして、青年団主催の「支那事情講演会」「満蒙事情講演会」が県内の全郡・市で展開された。また、一月一三日から一週間、県国防思想普及委員会主催在郷軍人会静岡支部後援の「軍人勅諭拝受五十周年記念国防展覧会」が静岡市内二会場で開催され、初日の入場者だけで一万人を突破した。

このような組織的な戦争熱の下支えに加え、県内からの出動部隊・出動兵士の歓送迎が、小規模の出動でも、従来では考えられぬほどの最大限の動員で行なわれた。一二月一七日、満州の独立守備隊第六大隊第四中隊(前出、静岡連隊区管内出身兵で編成された中隊)の戦死・戦傷者補充要員として静岡連隊から一六人が派遣されたが、同日の新聞は「静岡兵の出動で戦

時気分漲る けふの静岡聯隊」と書き立て、県当局からはじきじきに餞別が、県内各地から餞別、お守り札、激励電が殺到した。そして連隊営門から静岡駅まで、全市の小学生、中学・高等女学校生徒、高等学校生徒、在郷軍人、青年訓練所生徒が埋め、万歳の絶叫のなかを兵士たちが出発した。翌一八日、看護兵二人の出発に際しても多数の見送りが行なわれた。同じく一八日、三島町では三島野戦重砲兵第二連隊看護兵三人に出動命令が出たが、「三島旅団最初の出動」とあって、軍隊はもちろん三島全町民が沸き返る騒ぎのなかで出発した。応召兵士出発の起点となる地元町村側からみると、一六日、六郷村では豊橋連隊出動部隊の一員として応召された一青年を全村で堀之内駅まで見送っている。全体として、戦時の最大級の送迎態勢が敷かれたのである。浜松では、一二月二八日に朝鮮半島平壌で「耐寒訓練」中の飛行第七連隊重爆機四機に満州出動命令が出ていたが(満州事変で初の重爆撃機出動)、錦州攻撃に参加していた同部隊が二週間後の一月一五日、空から帰還、飛行連隊基地のある三方原で二万人の浜松市民が小旗をもって迎えた。さらに、二〇日の飛行隊地上勤務員九一人の帰還に際しては、浜松駅前から通過コース沿道まで高射砲第一連隊兵士、在郷軍人、青年団、生徒・児童、一般市民など数万の群衆が出迎え、市長が歓迎挨拶に立った。二二日には浜松市役所と各団体共催で凱旋将士歓迎会が開催されている。

『静岡新報』の紙面に注目すると、一一月二九日、在郷軍人会県支部派遣の満州慰問団とともに静岡を出発した同紙特派員が、一二月八日付から現地報告を送りはじめている。特派員は静岡県出身者部隊、あるいは個々の県出身兵を精力的に訪問し、その活躍ぶりを「盛名大いに揚る本県出身兵」など読者の郷土意識をくすぐるレポートに仕立て、個々の兵士の「肉声」を交えながら書き送った。あわせて、この時期からいくつかの出動兵士の手紙(家族・知人・連隊・新聞社宛など)が紙面で紹介されはじめ、戦死・戦傷者が生じた場合は生前のプロフィールや戦死・戦傷の模様が詳しく紹介された。戦地の郷土部隊や戦場の郷土出身兵が、従来の戦争報道より格段に目にみえる形で紹介され、それを媒介にして国家意識の動員をはかったのが満州事変の報道であったといえる。

再び高揚する戦争熱

一九三二年二月初旬から静岡県下の戦争熱は再度の高揚期を迎える。愛知県の場合は「上海事変の開始と肉弾三勇士に象徴される予想外の苦戦に直面して、ふたたび緊張がたかまり」、三二年三月に民衆動員の二度目の山場をつくったことが指摘されているが(前掲、江口『日本帝国主義史研究』二六四頁)、静岡県下では二月二日の上海派遣軍編成決定の一環として、三島野戦重砲兵第二連隊と浜松高射砲第一連隊に動員令が下ったことで、やや早い二月から、県下の東西で一挙に戦時気分が盛り上がった。高射砲隊は、一六七人の出動であり、予備兵の応召された予後備兵が四〇九人にものぼった。三島連隊の出動兵数は六一七人、うち応召さが二〇人ほどあった模様である。新たに拡大された戦線へ八〇〇人というまとまった数の郷土部隊が投入されたこと、およびその際、相当数の在郷兵の召集が行なわれたことで、地域の緊張が高まったのである。二月七日、野戦重砲兵部隊の出動にあたり、三島では見送りの人びとが群集をなし、部隊が乗車する沼津駅には数万の見送りの人びとがくり出した。通過駅の静岡駅にも五〇〇〇人が見送りに立ち、浜松駅では出発する高射砲部隊に三島の部隊が合流し、駅頭は数万の人出となった。

両部隊の出発とちょうど同じ二月七日、満州事変への静岡県出身兵中最初の戦死者である独立守備隊第六大隊第四中隊の一兵士の遺骨が郷里に到着した。静岡駅での遺骨出迎えには、連隊将校、在郷軍人、静岡市総代会、市会議員、市奨兵会、学校教員生徒、消防組、赤十字、青年訓練所生徒、青少年団、愛国婦人会、処女会、各宗寺院代表など三〇〇〇人が立ち、駅付近から沿道での市民の送迎者一万五〇〇〇人に及んだ。県内途中駅では浜松駅五〇〇人ほか各駅で青年団、消防などが駅頭に整列して出迎えている。九日、静岡市内安東小学校で、市奨兵会を中心に静岡市と静岡連隊共同の公葬(葬儀委員は市会議員・在郷軍人・各町総代・奨兵会役員・市吏員など)が執行されたが、当初の葬儀動員計画二〇〇〇人の見積もりに対し、参列者三〇〇〇人、一般会葬者含めて五〇〇〇人の大葬儀となった。同兵士の戦死の模様について地域新聞は、「天皇陛下万歳を絶叫して名誉の戦死を遂ぐ」「壮烈な最後」「必ず仇を討ってやると涙ぐましい県出身兵の誓ひ」など国家への忠義、悲壮感・仇敵意識をあおりたてた(『静岡新報』一月二〇日、二六日、三一日)。

このように県内部隊出動と県出身兵の戦死者追悼が重なることで、慰問金品の寄託は再び上昇傾向を示しはじめ、あわせて中等学校生徒など男子青年層に血書ブームが巻き起こった。血染めの日の丸や血書の出征兵激励書・出征志願書は、三月半ばまで続き、血染めの出征嘆願書を三〇通も受けた連隊区司令部はその処理をもてあましたという(『静岡新報』三月一〇日)。また、在郷軍人会、青年団、神職・氏子、仏教寺院、婦人会などが主催する祈願祭が、この時は予想外の苦戦を反映して、「戦勝」祈願祭として、各地町村で行なわれ、三島大社や弾除けで知られる竜爪(りゅうそう)山も武運長久・戦勝祈願者でにぎわった。

各地の兵器献納の動きに刺激されて、二月初めから在郷軍人会県支部などで話題にのぼっていた装甲車献納運動は、このような戦争熱の再高揚のなかで、二月一六日、国防思想普及委員会の提唱という形でスタートした[9]。装甲車献納募金は、当初出動兵士慰問金募集に押されて鈍かったが、上海の戦局が山場を越えた三月中旬から進みはじめ、四月中に目標の二万五〇〇〇円を突破した。兵器献納の必要性については、中国軍が侮りがたいことを一面で強調しつつ、「敵を戦慄せしめた三島部隊の活躍/素晴らしい砲弾の威力」「敵機の活躍を封じた我高射砲隊の威力」などと、郷土部隊の活躍とからませて、先端の武器の威力をアピールし(『静岡新報』三月一七日、二八日)、以後の軍事力充実の要請につなげられた。募金は最終的に目標を一万円以上上まわる成果をあげる。献金に応じたのは、行政組織、学校、企業、宗教団体、在郷軍人、青年団、女子青年団など各種にわたるが、団体数でいえば過半数が小学校、中等学校職員・生徒であり、学校関係は県下軒並み義金に応じていたかのようである。村ぐるみ・町ぐるみ・町内会ぐるみの献金件数がそれに次いでいる[10]。義金の出金方法として、一般有志一口一〇銭に対し、中学校生徒五銭、小学校児童一銭と学校生徒の参加を組織しやすい仕組みになっており、従来の戦争以上に学校生徒を通じた募金収集が徹底して行なわれたのである。なお、県西部では三遠国防義会主唱で(三遠は三河と遠州)、やや遅れて三月末から鉄兜献納運動が開始された[11]。

こうして高揚していった戦争熱は、二月後半、上海戦線での水兵戦死者四人の葬儀がいずれも村主催の葬儀にもかかわらず、参列者二〇〇〇~三〇〇〇人という大規模な催しとして演出されたこと、二月二五日から爆弾三勇士の紙上キャンペーンが始まり、一般の出征兵士への慰問金とは別に、三勇士への同情金が多数寄せられるという関心を喚起したこと、爆弾三勇士の最期と重ねながら、三勇士と同じ上海出動中の三島野戦重砲兵部隊の戦死者・戦傷者の報道が、実態より誇大に伝えられたことなどで維持拡大し、三月一日、浜松飛行第七連隊の軽爆撃部隊、および静岡連隊が連隊区管内出身者から編成した第四、第五陸上輸卒隊七三五人が上海に向け出発するや、最高潮の盛り上がりを示した。輸卒隊は将校・下士官ら四八人が後備役、残る六八九人はすべて未教育兵で、銃の持ち方の教練をわずか一日実施しただけであわただしく出動し、県民の緊張を高めた。この出動のねらいにつき、のちに静岡連隊区司令官は、「今回未教育兵の出動に依って地方人士の日常精神に異常なショックを与へた。殊に在郷軍人には極度の緊張振りを与へたことは動員外の偉大な収穫であった。未教育とは云へ寸時も安んじて居れぬ時代になったのだから何時も国民皆兵の念を忘れぬやう努めて欲しい」との談話を発表している(『静岡新報』三月二一日)。この点に関する限り、ねらいは的中したといえよう。

この日、浜松爆撃隊は熱狂的な市民の見送りのなかを、輸卒隊は静岡部隊として、静岡駅前に団体動員七〇〇〇人、市民一万人、さらに安倍川鉄橋までの鉄道沿線での数万人の見送りを受けて出発した。これによって、静岡県内の三拠点地域すべてが、地域関連部隊の出動をみたのである。そしてこの興奮は、三月一〇日を中心とする陸軍記念日の、模擬戦、夜間防空演習・市街戦、兵器展覧会、講演会、旗行列など各地の催しに動員と群衆のくり出しを見るなかでいっそうあおられていった。

ところで、予後備兵を主体とする三島野戦重砲兵部隊の出動、家族持ちがほとんどの輸卒隊の出動は、残された出動兵士家族の生活や帰還後の職業保障への関心を高めずにはおかなかった。出動兵士家族の生活援護は、すでに述べたように前年一一月下旬からとり組みが始まっていたが、上記の事情とこの年一月一日から救護法の施行と同時に改正軍事救護法[12]が施行され、一人当たりの生活扶助限度額が二倍に、一家に対する生活扶助額制限の撤廃という改正が行なわれたほか、その他の軍事救護の種類が生業扶助・医療扶助から埋葬扶助・助産扶助まで拡大したことも影響して、行政側の出動兵士家族慰問へのとり組みが積極化したのである。[13]三島町会は、出征兵戦死傷者の子弟の授業料減免など戦時並の施策の実施を決定し、短い出征にもかかわらず行政による出征家族の家庭訪問が行なわれた。満州事変期の〝国家のために働く〟軍と兵士への関心の強まりは、出征兵士家族の生活、応召兵士の職業保障への関心を否応なく高めたのである。

四月五日、輸卒部隊が静岡市に帰還した。五日付『静岡新報』は「我等の岳南健児けふ晴れの凱旋帰還」と迎えているが、恒例の静岡浅間神社廿日会祭、静岡連隊軍旗祭とちょうど重なり静岡市では七万〜八万人もの熱狂的な出迎えが行なわれた。帰還兵は八日除隊となり、静岡市は凱旋・除隊景気(恐慌下の時ならぬ商業活性化)でにぎわい、県内各地でも市町村ごと、駅頭での「凱旋除隊兵」歓迎が行なわれた。

兵器献納を除けば、慰問や祈願の面は、こうした凱旋で急速に下火となるが、浜松高射砲第一連隊が浜松市に帰還した五月二三日には数万の市民の歓迎が、六月一日の三島野戦重砲兵部隊第一次帰還の折には、静岡駅でも一〇〇〇人の歓迎出動が行なわれ、帰着駅の沼津駅ホームでは五〇〇〇人の団体動員、駅周辺は数万の群集が取り巻いた。六月七〜八日、三島町は凱旋祭りを執行し、七日夜だけでも提灯行列・山車(だし)の見世物に二万数千人がくり出した。同じ日、浜松には飛行第七連隊軽爆撃部隊が上海から帰還し、駅前に六万人が出迎えた。他方、静岡市では八日、一四四人の天津派遣部隊(北平に行き先変更)を三万人の市民が見送った。市部での歓送迎に、頻繁に数万の人びとがくり出す光景は未曽有のものであった。

四月から六月にかけて、各市町村で盛大さを競って執行されたのは出動兵士の市町村葬である。三月末に戦死した満州独立守備隊第六大隊第四中隊兵士九体の遺骨が、四月半ばに出身地に届き、それぞれの地元で一〇〇〇〜四〇〇〇人規模の市町村葬が行なわれた。村葬でも三〇〇〇〜四〇〇〇人を動員している。また、ほかに従来であれば戦死者と区別されて扱われた戦病死者の村葬も、同じく二〇〇〇人規模で実施されている。町村公葬への千人単位の動員は五〜六月にも数例みられるが[14]、こうした地域の軍隊関連行事への動員力は、少なくとも日中戦争初期までは保たれていく。

満州事変出動兵士の戦闘体験

一二月二九日付『静岡新報』は、独立守備隊第六大隊第三中隊(豊橋連隊区管内出身兵で編成)の静岡県出身兵の静岡新報社宛手紙を「今日もあすも討伐／だが益々元気です／胸のすくやうな便り」との見出しで紹介しているが、そのなかには「馬賊討伐は我々の眠気覚ましのやうに考へられる。銃剣でぐさりと突いた時の気持ちのよさが又もや頭を掠(かす)める。豪快だ。突いたその刹那パッと散る血しぶき悲鳴」などという一文がある。また、上海に出動して帰還した静岡市出身の兵士(予備役一等兵)は「我々も随分便衣隊を撃ち殺しましたよ。その時は実に愉快です。あとで祝杯を挙げた位である。……関北方面では未だ敵兵の死体を掃除しないものだから見渡す限り死屍累々として実に酸鼻を極めて居ました。死体がバラ〳〵になってゐるものもあれば足だけとれているものもあり或は滅茶〳〵に頭を粉砕してゐるものがありとても正視出来ない位でありました」と語っている(『静岡新報』三月二九日)。戦場の悲惨さを感じる心は残っているが、敵を殺すことに快感を覚える点で共通している。従来の戦争でも殺戮への快感が語られることもあるが、多くは仇敵意識高揚の場面であらわれており、これほど無造作に殺戮の快感を語ってはいなかったと思われる。一挙に満州を軍事制圧した満州事変体験のなかで、中国人蔑視がこれまで以上に強まり、中国人観の変化が殺戮感情に変化をもたらしたのであろうか。

『静岡新報』四月二八日付には満州独立守備隊第六大隊第四中隊兵士の次のような知人宛

便りも紹介されている。「……突然山上より敵に襲撃された。我等は直ちにこれに応戦し激戦又激戦遂に敵を全滅せしめた。山上には死体百五十ばかり無造作にころがって居った。友軍はそれに反して十五名の戦死者を出したが然しこんなに犠牲者をつくったことはかつてなきことで全員の悲嘆は大きかった」。その三日後、「この戦闘で支那兵を五十名ばかり捕虜とし武装解除して全部縛り上げた。こいつ等を伴れて帰るには面倒だから殺すことになった。我々の戦友を殺したその天罰だ。我々は胸をどらせて全身の力を出して気合と銃剣で共にブスリと突き殺した。こんな痛快な事はなかった」。敵愾心から捕虜五〇人を惨殺したことが明け透けに語られ、それが堂々と紙面に載せられているわけである。国際社会からの孤立をもたらし、偏狭な国家意識を昂進させた満州事変は、民衆意識の面からみても、戦時国際法逸脱への画期ともなったのではないか。

満州事変と地方政治の変貌

これまでの戦時と比べた場合の満州事変の特徴は、中央政治のみならず地方政治においても、政党の変容、議会政治の変質を強く促したことである。この点を静岡県の政治史に即して確認しておこう(15)。

すでにふれたが、満州事変後、戦争支持の熱狂がただちに巻き起こったわけではない。当時の県民の主たる政治的関心は、一〇月執行の県会議員選挙であり、選挙執行と入れ替わるかのように、県民の関心が満州に向かいはじめ、一一月に入ると戦争熱は急速な盛り上がりを示していった。一九三一年度定例県会は、ちょうどこの時期、一一月二四日に開会し、最初の議題は満州派遣軍への感謝決議であった。事変支持の理由は、満鉄爆破事件を契機に起こった「暴戻不遜」な中国軍の攻撃に対する日本の権益の擁護、多数の居留民同胞の保護である。すなわち、当初は、既得権の保護という形での軍事行動支持に始まり、やがて満州全域支配という軍事行動拡大の追認、既得権拡大の支持に広がっていったのである。

軍事行動への支持は、戦争支持熱を「大和民族の美徳の発揮」などと称える国体意識として展開していく。国体意識の影響は、太田賢治郎県会議長に対する国体論からの攻撃、あるいは太田の思想問題発言をとらえての追及、さらに事変支持活動に対する県知事の対応が「冷淡」であり、「非日本人的」という追及など、県会質疑に、所属党派を超えて、明瞭にあらわれている[16]。

満州事変開始前後までの新人議員や都市部のインテリ議員の県会発言からは、経済不況の深まりを背景として、資本主義が「衰亡の過程を辿」りつつあり、その矛盾が激しくあらわれていること、また「衰亡」そのものは歴史的必然という認識さえも散見される。社会主義理論を一部受け入れつつ、天皇制と資本主義の延命をはかるという問題意識をもった議員があらわれていたのである。県会民政党で、それを代表するのは黒田福三郎であり、黒田の処方箋は「天下万民貧乏のない共存共栄の世界の実現が理想」という無産階級に厚い社会政策の実施であった。こうした議論はこののち無産党議員を除けば退潮していき、黒田自身も翌三二年末に急逝した。他方、同様な現状認識をもちつつも、「国体思想の涵養、国本の大義の究明」という国家原理の明確化によって排外的民族主義を再組織し、打開策を求める主張が満州事変開始後の議会で登場する。国体論への関心の高まりのなかで、二〇年代的な政争の武器として国体論を利用するレベルを超えて、新しい問題意識をもって国体論をとらえ返す動きがあらわれたのである。

一九三一年一二月一三日、民政党若槻礼次郎内閣に代わり、政友会の犬養毅内閣が誕生し、三二年二月に総選挙が実施される。この選挙では古参の議員が死去ないし立候補を断念したことで代替わりが急速に進み、県議経験や地元に直接の地盤のない輸入候補者が当選したことが目立った。結果は、全国的な政友大勝と同じく、政友の圧勝であった。

しかし、大勝もつかの間、五・一五事件で犬養首相が殺害され、海軍軍人斎藤実が後継指名を受けたことで、政党内閣時代は終わった。政党政治の矛盾はさまざまにあらわれ、党内部からも変質の兆しはみえていたが、命脈の尽きぬうちに暴力的に倒されたといってよかろう。それゆえ、政党は政治的影響力を弱めつつも、その地盤を根強く保っていった。だが、両政党が政権から離れ、世論も既成政党から離れ政権に復帰する可能性も困難になったことは、すぐに地方政治に深刻な影響を与えはじめる。一九三二年七月二日、駿東郡で現職県会議員死去にともなう補欠選挙が実施されたが、政友系から既成政党否認候補者出馬の動きが出、投票日四日前に候補者が出揃うという候補者難を現出し、結局棄権率六割七分という空前の高さを記録した。同じ七月、県内選挙区の民政党代議士二人が相次いで離党、三一年末に協力内閣運動を提唱し民政党を脱党した安達謙蔵の新党(国民同盟)結成準備会に合流した。

そのため静岡県第二区(中選挙区制時代の静岡県東部選挙区)では民政党代議士が消え、同代議士派県議四人が民政脱党の意向を示した。

このような既成政党否認の動きを後押しするかのように七月末~八月にかけて静岡連隊区司令部の将校を中心に、「政党政治の積弊打破」を叫ぶ明倫会[17]静岡支部設立の動きが公然化した(『静岡民友新聞』一九三二年五月二五日)。また、在郷軍人会静岡支部もリットン調査団報告批判、国連の干渉排除、連盟脱退やむなしとして、挙国一致を訴える政治活動を展開しはじめた(『静岡民友新聞』一九三二年一〇月八日)。

既成政党否認、政党分解の動きは政友会にも波及した。八月、一県議が政党政派に超越するとして脱党、さらに貴族院多額納税議員候補者選定をめぐって県会少壮派が反幹部集団として結束しはじめた。一年生議員を中心とする政友会少壮派は、県会対策でも、政党政派超越を主張して幹部と対立し、一一月末には一〇名を結集し「従来の党弊排除」を目的とする県政研究会を旗揚げした。政友県議二四名中一〇名の分派である。党派のなかに党派超越論がこれほどの勢力をもっては、県予算案の修正要求も鈍く、県会民政党もまた、非常時ゆえに政党政派に超越すべきという立場から予算原案賛成に回った。県会は緊張感を失い、傍聴席は閑散とした。

これら少壮派の中心にいたのは、政友会議員中では、いずれも鋭い資本主義の危機認識を有した人物たちである。そしてその危機感ゆえに、相異なる価値観のぶつかりあいによって形成される政党政治ではなく、国家意思形成のうえでは一見効率的な、軍部・官僚主導の国家政策、国家革新を支持する方向に動き、それは必然的に自らの所属する政党独自色、個別利害の否定につながっていった。軍部と妥協しつつも、軍拡を抑制し、大正期には軍縮をリードしてきた政党は、地方政治という政党の足腰の部分も含めて軍部と対抗する力を失いはじめていたのである。

政党政治批判の拡大

一九三三年の静岡県政界は静岡市、沼津市における県議補選(一月)で幕を開けるが、やはり問題は候補者決定の難航であった。静岡市の場合、予定候補の辞退などで立候補者の届け出は投票日の一週間前であった。議会政治の弛緩は、前年から顕著になった候補者難・棄権率の高さという、選挙人・被選挙人双方の政治参加回避という事態に象徴されていた。一～三月は、静岡市・浜松市・沼津市の市長後任人選が重なった時期でもあった。ここでも候補者選定が難航し、静岡市では選考委員会の交渉・選定がことごとに失敗し、結局助役の昇格という窮余の一策で切り抜けることになった。浜松市長の場合は、前任者の任期満了から新市長誕生まで四カ月半を要した[18]。沼津市長の場合は、皇太后行啓を前に政争は遺憾との知事斡旋で市長留任に落ち着いた。市政浄化というスローガンで市政からの政党色否定の風潮が強まるなかで、市会各会派が合従連衡して候補者を決定し、多数決原理で市長を決めるという旧来の市会の政党システムが機能しなくなっていたのである。数年前は、二大政党がしのぎを削る激しい政争で市町村長が決まらないという事態が憂慮されたのだが、この時点では政党の力量低下のゆえに市長が決まらなくなっていた。三三年五月には、県下の警察官移動が行なわれたが、この人事異動に政党が介入する余地はなかった。また、民政党にいたっては、三四年には県支部党大会を開催する活力さえも失っていた。

弛緩した政党政治への外部からの批判は二つの方向から進んだ。一つは、官僚の批判である。すでに三二年の定例県会で、学務部長の政党政治家排撃発言が問題になっていたが、これほど露骨ではなくとも、国民更生運動、経済更生運動で説かれる協同一体・自力更生の地方自治論そのものが党争排除、政党政治排撃を前提とする議論であった[19]。三三年八月八日に設置された県内務部経済更生課は、町村中、とくに党争の憂慮なき町村を選定し経済更生指定村として助成金を交付するという考えに立っていたのである（『静岡民友新聞』八月八日）。この時期に展開された官製国民運動は、地方政治からの政党排除論を地域の隅々まで染み渡らせる仕掛けでもあった。

第二は、五・一五事件被告減刑嘆願運動である。嘆願運動は、事件の記事解禁の三三年五月から、軍部の支援やマスコミの扇情的な扱いも手伝って全国的規模で急速に盛り上がり、年末までの嘆願署名は一一四万八〇〇〇にものぼった。政党内閣の首相を殺害し、政党内閣を葬った国家主義的運動が、これほどの関心と支持を呼んだのである。県下では、三三年五月ころ浜松で、青年将校らの浜口雄幸首相狙撃事件の犯人佐郷屋留雄の減刑嘆願運動に応ずる動きも先行して起こった（『静岡民友新聞』五月二〇日）。五・一五事件被告減刑嘆願運動は、伊豆方面では在郷軍人会、県中部、西部では神武会などの右翼団体、浜松の右翼団体コバルト社、国家社会党、農本主義者が、八月からほぼ同時に動きだし、一挙に全県的広がりをみせた。農本主義者の場合、農村救済請願とからんだ民間側被告の嘆願運動である。県下の署名総数は確認できないが、『静岡民友新聞』は数百から、一〇〇〇名を超える規模の嘆願が県内各所から裁判所に対し行なわれたことを伝えている。在郷軍人、国家主義団体、農本主義などの政治的活性化、しかも同じ政治課題で一斉に動いたこと、その課題は軍部革新の支持、政党政治の否認であった点で、注目されるファシズム運動であった。

このような在郷軍人会の政治的活性化は、在郷軍人会への政治家の接近、政治的主張のすり寄りをもたらした。三三年二月には、政友民政両党の若手議員が在郷軍人会県支部と連携して静岡市内で憂国国民大会を開催(一〇〇〇人、『静岡民友新聞』二月一二日)、一一月には五・一五事件公判開廷に寄せて民政党県議が、静岡市在郷軍人会海軍部長という立場から、被告の行為を挺身的行動と称えた。不穏言辞で県会を騒がせた政友少壮県議の総括質問は、資本主義のゆきづまり、軍事費の増大が、政友、民政という政党の差異を出せないほどに資本家政党の手詰まりをもたらし、さらに限られた地方議会の権能ではもはやなす術はないという悲観論が基調となっている[20]。この悲観論から、少壮派の鋭い現状認識は、結局のところ当時の国家政策追認・支持に落ち着いていった。翌三四年一二月、同県議は県会での発言が政友内部に波紋を呼び、「腐敗せる政党に対しては何等の未練もない」と離党に踏み切る(『静岡民友新聞』一二月一二日)。この時点でもなお、政党の原理的必要を認め、議会主義をすぐれた民意の調達方法として認める同県議が、離党時に今後の政治体制として予測したものは「結局一国一党主義とでもいふ様」な現実の政党に絶望した政治体制であった（『静岡民友新聞』一二月二八日）。

国際連盟離脱と一九三五、六年の危機

一九三三年三月、リットン報告書の採択、満州国承認問題をめぐって日本は国際連盟を脱退、その直後から、戦争準備計画を推進する世論をつくるべく、軍部は一九三五、六年の危機を喧伝しはじめた。この時期に軍縮条約が期限満了になり、現在の軍事力では、国防上の危機に直面するという内容であった。

連盟脱退前夜の二月、前述のように県下では在郷軍人会県支部を中心に連盟脱退を支持する憂国県民大会が開かれ、ほぼ同時に新たな国防思想普及・国防献金運動として爆撃機献納運動が開始された。飛行機献納運動は、沼津の在郷軍人会と青年団の提案から始まるが、静岡民友新聞社主唱のメディア・イベント＝軽爆撃機献納運動として展開された。爆撃機の献納は全国初と宣伝され、日本で唯一の爆撃部隊である浜松の飛行第七連隊に「静岡号」と命名した爆撃機を献納しようという、地元紙による郷土意識にあやかった国防意識の組織化であった（『静岡民友新聞』一九三三年二月八日、一二日）。爆撃機献納運動は、在郷軍人会・学校などの組織ルートで献金が呼びかけられるだけではなく、メディア・イベントの利点を生かし、長期にわたり新聞紙上でのキャンペーンが持続され、キャンペーンの一環として将校などを講師とした国防思想普及の講演会も開催された。沈静化しつつあった戦争熱を連盟脱退によ

って生じた国防への危機感を利用して盛り上げるべく、その一環として新たな国防献金運動が、在郷軍人会・行政と地元紙が連携しながらはかられたのである。一九三三年一月、満州で戦死した引佐(いなさ)郡気賀町の上等兵の町葬に二万人、四月、熱河(ねっか)作戦で死亡した上等兵の島田町の町葬に一万人というけた違いの会衆を集めたのも、慰霊・追悼を利用した民衆の軍事的動員の一環だったと思われる(『静岡民友新聞』一九三三年一月一五日、四月二五日。なお、四月の榛原郡坂部村出身上等兵村葬でも参列者二〇〇〇人)。

従来の通常活動では静岡市周辺に限られていた国防思想普及委員会の活動を全県下に大規模に広げるべく、国防思想普及委員会を改組し、県下一円に組織網を張ることを目指した県国防協会が設置されたのも同じ時期、一九三三年三月一〇日(陸軍記念日)である。国防思想普及委員会の事実上の中心である静岡連隊区司令部は、先の装甲車義金募集運動の成果をふまえて、非戦闘員の保護、救助、軍事活動の積極的支援などを目的とする「有事」対応の「国民動員」組織、「即ち、田中知事を中心として、県下の各市町村長、在郷軍人会、男女青年会、日本赤十字支部を細胞として組織し、軍部と連絡ある自治的国防網を形成」する計画を推進しはじめていた(『静岡民友新聞』一九三二年八月一〇日)。この計画が国防協会結成として結実したわけである。国防協会結成に際し静岡連隊区司令部が最も重視したのは、全県民(全戸)を会員とし、在郷軍人会同様に郡市に連合支部、町村に支部を組織することであった。非常時意識の鼓吹による国防意識(「祖国は我等が守る」『静岡民友新聞』一九三三年二月一五日)の喚起を効率的に、統一的に展開するためである。各組織の長は地方行政側、副は軍および在郷軍人会員である(『静岡民友新聞』一九三三年二月三日)。国防協会組織に際しての軍側の問題意識は最初の構想にみるように有事対応の国民動員であり、上記の構成は、在郷軍人を核とした全県民への民衆動員計画であった。在郷軍人会静岡支部は、八月の分会宛文書において、国防協会支部事務所を役場に設置し、事務員には在郷軍人会事務員を兼任させるように指示していた[21]。

しかし、国防協会結成と時期を同じくして県下に軍旗奉賛会をつくる計画が一部の軍人たちにより進められており、国防協会組織化を推進する勢力は類似した性格の軍旗奉賛会組織化の中止を要求して対立した(『静岡民友新聞』一九三三年二月一四日)[22]。国防意識の組織化、国民動員の方法に対する連隊幹部・在郷将校内の思惑、対立があったのである。また、県の中央組織はできても市町村の支部結成は軍の思惑どおりには速やかに進まず、国防組織への国民動員についても、行政網が軍の意図どおりに動かないところにこの時期の特徴があった(『静岡民友新聞』一九三三年六月八日、八月一七日)。国防協会の末端組織化・活性化対策として、六〜八月にかけて、在郷軍人会は県国防協会との共同主催で静岡連隊区管内全域にわたって、各町村ごと(二～三村ごとに一カ所)の国防思想講演会を企画して世論対策に努めた(『静岡民友新聞』一九三三年六月一〇日)。一九三三年一～八月期の在郷軍人会静岡支部管内の国防思想普及講演会数は九二回、動員人員は約三万人であった(『静岡民友新聞』一九三三年九月九日)。国防協会の主たる活動は、国防思想普及講演会や映画会の継続的開催、防空思想の啓蒙であり、地味な世論喚起活動である。上記の数字にみるように満州事変の最中に比べ国防思想普及講演会への動員力は明らかに落ちているが、軍側が在郷軍人会の枠を超えて、在郷軍人を中核とする国防思想普及の大衆団体を結成したことの意味は無視できない。

国際連盟脱退時期の防空演習に目を向けると、三月一〇日の陸軍記念日を期して浜松地域で参加人員三万人規模の大規模な演習、灯火管制が実施された。飛行・高射砲両連隊、在郷軍人会、青年団、青年訓練所、消防組、中学校生徒、女性団体として婦女会、看護婦会、女学校、その他市役所・浜名郡町村長会、医師会、小学校、警察署、浜松駅、浜松郵便局、東京電燈会社など、市内の主要な団体・組織を総動員した防空演習であった（『静岡民友新聞』一九三三年二月一七日、三月一日）、同月、島田町では有事に際して在郷軍人、消防組、青年訓練所生徒、学校生徒、男女青年団を動員して軍の後方支援を行なう自衛団を結成することを想定して防空演習が実施された。参加人員は一一五〇余人である（『静岡民友新聞』一九三三年三月五日、一五日）。一〇月には、藤枝町・沼津市でも実施された（『静岡民友新聞』一九三三年九月二〇日、一〇月六日）。この年三月には、名古屋空襲を想定して浜松の爆撃部隊が参加した濃尾防空演習も実施されており、第三師管内の主要都市防空演習本格化の画期となった年であった（『静岡民友新聞』一九三三年三月三日）。

浜松防空演習は、航空兵大佐を各参加団体を指揮する統監とし、統監部の下に将校によって組織される作戦部・情報部・警備部・指導部を置き、また爆撃機の参加においては濃尾防空演習と同等規模、その他照空隊を含む高射砲部隊を動員した本格的夜間防空・灯火管制演習であった（『静岡民友新聞』一九三三年三月九日）。第三師管内防空演習の地域モデルを意識した実習ではなかったかと思われる。県内主要都市の防空演習は恒例化、大規模化しつつあり、防空演習を通じて、軍と在郷軍人、青年訓練所生徒の合同演習の機会も増え、それとともに中学校生徒や青年訓練所独自の演習も大規模化し、実戦化していった。

ところで、浜松地域における防空訓練の目的について、この当時、飛行第七連隊長は次のように語っている（『静岡民友新聞』一九三三年一月七日）。「浜松地方はわが国東西の交通を遮断せらるべき浜名橋や天竜橋の如き爆撃目標を持ってゐるのみならず、わが国有数の工業地であるから空襲を蒙るべき公算を多分に持ってゐる。そしてわが国唯一の爆撃飛行隊や高射砲隊は有事の日にはそのすべてが戦場に出動するのでこの地方は無防御地帯になる事を覚悟せねばならぬ。民間航空の発展と相まって地方人は特にこの防護の訓練の必要を生じて来るわけである」と。ここでは、飛行連隊を受け入れるに際して浜松市民の側から期待された地域防衛的観点が見事に消し去られ、もっぱら市民の自力防衛が要求されている。軍は、静かに、地域からの「離陸」を始めていたのである。

既述の政党政治家の意識の変容のところでも指摘したが、この時期の国防意識形成が国体意識・「皇国精神」論と連動していたことも改めて注目しておこう。一九三三年一月二〇日の帝国在郷軍人会静岡支部の「宣言」では、「満州事変ノ発生ハ区々タル我利権擁護ヲ動機トセルモノニ非ス。多年萎靡（いび）セル国民精神、晦蒙（かいもう）セル皇道精神ハ此機会ニ於テ復活運動ヲ開始セルモノナリ。故ニ国民ハ一致協力外来思想ノ排除掃滅ヲ図ルト共ニ、永ク将来ニ向テ至高至大ナル建国精神ノ充実発揮ニ努メサル可カラス[23]」と述べている。また、一九三三年九月、静岡県下では、被検挙者一五二人に及ぶ県内共産主義運動を壊滅に追い込む大弾圧が実施された。その折、県特高課長は国体否定者、批判者を「非国民」「不自然」とし、「日本人ならば目覚めよ」と呼びかける談話を出している(『静岡民友新聞』三三年九月一九日)。両者は国体意識・日本精神論では共通しており、「非国民」の範囲は、兵役義務違反者から、国体批判者、日本の「建国精神」の否定者まで広がりをみせはじめていた。

2　富士裾野演習場協定の改定

演習場協定の第一次改定

軍部に対する民衆の支持に大きな影響を与えた満州事変が起こった一九三一年、富士裾野演習場地域では、陸軍が民有地一〇〇〇町歩の買収計画を立てて、演習場使用権限の拡大を目指しはじめた。しかし、買収計画は思惑どおりには進まず、買収計画を前提にした陸軍の演習場土地使用継続協定の締結構想は軌道修正を余儀なくされていった。本節では、これまでみてきた満州事変下の軍と地域民衆との関係とはやや異なる、一九三〇年代半ばまで続いた軍と地域民衆の対抗関係の事例として富士裾野演習場協定の改定問題をみておこう。なお、軍事化が進む一九三〇年代前半における演習場使用継続交渉の特質を考察するために、話をひとまず一九二二年の演習場使用継続協定(第一回協定改定)時に遡らせる。

一九一九年四月一七日、富岡村長は村内に対し「演習場火入ニ関スル件」という注意を与えているが、そのなかで「演習場ニ属スル大野原御料地ハ毎年無断火入ヲ行ヒ監的壕電柱橋梁ヲ焼キ、陸軍ノ損害不尠（すくなからず）」と述べ、同年七月二三日付の須山村長名通知「御料地貸下地侵墾者取締ニ関スル件」では「陸軍ニ於テ貸下ニ係ル大野原御料地内ノ土地耕作人中近来貸下地以外ノ土地ヲ隠密ニ耕作スル者多数有之」と指摘している。[24] 演習場内御料地の採草地・牧草地育成のために陸軍に無断で野焼きが行なわれ、片や御料地の無断開墾者が多数いるというのである。[25] また、陸軍は一九二〇年に宮内庁からの御料地借用料が二倍に引き上げられたにもかかわらず、使用継続交渉がまとまる一九二二年まで地元への御料地内耕作地貸下料を据え置いた。[26]

一九二〇年九月一七日付の印野村演習場損害賠償額協定書も注目される文書である。[27] そもそも一九一二年に締結された演習場内民有地使用協定では、陸軍の使用に対し地元町村に支払われる「報酬」は、個人所有地の損害賠償費を組み込んでいた。しかし、この印野村の協定では、演習場内村有地・個人所有地における桑、雑草、杉、大豆、蕎麦、小豆の損害に対し、近衛師団経理部から損害面積・損害程度に応じた損害賠償が行なわれているのである。賠償額は、損害見積額の六割であり全額賠償ではないが、報酬とは別に、戦後の演習場内収穫物に対する補償への先駆けとして、大正後半のこの時期に演習場内民有地に対する損害賠償も現地交渉でルール化されていたことを示している。

陸軍に対する世論が厳しいこの時期、陸軍は演習場周辺住民に対しても、このような御料地耕作規制の緩和や損害賠償における譲歩を行なった。そのような状況のなかで、一九二二年一月九日、演習場内土地使用にかかわる継続協定(有効期間一〇年)が結ばれた[28]。継続協定とあるように、原協定の条文は変更せず、表18のような報償金の年額引き上げだけが行なわれた。報償金総額は、従来の四〇〇〇円から一万一二〇〇円に二・八倍化し、原里・印野・玉穂三カ村への報償金は四倍強となった。三カ村への報償金は、地元の希望として五倍増を要求していたものが四倍で決着したものである。最初の演習場協定からこの改定まで、物価は大幅に上昇したとはいえ三倍を超えるほどではないことを考慮すれば、報償金総額では物価の上昇ないしそれをやや上まわる水準で、四カ村への報償金は地元にかなり有利な引き上げであったと思われる。

この他、この改定交渉において、地元三カ村は危険区域の縮小、道路の通行を妨げないこと、実弾射撃実施の折の二日前予告の確認および射撃時刻の一時間前と終了即時の煙火打ち上げ、水道を害さないことの四項目を希望条件として提出している[29]。また、一九二三年七月一七日の「印野村地内共有入会地に対する演習場報償金の協定」に付された「従前陸軍トノ妥協条件タル別記事項」には、演習場使用に際し、「生産物ノ採集及搬出ニ便利ヲ与フルコト」、「共有地内重要道路ハ可成通行ヲ杜絶セザルコト」、「陸軍用倉庫及監的所・電話柱・水道等建設ノ場合ハ土地所有者ト協議ノ上建設スルコト」、「所有者ニ於テ植林ヲ為ス場合ハ当該官ト叶議ヲ為ス事」の諸点が確認されている[30]。一九〇九年の演習場使用協定において、演習通報や水源保護問題がとりあげられていたが、この改定交渉時においても、演習場内土地利用に対する地元の権限や陸軍の演習場使用に対する地元の規制がさらにこまかく追及され

表 18　富士裾野演習場協定報酬額の変化

1) 報酬額総額の推移	
	4,000 円→11,200 円→17,460 円
2) 分配額	
原里村地籍にある演習地	1,350 円
原里村	500 円→ 2,100 円
原里村板妻地籍にある共有地	250 円→ 645 円
富士岡村	100 円→ 290 円
須山村	100 円→ 380 円
富岡村	50 円→ 130 円
原里村地籍にある個人所有地に対する損害賠償予定額	300 円
原里印野組合村役場経費(通報費など)	50 円
印野村地籍にある演習地	1,300 円
印野村	500 円→ 2,200 円
印野村地籍にある共有地	500 円→ 1,600 円
印野村地籍にある個人所有地に対する損害賠償予定額	300 円
玉穂村地籍にある演習地	1,350 円
玉穂村	500 円→ 2,100 円→ 4,200 円
玉穂村地籍にある共有地	500 円→ 1,400 円→ 1,725 円
玉穂村地籍にある個人所有地に対する損害賠償予定額	300 円
玉穂村役場経費(通報費など)	50 円
須走村	0 円→ 355 円

出典)『御殿場市史 6 近代史料編 II』御殿場市役所，1979 年，343，857 頁．『東富士演習場重要文書類集 上巻』御殿場市役所，1982 年，7～8，13～14 頁．

注）矢印の次の数値は，第一次改定後の報酬額，2 つ目の矢印の次の数値は，第二次改定後の報酬額．なお，第二次改定における報酬の分配額は不明．

ていたことがわかる。それはあくまで「希望条件」であり、印野共有地という演習場内の一部に関する申し合わせではあるが、演習通報義務再確認のほか、入会慣行が確認され、地元の道路通行権がくり返し提議され、演習場内の軍用建設物につき地元の合意の必要性が確認されていたことは注目される。演習場使用協定の改定を利用して、使用料引き上げと使用規制の両側面から交渉を積み上げていく戦後の「東富士演習場」の交渉方式の原型をここに確認することができよう。この協定改定が、すでにみた高師原（たかしはら）演習場損害賠償交渉に影響を与えた可能性もあるのではなかろうか。

演習場協定の第二次改定交渉の難航

一九二二年一月から一〇年経った三二年一月に予定されていた演習場土地使用協定改定は、上記のような陸軍と地元の力関係とはやや異なる状況のなかで交渉が始まり、進展した。状況の変化とは、以下の二点である。

第一に、演習場協定は玉穂・印野・原里三カ村を交渉者として運営されてきたが、この三村の主たる利害に基づく運営方法に対し、恐慌により村々の財政難が深刻化するなかで不満が表面化し、陸軍に対する地元の足並みの乱れが生じていたことである。一九二九年一二月一六日、須山村長は第一師団に対する板妻廠舎管内演習廃弾直接払下願に関する理由として、一九二二年の「報償金ノ案分ハ其ノ当時相当ナルモノナリシナランモ今日ニ於テハ甚不公平（公平の誤記か—引用者注）ヲ欠キツ、アルモノト認ム」、「廃弾ニ対シテ独リ原里村ニ払下ケラル該村長ヨリ手加減ヲ以テ毎年毎ニ異ナル分配取扱ニシテ殊ニ本村ノ如キ砲弾ノ着弾先ナルガ故ニ増額ノ割当テヲ要求スルモ言ヲ左右ニ托シテ要領ヲ得ス」と述べる。また、年明けの三〇年一月一〇日付の陸軍大臣への須山村長の請願でも、「本村ニ御交付相成報償金ハ関係町村ニ比シ僅少ナルガ故ニ増額」、着弾先の不便を考慮しての廃弾払い下げの特典付与を求めている。(31)報償金や多額の利益を生む廃弾権の分配問題は、地域内部における不公平の解消努力に向かわず、村が単独で陸軍と直接交渉する動きを生じさせていたのである。

第二は、この節の最初にふれた陸軍による演習場内民有地の買収計画である。陸軍の買収計画立案の理由は地元史料からはみえないが、演習場使用に対する地域からの規制を緩和・解除したいという欲求が一九三〇年代の演習激化のなかで強まったことが背景にあるだろう。そして、逆に演習場の使用激化は、地元側の演習場内土地利用を困難にして、経済不況とあいまって、所有地の売り渡しを余儀なくさせていたと思われる。一九三一年一二月から演習場内土地の売却を求められていた北郷村が、三年余を経た三五年三月にいたり玉穂村中畑区の同村所有地処分に踏み切った背景には、「農村不況村財政ノ急迫」のなかで、当時のこの土地の収益に対し、五万三〇〇〇円という村にとっては巨額の売却利益を期待せざるをえない事情があった。(32)

一方、地元の改定交渉準備では、印野村が、「協定更新期ニ処スベキ本村ノ方針」を決定すべく「陸軍演習場問題対策調査規程」を制定し、演習場問題の歴史、類似地方の調査を六人の委員をあげて調査に入っている。玉穂村が、一九二九年に演習場土地利用に関する沿革記録をまとめたのも、改定準備の一環と思われる。[33] 関係町村共同ではないにせよ、前回の改定交渉にはなかった事前調査体制をとったのである。

改定交渉は、まず一九三一年一二月二八日、陸軍の買収計画が中途であるとの理由により三二年一月から一年間の協定延長を決定するところから始まる。しかし、一年経っても、買収は「予定ノ半バヲモ」達成できなかった。一九三三年一月一〇日の陸軍側と地元との土地使用継続協定に関する協議会では、「如何ナル事情アルモ土地ヲ手離スコトハ致サナイ考デアル、一朝所有権ヲ移シテシマヘバ土地ト密接ナ関係アリ、之レニヨリ生存シテ居ル地方人ハ恰モ手足ヲモギ取ラレタルコト、ナリ、……夫故ニ或ル程度ニ料金ヲ増シテ貰ッテ陸軍ニ使ツテ戴クコトガ適当」と主張する玉穂村長の意見が、買収計画にはだかった農民の気分を代表している。[34] 土地所有権を重視して演習場問題と向きあうスタンスは、演習場使用協定締結以来一貫したものだが、農民の土地所有権が農民の生存そのものにかかわる問題として展開されている点が注目される。大規模な買収に難色を示す玉穂村長の意見は、陸軍の買収計画が明らかになった後の一九三一年一一月、そのころ陸軍が買収した関係町村の状況を視察し、類似例を参考にしたうえで自分たちの村への具体的影響を推し量るという研究成果に基づくものであった。[35]

この玉穂村長の姿勢を、関係町村一致同調して料金交渉をすべきという単独交渉を規制する意見が支えた。一九二二年までの使用協定交渉では、玉穂・印野・原里三村長だけが当事者であったが、この日の協議会には御殿場・高根・須走・北郷・富士岡・富岡の各町村長も参加し、協定の当事者となった。須山村長は協議会を欠席しているが、従来の交渉と変わって地元関係町村の一体的交渉を形成する試みが意識的になされたのである。使用料（報償金）引き上げについては、さらに印野村長が「其料金タルヤ陸軍ハ苟モ国ノ大陸軍デアル、公平無私ノ考ヲ以テ国トシテ只一部此演習場ニ接近シタ地方民ノミニ不便ヲ与ヘ苦痛ヲ感ゼシメツ、アルト云フコトハ極メテ不公平ナ処置ト考ヘル、故ニ国ノ経済ヲ以テスル以上ハ余程大ナル犠牲ヲ此ノ地方ニ対シテモ払ハレルト云フ大決心ヲ以テ此解決ニ当ラレルコトニシテホシイ、此点ガ此問題解決ノ基礎観念デアルト考ヘル」と弁舌をふるった。一九一一年の印野村移転事件の折、陸軍に対し印野村代表は、一部地域が国策の犠牲にされる際には、犠牲者の民衆生活が成り立つよう配慮すべきという意見を述べているが、ここでの印野村長の意見は、国策による一部地域の犠牲という不公平を最大限解消する努力を国家の務め（「基礎観念」）として展開し、かつての主張により普遍的な内容をもつものとして発展させている。いくつかの点で、戦後の演習場使用交渉の基本理念に発展する萌芽的考えがあらわれたのが、この改定交渉時の特徴だったのである。

陸軍の買収強硬策に地元の新たな芽を含む交渉姿勢が対立するなかで、一九三三年一月からさらに一年間、協定を延長する措置がとられ、一九三四年一月、三度目の暫定措置で三カ月の延長が行なわれた後、三四年四月一日からの一〇年間使用継続協定が結ばれた。この間、陸軍の買収は、一九三二年中の七〇町歩に続き、三三年は三七町歩、三四年の協定成立後も一〇五町歩、さらに三五年には富士岡村駒門区の区有地を買収し、ここに富士裾野演習場の三つ目の廠舎である駒門廠舎の建設が始まった[36]。陸軍の一〇〇〇町歩買収目標からみれば、その達成度は低く、戦後の演習場権利闘争の大きな足掛かりを残したわけだが、地元町村が売却に難色を示すなかで二〇〇町歩を超える買収が進んだこともまた無視できない。一九三四年の協定は、陸軍と地元の厳しいつばぜり合いのなかで、かつ時代が下るほどに陸軍が有利に展開する政治社会状況下での締結であったのである。この継続協定において、報償金年額は、総額で一万七四六〇円となった(前掲表18参照)。これまでの一・六倍である。前回協定成立時に対し、物価が下落していたことを考えれば、報償金は明らかに相当増額していようが、演習場使用の激化によりもたらされたであろう損害増加を見込むと、額面から受けるほどの増額にはなっていなかったのではないかと思われる。継続協定締結の直前、一九三四年二月に玉穂村中畑区が第一師団に提出した意見書でも、使用料金にあたる「一般報償金」とは別に、相当額の「特別報償金」や軍用車両によって破損した道路・橋梁の修繕料を要求している点からも、損害補償・損失補塡が不満の一つの焦点になっていたことがみてとれる[37]。

一九三四年の継続協定の形式に注目すると、これまでの陸軍第一師団と複数の関係地元町村協定と異なり、陸軍は各町村と個別に協定を結んでいるようである(従来型の集団的協定書が存在しない)。第一師団が玉穂村と報酬年額五九二五円の協定を結び、その報償金内訳は玉穂村内民有地分四二〇〇円、玉穂村共有地分一七二五円という具合である[38]。地元の協同的料金交渉方針にもかかわらず、このように形式変更がなされたことが何を意味するのか。類推の域を出ないが、陸軍から地元の一体的協定方式から個別協定締結への変更を迫る何らかの強い圧力、あるいは地元の一部の呼応の動向があったのではないだろうか。一九三〇年代前半における戦時体制の進展期において、二年三カ月にわたり本協定締結が遅延したことは、陸軍に対する地元の交渉力に大きな影響を与えた可能性があるのである。

一九三六年、陸軍は大野原演習場内開墾地の耕作を禁止した[39]。駒門廠舎建設により演習がさらに激化したため、大野原の御料地への立入禁止を求めたものであろうが、これまで御料地の貸し下げにより耕作を認めてきた陸軍の方針の重大な転換であり、御料地内の耕作に依存して生計を立ててきた一部の農民にとって即、生活の脅威となった。しかし、村の収入からみると、玉穂・印野・原里三カ村の廃弾収入合計は、ボトムとなった一九三二年の二八〇八円を一〇〇とすると、三三年二〇五、三四年三七八、三五年三〇〇、三六年四〇六、三七年七二〇、三八年二〇二九、三九年七六七と急増している[40]。一九三七年から始まった日中戦争初期には農産物価格の高騰、軍需用木材需要の急増で富士裾野地域の農村経済も息をつきつつあったが[41]、これに加えて、廃弾収入の大幅増が生じたのである。一九四〇年一〜一一月の滝ヶ原廠舎使用日割表によれば、空きはわずかに正月から一月一二日までと一月中の他の二日だけである[42]。廃弾収入の急増は、この演習場使用の過密化の反映であり、農耕にかかわる演習場内への立ち入りは日中戦争期には年末年始の一時期だけに限定されていったのではなかろうか。耕作や入会を通じて形成されてきた演習場内土地と民衆生活との密接な関係がかつてなかった状態まで切断されていったのである。しかし、アジア太平洋戦争期後半の一九四三年から食料増産のため演習場内の広範囲の開墾が認められ、戦後の演習場内開拓へつ

ながっていく。(43)

3　二度目の在「満」警備

満州戦線と飛行第七連隊

一九三三年一二月、満州事変の折、最初に出動した浜松飛行連隊兵士一二二名が、浜松市民の熱狂的歓迎のなか、除隊のため満州から二年ぶりに帰隊した(『静岡民友新聞』三三年一二月二〇日)。満州の戦闘では、飛行機が敵部隊への爆撃・偵察・連絡・補給に活躍しはじめた。陣地への空からの攻撃は、航空部隊をもたない満州での中国人との戦闘では歩兵の作戦援護や敵への心理的脅威、あるいは武装抗日勢力の探索でも効果を発揮したのである。しかし、これに対し武装抗日勢力は飛行機の攻撃を避けるために分散配置と夜間行動をとりはじめる(『静岡民友新聞』三三年五月八日)。初めて実戦に参加した飛行部隊にとっての満州戦線の教訓の一つは、夜間攻撃の重要性だった。また中国側の高射砲の威力も侮れなかった。

この間、浜松残留部隊は、冬季寒冷地耐寒飛行および爆撃演習(朝鮮半島平壌での厳寒期訓練)、戦闘機部隊との合同攻防演習、歩兵部隊を敵部隊に見立てた合同演習(爆弾投下)、羅針盤による夜間飛行演習、夜間編隊爆撃演習、夜間消灯編隊飛行、高射砲連隊との合同実弾演習、北海道などへの長距離飛行、急降下爆撃演習、実弾投下演習、雪原離着陸訓練、地上との無線連絡演習等を頻繁にくり返している。満州での教訓を前提にした演習であった。なお、静岡連隊の場合も、富士裾野演習場で「反日満」義勇軍との交戦を想定した演習を実施している(『静岡民友新聞』三三年八月二九日)。

また都市爆撃の訓練、さらに夜間都市爆撃訓練も始まっている。錦州に対し第一次世界大戦後最初の都市爆撃を実施し、国際的批判を浴びた日本軍であったが、引き続き都市爆撃の研究を進めていたのである。同時に、この時期には長距離海上飛行訓練を強化し、八丈島夜間爆撃を目標とする伊豆七島方面への長距離飛行(『静岡民友新聞』三三年三月一七日)や、九州太刀洗(たちあらい)経由の台湾爆撃を目標とした重爆撃機による台湾までの飛行訓練(『静岡民友新聞』三三年三月二四日、四月一七日、二二日、二三日)を実施している。こちらは将来の太平洋での戦闘を想定しての訓練であった。また、やや後のことであるが一九三五年一一月八日付『静岡民友新聞』夕刊は、飛行第七連隊が三方原で「科学爆撃演習」を実施する旨を報じた。

爆撃専門の飛行士を計画的に育成するために、飛行連隊練習部を改組し、飛行学校を設置したのは一九三三年八月であった(『静岡民友新聞』三三年八月一日、二日)。浜松陸軍飛行学校は、全国各地から入校した青年将校対象に爆撃飛行隊の育成だけでなく、爆撃戦術の研究にもあたった(『静岡民友新聞』三三年八月一八日)。その研究成果は、のちに重慶への戦略(政略)爆撃につながっていく。また、翌年からは少年飛行兵の養成も開始した。

第三師団の満州治安粛正工作

一九三四年四月から三六年五月までの二年間、第三師団は満州北部の守備についた。一九三二年九月の「日満議定書」を根拠とする「満州国」への日本軍の駐留の一環である。駐満部隊を常置とせず、内地師団の交代制にした理由の第一には、「国民の対満関心の昂揚と普遍化」があげられているが（『静岡民友新聞』一九三三年八月一日）、地域から満州に対する関心を高める手法としては、静岡県地域からみるかぎり功を奏したと思われる。第三十四連隊はハルビンに本部を置きハルビン以東、松花江南部地域に、第十八連隊は松花江をやや下った佳木斯（チャムス）、依欄（イーラン）等の地域に配備された。派遣当初は一個連隊九個中隊の編制であったが、派遣半年後の一九三四年末に一個連隊一二個中隊に編制を改正、増員した。三五年九月、現地部隊を慰問した小山町長は視察報告で、「第三師団ハ客年渡満以来匪賊ト戦闘セシコト八月二十日現在テ五百七十四回、敵ヲ殪（たお）スコト四千五百余人、味方ノ損害モ戦死傷病兵千三百余名ヲ出シ……」と激戦ぶりを記録している(44)。また、同文書は「本県出身将兵ノ満鮮地内ニ派遣セラレテアル部隊ハ百七十八ケ所兵員四千四百八十三人」と記している。

静岡連隊の場合、派遣中二年間の戦病死者五六名（うち戦死二五人）、静岡連隊区管内全体でみると戦病死者一〇六名（うち戦死六四人、病死四〇人、自殺二人）であった(45)。豊橋連隊の戦病死者は九〇余人である（『歩兵第十八聯隊史』一九五頁）。第一次満州派遣の二年間と比較して、はるかに死者が多く、かつ戦死者比率が高いことがみてとれよう。満州事変発生後二年間の県内出身兵士の死者数と比べてもほぼ二倍にあたる。派遣部隊将校の報告でも、満州の「匪賊」（武装抗日勢力）が、事変前の三万〜五万から、事変後には一時三〇万にも膨れあがったことが指摘されている（『静岡民友新聞』一九三六年五月二六日、三〇日）。第三師団派遣時には大幅に減っていただろうが、それでもなお、第三師団の実際の役割は、「警備」ではなく抗日武装勢力との戦闘であったといえよう。一九三五年三～四月初めの豊橋連隊「春季討伐」の結果を、同連隊軍曹は日誌に「本討伐ニテ殺セシ匪賊三百、鹵獲兵器六〇、我ガ戦死七名」と記し、同年七月中の静岡、豊橋両連隊の戦果報告によると、日本側戦死者九人に対し、抗日勢力の死者(日本側が確認できた数)二三四人とある。(46) また二年間の第三師団派遣中の「匪賊の戦死」は、六〇七五人と記録されている。(47) 両連隊の犠牲者の向こう側に数十倍の犠牲者を生んだ中国東北を戦場とする「戦争」だったのである。

守備隊の任務は日本側から匪賊と呼ばれた武装抗日勢力の掃討と治安工作であった。討伐は春と秋の大討伐と小部隊の日常的な討伐の組み合わせであるが、大討伐戦の一こまを静岡市出身の派遣兵士(第三十四連隊第九中隊)は「各部隊四方よりの包囲して匪賊を追ゐつめ飛行機で爆弾を投下して撃滅したのです」と伝えている。(48) また、歩兵第十八連隊軍曹は、一九三四年五月一六日の日誌に「II東ヨリ、I北西ヨリ包囲シ、午前六時飛行機ト協力、攻撃前進。匪賊家屋数十軒焼払フ」と記している。(49) 満州事変時と同様に、飛行機が活用されたのである。

治安工作は、『静岡民友新聞』特派員の報告や帰還した三十四連隊将校の講演によれば、武装抗日勢力に利用される可能性のある部落を取り壊すか焼き払って「無住地帯」を設定し、部落住民は他の一定の場所に集団で隔離し、回りに牆壁(しょうへき)を設けるという「集団部落」設置＝「匪民分離工作」が中心であった。集団部落が形成されると、抗日勢力は、食料も、弾薬の補充も困難になり、情報も得にくくなった(『静岡民友新聞』一九三五年一一月二～四日、三六年五月二六日、二七日)。『静岡民友新聞』一九三五年一〇月二一日および一一月一一日付では、山岳地帯の掃討作戦あるいは共産党系抗日勢力の掃討作戦での、家屋類全部の焼却・破壊による「絶対的無住地帯設定」作戦につき特派員からレポートされており、同紙一二月二〇日付でも「無住地帯工作」により遊撃隊の「帰順」が進んでいることがレポートされている。集団部落設置方針は、一九三四年一二月の集団部落建設令で法制化され、三五年度から本格化された作戦で(一九三六年度末までに三三六一ヵ所の集団部落)、遊撃部隊を中国民衆から孤立させるのに顕著な効果をあげたのであるが(50)、集団部落建設の最前線に静岡連隊を含む第三師団がいたのである。一九三五年一〇月二六日付『静岡民友新聞』では、「匪賊の死体四、負傷者数名あったが血祭りにあげ」という報告もみられる。一九三七年八月以降の中国戦線への召集兵のなかには、この時期に満州で訓練を受け、集落の破棄・家屋の焼却・住民の強制移動と隔離という非戦闘員への生活破壊を日常的に組み込んだ武装抗日勢力の掃討と治安作戦を経験した兵士たちが大量に含まれていたことになる。

全国的には、満州事変からの熱狂が醒めつつあった一九三〇年代半ばのこの時期に、静岡県民の場合は連隊規模の出動により、満州情勢は常に身近な問題としてあった。師団の派遣は、銃後の熱狂をつくったわけではないが、前線の「奮戦」模様は刻々と伝えられ、戦時気分は静かに持続した。一九三五年一〇月、静岡連隊の一伍長が戦死した際には、「戦友に抱かれながら、天皇陛下万歳を叫びつゝ」「名誉の戦死」を遂げた「獅子奮迅」ぶりと息子の戦死の報を受けても「涙一つ見せぬ健気」な母の姿が地元紙で紹介されている(『静岡民友新聞』一九三五年一〇月二八日)。同年一一月の豊橋連隊中隊長戦死の際には、「陣刀を抜き群がる重囲(じゅうい)に突入」「壮烈肉弾四勇士」という見出しが躍る(『静岡民友新聞』一一月二三日付)。この地域では、満州事変開始後あらわれた戦時美談が引き続き再生されつづけていたのである。

派遣中の県下要救護家庭は一九三四年一二月調査で四〇〇〇戸に達し、改正軍事救護法の規定に沿って都市部では一人一日三〇銭(二人四五銭、三人六〇銭、四人七五銭)、郡部一人二五銭(二人四〇銭、三人五五銭、四人七〇銭)の救助金が支給され、その他医療費および助産費用の補助が行なわれた(『静岡民友新聞』一九三四年一二月二五日)。派遣兵士への餞別・慰問、町村葬などについては、一九三四年一一月、県町村長会評議員会が現役兵入営者餞別三円、渡満兵餞別五円と各町村長の見送り、帰還除隊者五円、駐満兵への慰問品七〇〇〇個送付、在満駐屯中の死亡兵士への町村葬費用は全部町村負担との方針を決定し、各町村での徹底を求めた[51]。一九三六年五月の、第三師団帰還の際の地元の歓迎ぶりの一端は、「沿道殊ニ豊橋管内ニ入リテ実ニ盛大ナル歓迎ヲ受ク。感謝シツ、午後零時十五分豊橋到着。駅ヨリ兵営マデ人垣ナリキ」という兵士の日誌からもみてとれる[52]。第三師団帰還を期して、一九三六年六〜七月には、各地で在郷軍人会主催の国防思想普及講演会も実施された[53]。そして、戦時気分が醒める余裕もあまり与えられぬままに、静岡県民は本格的な戦争体制に突入したのである。

二・二六事件と在郷軍人会の引き締め

一九三六年二月二六日未明、一四〇〇余名の兵力を動員して重臣たちを殺害した大規模なクーデタ事件＝二・二六事件が勃発した。クーデタは失敗したが、戒厳令の圧力を利用して軍部の政治干渉が一段と強まった。

県内での事件の反響の一端は、三月六日に憲兵司令官から陸軍大臣に提出された報告により知ることができる。[54] それによると、「維新断行」に共鳴する右翼団体の動きがある一方で、浜松市在郷軍人幹部が「事件勃発以来一般市民特ニ有識者ニシテ軍ヲ誤解非難スル者激増スルノ傾向」を憂いている様子、静岡市では政党関係者が「軍部論難ノ目的ヲ以テ愛国悲憤政談演説会ヲ開催」しようとし、所轄から禁止されたと伝えている。いずれにしても、「有識者」中心に反軍感情が一挙に高まったのである。

反軍感情の高まりに対する軍部の懸念は、在郷軍人会への指導からもみてとれる。在郷軍人会静岡支部長は事件発生の翌二七日、第三師管連合支部長より「軍ノ声望ヲ失墜セシメサル」よう指示されているが、[55] さらに四月の分会長会議でも「兵役義務心動揺防止ニ就テ事件ノ為兵役義務観念ト国民的支援ヲ減退セサルコト」、「国防思想普及ト反軍策動ノ防遏」のために「事件ニ関スル誣説（ふせつ）ヲ是正スルコト」を指示した。[56] 静岡県の場合は、五月に満州派遣部隊が帰還し歓迎の熱狂がつくられたことも反軍世論沈静化に役立ったのではないかと思われる。

在郷軍人会県支部では、このような在郷軍人会会員自体の引き締めを行なうとともに、この時期には国防婦人会の結成指導、在郷軍人の年限を終了したものを軍友会員(軍隊入隊経験者を中心、四一歳以上六〇歳未満)としてさらに組織化するなど、軍周辺団体の整備に努めた。一九三六年三月三一日付、帝国在郷軍人会静岡支部長より分会長宛「国防婦人会設置促進ニ関スル件通牒」によれば、この時点で静岡連隊区管内国防婦人会二〇分会、会員二万六〇〇〇人で、全国水準五三〇〇分会会員二五〇万人に比べると低水準であった[57]。国防婦人会組織化への着手が遅れた原因は、静岡連隊区管内では、国防協会婦人部として軍による婦人の組織化が進められたことがあるようだ。国防協会婦人部の国防婦人会への改組は、一九三五年春から始まり、国防婦人会の組織整備が進められた[58]。一九三六年一〇月二八日付の郷軍静岡支部長「国防婦人会ニ関スル件」によれば、七一分会七万人と一挙に増加し、一九三八年二月、在郷軍人会静岡支部長は連隊区管内の国防婦人会組織化の完了を宣言した[59]。また軍部支持意識の基底をなす国防思想とのかかわりでは三六年六月から連隊区司令部による防護団設置依頼が始まった。民間における防空演習の中核となる防護団については、三七年三月から行政ルートでの本格的な設置勧奨が行なわれることになる[60]。

4　日中全面戦争と「郷土部隊」の出動

開戦と世論

一九三七年七月七日の盧溝橋事件に端を発し、日本は中国との全面戦争に突入した。中国との全面戦争は、以後丸八年に及ぶことになる。

中国との全面戦争突入には、陸軍部内にも反対論があったが、それを排して大陸への大量動員に踏み切った背景には、「一撃論」、すなわち短期の勝利可能という中国の抗戦力への過小評価があった。この時期に熱海町で発行されていた地域紙『東豆新報』[61]七月八日付紙面には日本無産党情報部の「最近の支那の現状」という記事が紹介されている。記事は、日清戦争以来深く根を張った日本人の中国人蔑視を批判し、今日の中国は抗日、排日一色の挙国一致体制を形成しつつある、共産党も抗日については蔣介石と提携するだろうと観測し、日中が戦えば両方が疲弊するが、中国の回復力のほうが早いだろう、と予測している。盧溝橋での現地部隊の武力衝突は、このような中国に対するリアルな国力・対日抗戦力判断を無視したところで全面戦争に化していったのである。

大きく、急速に変わりつつあった中国をリアルに認識する能力を欠いていたのが軍部だけではなかったことは、七月二一日の県下市町村長会議における知事訓示や会議の決議からもうかがえる。知事は、事変発生の根本原因は「根強い支那の排日思想に在」るが、そのような抗日、侮日は日本による東洋平和確立の意図を理解しえないところに起因するものであり、「破邪顕正（はじゃけんしょう）は我大和民族の伝統的精神」として国体論に依拠して武力行使を正当化した。[62]日本以外では通用しない独善的な国体論を基準として、思想的誤りを正すために他国に武力介入するという、かつてない戦争の論法であり、そのような無理な戦争の論法に、受け手の県民も疑問を抱かないところに、もう一つの、より深刻な問題があった。

最初の武力衝突が計画的なものでなかったにもかかわらず、満州事変の段階に比べ国民動員組織の整備と日常訓練が格段に進んでいたことや、近衛文麿内閣が参謀本部を上まわる好戦的姿勢を示したこともあって、挙国一致体制の形成は素早かった[63]。県下ではいち早く帝国在郷軍人会の郡組織、市町村分会が「暴戻支那を撃て」という声をあげ、七月一五日の静岡連隊区司令官による挙国一致訓示を経て、在郷軍人会の銃後活動、挙国一致世論工作が全県的なものとなった(『静岡民友新聞』七月一六日)。七月二〇日には会員代表二〇〇〇余人を集め、在郷軍人会静岡支部臨時大会が開催されている。軍と在郷軍人会主導で初期の世論喚起が行なわれているのは満州事変時と同様である[64]。これに続き県行政が時局認識徹底に乗り出し、その趣旨は知事告諭や先の町村長会議で全県に徹底された。さらに青年団、防護団、市町村会、商工会議所、教化団体、国防婦人会、処女会、小学校校長などが七月末までに県下各地域で挙国一致を声明し、戦勝祈願祭を執行し、銃後活動を開始した。諸団体の動きは満州事変時よりいっそう組織的である。また、県下の新聞は七月二〇日前後から、愛国的銃後美談、献金事例を拾いだして紹介しつつ「責は支那の不遜にあり、皇軍、不義を討たん」(『静岡民友新聞』七月二一日夕刊)という論調で中国蔑視のうえに立った排外主義を高めていった。銃後美談・献金は満州事変時より各段に出足が早い。盧溝橋事件後最初の派兵は関東軍と朝鮮軍に限られており、日本国内(内地)からの三個師団動員が承認されたのは七月二七日、そして翌二八日から日本軍の総攻撃が始まったのであるが、すでに銃後では軍部と行政の主導により後戻りを許さないほどの対中国強硬世論がつくられつつあったのである。

戦争が全面化すると、銃後活動もより組織化し、各市町村ごとに銃後後援団体の横の連携、活動の分担協議が始まり、慰問金募集、国防献金も組織的になった。満州事変段階では、慰問金品は主として静岡県出身兵を対象にして募集されており、郷土部隊意識が慰問運動の媒介をなしていたが、この時は、郷土部隊・郷土出身兵をほとんど媒介とせずに、慰問金品募集・献金運動が、はるかに高い水準で展開されていった。[65]浜松市の場合は、八月一二日付『静岡民友新聞』で、早くも国防献金四万円突破、慰問金一万五〇〇〇円突破と報道されている。満州事変時の装甲車献納運動の到達点を一市で、しかもはるかに短期間で上まわっているのである。国防献金が慰問金を大きく上まわっていることは、日中戦争初期の県下の戦争熱が、郷土部隊・郷土兵士意識を媒介とせず、主として挙国一致意識に訴える形で形成されたことを示していよう。

この段階でいったん郷土兵がみえにくくなったことは、所属部隊名も機密遺漏の対象とされたほどに軍事上の機密が拡大したことと関連していよう。一九三七年八月に土方村役場・掛川警察署連署の「日支事変に際し必ず守って頂かねばならぬ事」には「一、流言蜚語(ひご)を為さぬこと」、「二、軍の機密を守って下さい」として動員に関すること、作戦・用兵に関する事項、「支那満州」に駐屯派遣する軍隊に関する事項、応召日時・応召部隊、軍事郵便記載事項などは、新聞記載事項以外全部が秘密、「三、怪しい行動者に注意して下さい」(警察に連絡)とある。[66]また、同月の三島警察署・三島憲兵分隊連署の文書には「応召者ノ送別会、見送、接待、或ハ部隊出発等ノ光景ヲ撮影スルコト、並之等状況ノ記事ヲ印刷配付スルコトハ差控ヘラレタシ」とある、[67] 日中戦争初期段階においてすら、満州事変段階に比べ戦局・戦場・兵士の姿がみえにくい戦争だったのである。そして、情報を減少させるなかで、世論を一定の方向に誘導していった。日中戦争開戦は、国民に対する情報統制の画期をなしているのである。[68]

「郷土部隊」の出動

八月一四日、第三師団に動員令が下り、二六日、静岡歩兵第三十四連隊と豊橋歩兵第十八連隊が各衛戍地を出発、静岡駅の周辺は見送りの人びとで埋め尽くされた。当時の歩兵連隊の平時編制は一九〇〇人、これが戦時編制となると出動総兵力三八〇〇人と倍になり、六〇〇頭以上の軍馬も動員される。さらに別途留守部隊が編成され、これを含めると総勢五〇〇〇人を超えることになる。一つの歩兵連隊だけでも一挙に三〇〇〇人もの召集兵が必要となるのである。富士郡鷹岡村の一一月の応召者数をみると一四〇人、これに対し現役出動兵は二五人である。[69] 同月末の駿東郡金岡村の応召人員は一〇二人、同月九日現在の田方郡西浦村の応召者数は六三人、三八歳を最高に、三〇歳代が二八人と四割を超えた。[70] 各村単位でみても、一〇〇人前後の応召者を出したのである。八月一五日に駿東郡愛鷹村西椎路区が決定した「出征並ニ入営ニ関スル事項」をみると、質実な送別、区内各組から出征入営者に一円、区から二円の各餞別、出征時には各戸一人の出席(「子供婦女子」は不可)により氏神に武運長久を祈り見送りを行なう、銃後の農事手伝い等救助事業は基本的に各組で責任をもつ、などを最初の動員に対し応急的に定めている。[71] 日中戦争にあたっては、初めから派手な送別が抑制されたことが特徴的である。そして、地域末端組織でこのような送別が行なわれた後、町村単位で最寄の駅での見送りが実施された。このほか、一家の労働力の柱を引き抜かれた応召兵家族の日常生活上の不安は大きく、郷土部隊・郷土兵の大量出動によって、出征者家族の援護・慰問も重要課題となり、戦争熱と「銃後」形成にさらに拍車がかかっていった。

九月初め、静岡、豊橋両歩兵連隊は長江に入り、激戦の続く上海戦線に投入された。この時期には参謀本部も、中国軍の抵抗は頑強で後退しないこと、そして中国国民の敵愾心はきわめて強く、応急動員の日本軍では苦戦すると予測していたが、一一月初めまで続いた上海戦の犠牲はその予想をはるかに上まわるものであった。静岡連隊の場合は、戦線投入から二カ月間で戦死者(戦病死者含む)一三一〇人、戦傷者二一四六人(戦病後送者含まず)、計三四五六人であり、当初上海に上陸した総勢三八〇〇人が消えたに等しい犠牲であった。豊橋連隊の犠牲は、同じ期間に戦死一二〇〇人、戦傷三〇〇〇人と、静岡連隊をさらに上まわる犠牲を払った。[72] このため両連隊ともに欠員補充をすべく各連隊区管内から現役補充と追加の応召を行ない、補充兵を次々と投入した。

県下の新聞は、一九三八年一月ころまでは、静岡県関連部隊につき、特派員が取材した部隊長談話・中隊訪問・出身町名を付した個々の兵士の談話や奮戦談、部隊や兵士からの陣中だより、兵士からの手紙などを掲載し、毎日のように何がしかの郷土部隊関連記事を掲載していた。紙面では部隊名は伏せられたが、部隊長名から部隊の所在をつかむことができ、検閲の範囲内ではあれ、兵士たちの肉声も県民に伝えられていた。前線と郷土部隊を支える銃後は、このような情報でつながっていた。大規模な応召が、県民の郷土部隊への関心を著しく高め、郷土紙はその関心に応える紙面を組んだのである。

郷土部隊をめぐる戦局の記事では、戦勝記事を中心に、日本軍の損害はできるだけ少なく伝えられていた。しかし戦死者の多さは隠しようもなく、そのため、壮烈な肉弾戦、誉れの戦死者、鮮血に彩られた護国勇士、血と肉で切り開いた肉弾路、敵弾飛雨裡の決死行進、大胆不敵な決死隊といったセンセーショナルな見出しで紙面が飾られた。日露戦争以来の大量の戦死者が生じるなかで、日露戦時と同様に、戦死記事を通じて国家意識と敵愾心の動員をはかる紙面が構成されたのである。そして、このような苦戦を合理化するために、わずかな期間であるが、中国側への侮蔑的言辞が減少し、中国軍の頑強さ、抗日意識の強さも伝えられた。中国兵の死体の山に「敵ながら一抹の哀感をそそった」(『静岡民友新聞』一九三七年一〇月六日)という人間的な感情が記事にあらわれたのもこの上海戦の時期の特徴である。しかし、この程度では戦場の実情と銃後の戦争観のギャップは埋まるべくもなく、上海戦が日本軍の勝利で終わると中国蔑視が再び記事の基調をなしていった。

前線では厳しい戦闘が続き、戦友が次々と消えていくなかで兵士の敵愾心が異常に高揚し、軍紀の乱れもあいまって、中国兵捕虜や中国人一般民衆に対する残虐行為も発生したが、静岡県の関係連隊も例外ではなかった。上海戦最中の静岡連隊の「戦闘詳報」は「俘虜ノ大部分ハ師団ニ送致セルモ一部ハ戦場ニ於テ処分」と記し、現浅羽町からの出征兵士は「毎日五人や十人位殺して帰ります。中には良人も殺しますが、何分気が立って居るので居る者は皆殺します。哀れな者さ。支那人なんて全く虫だね」と一〇月の知人宛手紙で書き綴っている。[73]『静岡民友新聞』紙上でも時折、兵士の談話や手柄話のなかで中国人捕虜の銃殺、敗残兵の射殺・殲滅などの証言が散見され、敗残兵の掃討作戦に出かけ「結局四名の支那兵を軍刀のさびにした」(一二月二九日付)という生々しい表現さえみることができる。

こうした記事は郷土部隊情報が新聞紙面で減りはじめる一九三八年二月ころからは姿を消すが、記事の統制と同時に、この時期から帰還者が増えたこともあり、帰還軍人の言動、機密保持にも在郷軍人会を通じて細かい注意が払われていった。在郷軍人の言動規制は軍民離間・反戦感情回避の観点からも注意が促され、帰還兵士を対象とする銃後座談会などを開催しない旨の指示が行なわれた。[74]軍紀厳正な皇軍イメージの保持は、軍に対する挙国的支持の要だったからである。県内では、一九三八年三月末ころから六月ころにかけて各市町村で続々と防諜団が結成され、憲兵との協力のもとで流言飛語の防止、国防機密の保護、防諜観念の普及活動が行なわれはじめた。『静岡民友新聞』にみる郷土部隊情報に関しても、一九三八年六〜八月にかけていっそう減少し、九月以降は前年九〜一一月と比較して五分の一から一〇分の一程度まで縮小する。[75]しかも、部隊の行動に関する地名はすべて「〇〇」となり、郷土部隊の戦闘記事にしても具体性を欠いた奮戦記になっていく。静岡連隊・岳南連隊・豊橋連隊などの名称も、静岡・豊橋の留守部隊に関する記事だけに限定された使われ方となった。また、かつては紙面を華々しく飾った戦死者記事も、その氏名すらほとんど掲載されなくなっていった。郷土部隊の動向を通じて、戦局を推し量ることができなくなったのである（なお、戦局全体の記事も減少した）。郷土部隊情報は、増減の波をもちつつ、総体としては、日中戦争期を通じて急速な減少傾向をたどる。仮に郷土部隊の記事や稀に出身町名つきで郷土兵に関する特派員記事が掲載されるにしても、郷土部隊・郷土兵の役割、作戦行動はほとんどみえない状態となった。

　話を再び一九三七年末に戻そう。上海を攻略すれば戦争は終結する、それがかなわずとも自分たちの部隊が帰還できるという期待を支えに苦しい戦闘を続けてきた静岡、豊橋の両連隊は引き続き南京攻略戦に予備部隊として動員されていった。中支那方面軍が軍中央の制止をこえて、南京への中国軍追撃戦に突入したからである。したがって予定にない作戦行動であり、食糧・調味料、煙草の補給もないなかでの行軍に次ぐ行軍に、隊列は乱れ、指揮掌握も困難ななかで、兵士たちは中国人家屋から手当たりしだいの徴発をくり返した。先に紹介した現浅羽町出身兵士は、「南京まで百里の余も毎日〳〵行軍で苦労したよ。全く此の時程国の為にはこんな苦労もするかと思ったよ。米なぞも、都合悪く汽車の便も無いので内地から来ず、毎日生じおに南京米のくさった用な物お（ママ）食って十日も暮らしたよ。此の十日間は真実死んだ方が良いと思ったよ。沢山（たくさん）な病人も出来たよ。病気なんぞにかかったら哀れな物だよ。薬も無く、病室も無くひどい物だよ。全く人間らしい生活で無いよ」とその劣悪な作戦を語っている[76]。

　こうした前線の実情を知る由もない銃後では、南京陥落の祝勝計画が進んでいた。南京占領は一二月一三日だが、浜松、静岡ではその一週間ほど前から旗行列・提灯行列の祝賀会準備が始まっており、一四日夜は県下各地が祝勝の興奮に包まれた。これに先立ち「沈黙の凱旋」と形容された戦死者の遺骨帰還、各市町村ごとに複数の戦死者をまとめて弔う従来ほとんど例をみない「合同葬」が一一月ころから相次いでおり、南京城占領は、これら郷土兵の犠牲に立った戦争の勝利を意味するものと考えられたからである。しかし、戦争勝利の期待は見事に裏切られ、いったん南京での「敗残兵掃討」に就いた両連隊は、帰還することなくその後も中国各地を転戦しつづけた。知事は一月の県町村長会議で戦争の継続にふれ、「支那事変」は新中国の建設、「日満支三国提携」の東洋平和建設という第二段階、そのための長期持久戦に入った、と訓示している。この論法からすれば、中国人の抗日行動が続くかぎり戦争の終結はありえなかった。一九三八年五月には徐州占領、そして一〇月には漢口陥落で、県下各地はたびたび戦勝と戦争終結の期待に沸き立つ。しかし、当時の戦争報道では、戦局と郷土部隊の作戦の関係を推し量るのはほとんど不可能で、県民の喜びは、郷土部隊の活躍を称えるというより、戦争の終結と兵士の帰還への期待ではなかったか。にもかかわらず、戦争は泥沼化し、以後は終結の見通しもつかぬ状態となった(77)。一九三九年前半、部隊の作戦行動を抜きにした特派員の郷土関係部隊訪問記事、出身町名つきの兵士の声を伝える記事が新聞紙面で若干増えるが、同年後半からはこの種の戦争情報さえ非常に少なくなった。

防護団から警防団へ

日中戦争期の挙国一致形成の重要な手段として見落とせないのは、民間防空組織の整備とそれを活用した頻繁な大規模防空演習である。既述のように市町村の防護団設置は一九三六年の連隊区司令部の依頼に始まり、市町村の防空計画策定を義務づけた防空法が公布される三七年四月(一〇月一日施行)ころから県行政も設置指導に乗り出すが、開戦とともに指導は本格化した。一九三七年七月末から防護団設立指導者講習会が全県的に行なわれ、以後各市町村が九月に予定された防空演習に向けて、常設防護団の設立、あるいは既設防護団の再編充実に努めはじめた。組織は、地域ごとの分団と大工場などの職場特設防護団を傘下に置き、一戸一人の割合が標準的団員数であった。構成員は、在郷軍人会員、消防組員、青年団員であり、それゆえに消防組をかなり上まわる人員を擁した。在郷軍人会は、結成にあたって連合分会(郡市)、分会(町村)単位で指導援助や団員訓練を行なっており[78]、団の業務のなかで防火が消防組系統を中心としたのに対し、警備や警報関係は在郷軍人が中心となった。

九月には「空を護れ」「軍都の空を護れ」を合言葉に、各地域で防空演習が実施され、一〇月にも第三師管内一斉の演習が実施された。この時期、日本軍機の空襲は、南京、広東に対し執拗にくり返され、一〇月八日の『静岡民友新聞』は、空襲で南京は死の町となり、食糧・水が欠乏し大幅な人口減少、と報道しているほどであるが、中国側から日本内地が空襲されるおそれはなかった。したがって演習は緊迫感を欠き、静岡連隊留守部隊司令官は演習が精神的熱意を欠き、灯火管制は不徹底、防護団員の活動も鈍かった、との談話を発表している(『静岡民友新聞』一二月二日)。しかし、これ以降も年数回の師管範囲の広域演習がくり返され、とくに一九三八年秋には一〇日にわたり実戦に即応した長期訓練が行なわれた。現実の空襲のおそれと無関係に訓練が遂行された理由は、県警防課員が「何処までも国土を護り通さうとする意気込を以て臨むことが国民防空の要訣」というように、国土防衛意識を喚起することにより挙国一致を持続することであった(79)。

しかし、全県的に防護団を結成したものの、消防組は防火・消火の領域では独自の活動を続けていた。そして防護団の命令権は警察署長にあり、消防組への命令は市町村長が行なっていた。また、両者の活動分担も明確ではなかった。したがって両者が防火をめぐって衝突することもあり、命令系統の一元化が全国的に要請され、県下の消防組からも一元的統制の声があがっていた(『静岡民友新聞』一九三八年四月一〇日、一四日)。

この問題は、一九三九年一月の警防団令によって県警察部長—警察署長に命令系統が一元化されたことで決着がつく。警防団は、防護団と消防組を統合した市町村ごとの組織であり、従来の消防組も解散した。警防団員の主力は消防組員であるが、警防団員数の基準が都市部で一〇〜二〇戸に対し一人、町村部で二〜七戸に一人の割合とされたため、防護団員数に比べて大幅に減少し、都市部では消防組員数に比べても減少した。多数の応召者の送り出し、現役兵の大幅増員を勘案すると、警防団にこれまでのような人員を割くことはできなかったためと考えられる。そのため一九三九年一〇月、補助策として地域末端の防空組織結成が県下に指示され、県下一律に一〇戸内外で組織される家庭防火組合設置が推進された。家庭防火組織は、一九三八年初めから勧奨されているが、その時点では女性中心、規模も名称も統一されていなかった。これらが画一的に、各戸の長の組織として再編されたのである。[80] 防空・消防組織は、警防団─家庭防空組合という形で、警察指導下に入った。

こうして組織は統一されたものの、団員の確保と兵員補充との矛盾は拡大するばかりで、とくに兵力動員が拡大したアジア太平洋戦争開戦直前から深刻化する。一九四一年八月の賀茂郡下河津村の事例では、応召で多数の中核団員を失ったため、団員の年齢基準を四〇歳以下まで押し上げて団員三八〇名をようやく確保していたが、在郷軍人会から応召濃厚な年齢層を脱退させるよう「秘命」があった。この指示どおりにすると団員脱退が一挙に一四一人も発生することになる。結局、村の警防団は三五歳以上で再構成されねばならなかった。[81] 防空活動は、しだいに現実の空襲の危険性が近づきつつあった段階で、その担い手を空洞化させつつあったのである。[82]

軍事援護事業の急拡大

一九三七年八月半ば、第三師団に動員令が下ると県下の出征者は一挙に増え、知事は「出動者の遺家族救恤に全力を尽くすこと」を声明した(『静岡民友新聞』八月二六日)。先にもふれたが、日中戦争初期の出動者の特徴は、現役兵に比べ応召者比率が高かったことである。出動軍人全体の統計がないため磐田郡敷地村(現豊岡村 ※平成合併で磐田市)の事例をみると、三八年四月の現役一三人(国内勤務を含む、以下同じ)、応召軍人一二三人、同年一二月の現役一四人、応召二八人、除隊帰郷九人、三九年五月現役二五人、応召一二三人、除隊帰郷一五人、同年一一月現役二六人、応召二七人、除隊帰郷二三人と推移している。[83] 最初の大量の兵力動員に応召者をもって対応したことがよくわかる。初期の応召者は、三八年前半期から除隊が始まり、新しい応召者にとって代わる。その結果、応召者数自体はそれほど変化、減少しないのであるが「独立ノ生計ヲ営マザル若キ応召兵」へと年齢はしだいに低下したという。[84] 他方、現役兵は増加しつづけ、三九年に入り現役比率が応召兵比率を上まわりはじめた。出征者の割合では、この村の世帯数は約二九〇戸、三八年一二月現在で、そのうち三八世帯、四二人が現役または応召され出動していた。世帯数比で一三％、一家二人以上の場合もあった。また、この時点の応召者数だけでも、総世帯比の約一割、除隊者を含めればこれまでの応召世帯は総世帯比一二〜一三％程度である。一九三九年七月現在の駿東郡金岡村の事例では、応召下士官・兵八一人、現役兵八五人で計一六六人、この時までの召集解除除隊者は八四人である。当時、同村の世帯数は八二七であり（一九四〇年現在）、現役・応召者をあわせた対総世帯比率は村の一七〜一八％、除隊者を含めた応召世帯比率でも同様であった。現役・応召を含めて日中戦争開始後に村から送りだした兵士総数の比率は、村世帯総数の三割に達しよう。[85] 応召世帯比率は、二つの村の事例いずれも、日露戦争時全期間の応召者総数の県民世帯比率約一一％（第二章参照）をすでに大幅に超えている。このような動員世帯比率の高さと、一家の生計の中心をなす年齢層が多かったことが重なり、出征遺家族の救援は急務となったのである。

当初の軍事援護は、軍事扶助法（一九三七年七月軍事救護法を改正実施）による生活扶助（そのほか医療、助産、生業扶助など)を主たる柱とし、軍事扶助法で扶助しえない遺家族層を対象とする軍事扶助静岡地方委員会の活動、市町村の援護活動がそれを補助した。軍事扶助法の生活扶助は、改正にともない救護対象を「生活スルコト能ハサル者」から「生活スルコト困難ナル者」と範囲を拡張し、一日当たりの給与額も増額した[86]。給与額は、一九三八年現在で、現役兵・応召者の戦死、傷病、その他出征のため生活困難になった場合、人口五万人以上の静岡・浜松・清水の三市では四二銭、五万人未満の沼津・熱海両市は四〇銭、町村では三五銭である[87]。しかし一九四〇年六月の静岡県方面委員大会では、軍事扶助費は一九三七年の最低生活費を基準に生活扶助費の限度を定めたものであり、「現在ニ於ケル生活ハ到底コノ限度額ニ依リテハ不可能ナル処ナリ」として軍事扶助限度額引き上げを決議している[88]。

軍事扶助法による生活扶助の支給実態につき、前出磐田郡敷地村における三八年一二月の支給世帯数をみると六世帯である。当時、村ではすでに戦死者が二人、またそれ以前の記録で傷病者が三人確認されることを考えると、ここでの扶助は戦死者、傷病者家族に限られていたように思われる。支給基準は非常に厳しかったのである。それでも県全体の支給戸数は、三七年九月には三〇〇〇戸を超え、年末までには一万戸、三七年度の支給総額一一八万円にのぼった。この扶助金額は、前年度の一七倍に達する。さらに翌三八年度は二一四万円に増加した[89]。静岡市では、三八年七月現在で、軍事扶助法による生活扶助八六四戸、助産一九人、埋葬五戸、生業四人などの扶助を実施している。このうち生活扶助費は一戸当たり日額最低一〇銭、最高一円五〇銭で、月当たり支出は一万六〇〇〇円に達した。単純に年間換算すると二〇万円弱になる。ちなみに三八年の静岡市の経常歳出は約一七〇万円であった。[90] 軍事扶助法による国庫の支出そのものは少ない額ではない。しかし、三八年一月の県経済部調査（県下三〇カ町村調べ）によると、軍事扶助を受けている戸数は「応召者数の一割乃至三割」にしか達せず、「各町村一致しての希望は軍事扶助の適用範囲を相当程度に拡大する事」であった（『静岡民友新聞』一九三八年一月一八日）。

軍事扶助静岡地方委員会は、帝国軍人後援会静岡支会・県国防協会・日赤静岡支部・愛国婦人会静岡支部など軍人援護に関係する七団体が加盟する組織であり、一九三四年一一月に各団体の軍事扶助事業を調整し、協力実施する目的で結成された。[91] 軍事扶助法の対象外家族、軍事扶助法の不足を補う扶助を行なったが、対象者は全県で五〇〇戸にすぎなかった（三七年末）。県レベルの組織の主たる出費は、歓送迎、慰問、駅などでの犒軍に向けられていた。

このほかに市町村は独自に生活扶助を実施していた。静岡市出動軍人後援会が三八年四〜八月に行なった静岡市独自の一時的生活扶助は、一一一八人、三三六七円であった。[92] 敷地村の場合では、三八年七月現在で、二七戸の全出征世帯に慰問金として毎月一律に五〇銭ずつ支給、このほか五戸に対し月一円五〇銭の生活扶助金を支給していた。三七年七月から三八年末まで一年半ほどの村の負担総額は八五〇円ほどに達している。村の財政負担力からすれば、大変な出費であった。敷地村の場合は、この時点でもなお、村が出動遺家族の生活援護にある程度の役割をはたしているが、静岡市の場合は、市の一時的生活扶助額を、軍事扶助法による同市に対する生活扶助費と比べた時、戦時の生活援護費の負担が完全に国家の財政支出中心に移行したことがみてとれよう。一九三八年五月の静岡市の軍事援護一覧をみると、生活扶助、一時扶助、医療扶助、助産扶助、生業扶助、埋葬費扶助、軍事相談、授産事業、勤労奉仕、農繁期託児所、税金免除・減額、電灯料減額、水道料減額、授業料・保育料免除または減額、ラジオ聴取料免除、乗車賃半額、入浴料無料または割引などにわたる。[93] このうち、生活・医療・助産・生業・埋葬は軍事扶助法の対象であり、残りが軍事扶助静岡地方委員会や市の事業対象であった。したがって、都市部における軍事救護・扶助においては、国家的事業が中心となるなかで地域の役割が相対的に低下し、国と地方団体を含む全体の事業範囲としては、従来の戦時生活援護と比較して、非常に多岐に整備・展開していったのである。[94]

しかし、農村部で金銭以上の意味をもったのは労力奉仕であり、ここでは地域の軍事援護がなお重要な意味をもちつづけた。県は、三七年九月の通牒以降、秋の収穫、播種、春の播種、植え付け、田植えなどに際しての部落ごとの勤労奉仕班の結成による応召家族農作業援助を促し、三八年一月の調べで県下で三七二四班が結成されていた。参加者は、八万八〇八三人、労力奉仕を受けた戸数は八二二四戸に及んだ。[95] 多数の応召者だけでなく、農耕用の馬の徴発、軍需工場への労働移動による労力不足が重なるなかでの勤労奉仕運動は、現実には容易でなかったが、戦時にふさわしい隣保相助精神の発現として、軍事援護の重点施策とされた。[96]

銃後奉公会の結成

こうして始まった軍事援護事業であったが、戦争の長期化にともない各種の問題、矛盾が生じた。第一に、軍事援護については、県庁内に臨時軍事援護部が設置され、諸団体についてては軍事扶助静岡県委員会によって事業分野の調整がはかられるはずであったが、軍事援護事業の不統一・分散、一方での重複について県会でも問題にされ、事業の統一的指導と実施主体の確立が要請されていた。第二は資金問題である。先にもふれたように、国家の軍事扶助範囲は狭く、かつ生活扶助の支給額も「到底足りない」水準では(一九三八年一二月一四日静岡県会発言)、県や市町村の補足的な援護活動が不可欠であったが、それらの財源のほとんどは従来どおり寄付金や強制的な各戸割当募金への依存でやり繰りしていた。しかし、開戦一年もすると、資金募集は難航しはじめ、一方で増税に直結する公的援助への切り替えもまた困難であった。第三に、国家の公的援助の長期化と拡大は、「恩恵に狎(な)れ所謂(いわゆる)権利思想を生ずるが如きこと」、「服役に依る代償的思想を抱」く傾向への当局の不安を増大させた[97]。国体明徴運動以来、欧米的として否定されてきた権利思想の復活は、いかなる形でも認められなかった。第四に、帰還者の増加にともなう再就業問題、大量に生じた傷痍軍人対策、そして戦死者への下賜金(一等兵で一三〇〇円)をめぐる遺族間の相続紛争、乱費問題などである。大量の戦死者を生んだことから下賜金相続の紛争は「各地ニ多発」し、軍当局は「故軍人ノ名誉ヲ汚」す行為として憂慮し、「之カ(ママ)絶滅ヲ期」した[98]。

これらいくつかの課題に処するため、三八年末以来軍人援護団体の統一化が推進された。

中央においては、帝国軍人後援会以下分立する軍人援護団体を、恩賜財団軍人援護会として統一をはかり、県下でもその統一方針に沿って、一一月に軍人援護会静岡県支部を設立した。軍事扶助静岡地方委員会による加盟団体の提携協力方式は、ここに転換した。産業報国連盟から大日本産業報国会への転換のように、連盟方式から単一の事業組織体への転換が、軍事援護分野でもみられたのである。

次いで、翌三九年二月、県は銃後後援団体の整備強化に関する通牒を発し、市町村内の軍事後援諸団体を銃後奉公会の名称のもとに統一、単一団体とすることを指示した。従来の地域軍事後援団体は戦時の臨時的なものも多かったが、この銃後奉公会は戦時平時を通じて活動する恒常的団体として性格づけされた。銃後奉公会の目的は、国民皆兵の本義と隣保相扶の道義に基づく軍事援護の実施であり、軍事後援は兵役が国民的義務である点から出発すること、援護の中心はあくまで地域の自発的な共助精神にあることが再確認された(99)。また会員は全戸加盟(世帯主)として、戸数割(住民税)額などに応じて会費を負担することとした。会活動は、この会費と県、市町村の補助金で成り立っている。こうして、諸団体の統一と資金問題に関する手当てがなされたわけである。また、遺家族の精神指導、生業補助による自活化が重視され、戦没者遺族の紛争については、市町村ごとに軍事援護相談所の設置が奨励された。なお、県学務部は出征者遺家族が自主的な集まりを開催すること、家族会などを結成することには警戒を示し、遺家族の行動を銃後奉公会の指導下に置いた(100)。銃後奉公会は、三九年中に県内全域で設置された。長期的な総力戦のなかでは、軍事援護分野における地域格

表19　浜松市の軍事扶助世帯と扶助金額

	1937	1938	1939	1940	1941	1942	1943	1944	1945
世帯数	236	471	503	306	417	754	1,083	1,225	368
世帯人員	755	1,517	1,609	979	1,334	2,413	3,466	3,923	1,178
扶助金額	5,820	21,195	27,162	22,070	36,024	74,288	117,972	184,650	159,870

出典）浜松市戦災史資料「雑録」(浜松市立中央図書館所蔵).
注）単位は，世帯数―戸，世帯人員―人，扶助金額―円.

差は、援護を受ける出征者家族にとっても、援護経費を負担する側においても、不公平感を助長せざるをえない。徴兵慰労会から始まった各地域の軍事援護団体は、こうして地域的な独自性を否定され、全県的・全国的に画一化された。

しかし、アジア太平洋戦争開戦にともない援護対象は再び急増した。浜松市のまとめによれば、**表19**にもみるように、「戦局の熾烈化した昭和十七年末頃から漸次援護を要するものが増加し遺族、傷痍軍人は昭和十九年に於て最も増大するに至った」[101]。そこで、四四年一月の県内政部通牒では銃後奉公会に専任職員を最低でも一名置くこと、地域役職者を網羅した銃後奉公委員の設置、庶務部・援護部・軍事援護相談所などの部制の整備が指示されるとともに、財政上の理由から応召者・現役軍人家庭からも応分の拠出を求めた[102]。軍事援護は、出征者家族の経済的保護という目的においては破綻しつつあったといえよう。

5　アジア太平洋戦争下の「郷土部隊」

一九四一年一二月、アジア太平洋戦争が始まると、地域紙にみる戦地の郷土部隊情報は、稀ともいえる状態になり、通常は、戦死者の個人情報が若干掲載される程度となる。郷土部隊情報といえば、ほとんど補充部隊(留守部隊)の動向に限られていくのである。わずかに「精鋭部隊進発 万雷の如き万歳に送られ」という出征記事があっても、この部隊の人数・行く先は元より、どこから「進発」したのかさえわからず、県内に兵営をもつ部隊の一部であろうこと、この時期にも「万歳」による送り出しがあったこと以外はわからない内容となった(『静岡新聞』一九四二年七月一七日)。郷土部隊に関し、例外的な情報提供が行なわれたのは、一九三九年九月に編成された歩兵第二百三十連隊が、ガダルカナル島の戦闘でほぼ壊滅状態になった時である。同連隊は、三個大隊のうち二個大隊が、静岡で担任編成された「郷土部隊」であるが、一九四二年一二月〜四三年二月にかけてガダルカナル島で「玉砕」、それから八カ月たった四三年一〇月に、静岡連隊留守部隊(二百三十連隊の編成を担当した「原隊」)から戦死者名二三〇〇余柱分[103]が公表された。この発表を受け、一九四三年一〇月二〇日から二四日まで五日間にわたり『静岡新聞』の朝夕刊は、県内市郡別の戦死者氏名・顔写真、残された遺族の情報や内地にいる部隊関係者、戦死者遺族や近親者の談話で埋め尽くし、「この仇撃ちてし止まむ」「弟よ仇は討つぞ」「よくぞ戦って呉れた。母は嘆きませぬ」「精強の皇軍魂を発揮」「烈々の忠魂に応え一切の戦力をはかれ」など、郷土部隊になぜこのような悲劇が生まれたのかを伏したまま、敵愾心をあおり、戦意高揚をはかる紙面をつくりあげたのである。

地方行政とその地域の出身兵士の関係については、沼津市の例を、年度ごとの事務報告書(沼津市役所所蔵)を手がかりにみてみよう。時期を遡るが、一九三九年中の援護活動では、内地にいる傷病兵慰問や沼津市出身で内地部隊在営中の兵士慰問を行なっているほか、戦地にいる沼津市出身兵士に対し毎月三回発行の「郷土新聞」を送付[104]、また、出征兵士の家族写真を市の手配で写して将兵に送付する事業、さらに市出身将兵への小学校児童の慰問文と市長の年賀状発送などが行なわれている。慰問袋は、県で一括して発送しており、沼津市と市出身将兵という直接的関係は切れているようだ。一九四〇年中となると、市の「郷土新聞」発行は、月一回に減っているが、郷土映画「銃後の沼津」が戦地に送られ、沼津出身兵向けの市内小学児童の慰問文は二四六九通にのぼった。「内地」にいる郷土兵慰問は前年と変わらない。一九四一年になると、新たに慰問用の雑誌が発送されているが、慰問用の新聞発送は一月に一回、雑誌の発送も三月に一回であった(それぞれ年一回)。市長名による年賀と暑中見舞状の前線送付、および家族の写真の前線送付、小学児童の慰問文発送はこの年も行なわれているが、前年までに比べると市と前線の市出身兵士の関係は稀薄化している。一九四一年五月二八日付の金岡村「翼賛運動実施事項実践方ニ関スル件」は、「皇軍将兵武運長久祈願行事」の「義理的行事」化、あるいは「遊山気分」の広がりを戒めているが、こうした事態も地域と郷土兵との上記のような関係のなかで生じたものであろう[105]。

これが、アジア太平洋戦争開戦後の一九四二年となると、もはや慰問用の新聞・雑誌発送は事務報告書に記録されていない。児童生徒の慰問文は従来どおり、暑中見舞も送られたが

(市長名の年賀は消えている)、市と前線の市出身兵士の関係稀薄化はいっそう進んだ。一九四二年五月八日付の『静岡新聞』中に、「南支」特派員による「このごろメッキリ慰問袋や手紙が入って来ない」という部隊長談話の紹介があるが、これも地域と地域出身兵との関係稀薄化を裏付けていよう。また、四月六日付同紙は、榛原郡相良町の一地区の在郷軍人会による郷土兵への慰問袋発送を「銃後の赤誠」を示す「美談」として紹介している。以前であれば当然の前線郷土兵慰問活動が、とりたてて美談として記事になるほどに、慰問活動を通じての地域と地域出身前線兵士との関係が弱くなっていたのである。さらに一九四三年の事務報告書となると、児童の慰問文も市長の見舞状も消えていく。静岡県下七市共同の「南支皇軍慰問使」に参加し、慰問袋も従来個数以上に調整されているが、市が市出身前線郷土兵を支えるという関係は、ほとんど断ちきれる寸前であったと考えざるをえない。なお、四四、四五両年の事務報告書には前線への慰問活動がまったく記載されていない。

もう一つ、地域と兵士の結びつきの原点的位置をなす入営・応召時の歓送と遺骨出迎・葬儀に関する地域のかかわりを金岡村(一九四四年四月、沼津市に合併)の事例からみておこう。アジア太平洋戦争開始直前の一九四一年一一月、静岡連隊区司令官は入営・応召の取り扱いにつき、旗・提灯・幟(のぼり)・襷(たすき)・腕章の全廃、歓送は駅構内に入らず歓送場(役場)まで、送別会を自粛し歓送は生産の障害にならない程度に、父兄・近親者の付添の全廃、応召者の奉公袋を目立たぬように携行する、などを指示している。こうした指示を受け金岡村では、送別会を自粛し、各字神社にて区代表・隣保班全員・近親者により歓送会を実施し、その後、出征兵士が近親者二名以内、区代表、字代表(在郷軍人班長)とともに役場に集合することを申し合わせた。(106)同村中沢田区の区有文書(107)から、歓送の通知書を追ってみると、歓送は村内の区(大字)を中心に区内諸団体に呼びかけて行なわれており、区で歓送会が行なわれた後、村役場に村全体の入営・応召者と付添が集合し、村単位の送別をなし、さらに沼津市の県社日枝神社で地域一帯の祈願祭が執行された後、沼津駅から送りだされた。一時に送りだす入営・応召者数が多いとやや規模の大きな送別になるが、従来から比べれば送別への動員は非常に抑制されていよう。奉公袋は、在郷兵応召の際のシンボル的持ち物であったはずであるが、応召・動員が駅の風景から知られぬようにとの軍事機密の観点から、奉公袋所持がわからないように装うことが求められた。本土空襲が本格化しはじめる一九四四年一〇月には、応召入営の出発見送りは自宅前などで万歳三唱して解散し、駅頭までの見送りを一〇人程度にすること、さらに翌一一月には、駅前広場での群をなした見送りも禁止され、必要なら駅以外の鉄道沿線で見送り、また駅の見送りは応召兵一人につき三人までと制限された。一二月には、長い慣行であった村吏員による入営地までの引率が、既教育者応召の場合には中止され、四五年五月には、吏員引率が全面的に廃止された。一八八〇年代に入営兵送別行動として定着していった地域の歓送行事は、アジア太平洋戦争期を通じて、著しく簡素で質素で小規模な行事に再編されていったのである。

次に金岡村戦死者の遺骨出迎えと公葬である。(108)開戦後の沼津駅頭での遺骨出迎えは、戦死者の出身区内の諸団体(在郷軍人会・軍友会・男女青年団・男女青年学校・警防団・婦人会)の会員・団員の全員と村内他区の諸団体役員全員を動員して行なわれ、駅から村の国民学校へ行列をなしたうえで、国民学校で焼香した。村葬への参列を要請されたのも同じ対象および国民学校児童であり、他区の村民は弔旗掲揚を求められた。少なくとも一九四三年前半まではこうした葬送の形式である。しかし、沼津市編入後の一九四四年七月の通達では、沼津駅への遺骨出迎えに対し、区内の関係団体全員への動員要請がなく、遺骨は国民学校を経由せずに直接自宅に廻されている。葬儀は一九四四年九月から変化をみせ、従来村葬の前に執行されていた自宅葬を町内会(旧区)でとりしきり、沼津市合同葬参列者は遺族中心に一柱につき一五人と制限した。次いで一九四五年六月、沼津駅への遺骨出迎えは、近親者と旧村各種団体長、町内会長、隣組長などに限定され、町内会の団体員は町内会長の指定する場所で出迎えることになる。さらに沼津空襲後の七月には、市葬の執行が不可能となり、葬儀は自宅葬に市長が参列し公葬に代えるを建前とする、あるいは市長が遺骨到着の時、駅頭で焼香することで公葬とし、町内会を中心に自宅葬を執行するものとした。満州事変期には千人単位の動員に達した遺骨の出迎えは、区・町内会内部の団体動員に縮小され、公葬は、敗戦前の一年間事実上区内葬・町内葬化した。日清戦争期に始まる町村レベルの公葬もまた、敗戦直前には執行不能となったのである。地域行政が公に葬儀を執行することで戦死者と死への悼みを国家に回収する仕組みが崩れかけていた。

消えた外征郷土部隊

郷土部隊情報が極端に減少し、地域との関係が薄れていくなかで、外征郷土兵たちはいかなる運命をたどっていたのか、比較的部隊史がまとまっている歩兵部隊をみておこう。

静岡連隊＝歩兵第三十四連隊の場合は、一九三七年の上海戦・南京攻略戦の後、三八年に徐州会戦、武漢攻略作戦に参加した。三八年末から四四年初めまでは、河南省南部の都市信陽(武漢の北方)を警備・治安維持の拠点としつつ一九四〇年の宜昌作戦、一九四一～四二年の二次にわたる長沙作戦、四二年浙贛作戦、大別山作戦、四三年江南殲滅作戦、常徳殲滅作戦、四四年湘桂作戦(大陸打通作戦)などに相次いで参加した。敗戦時は、武漢の東南方、九江付近であるが一九四四年以降は中国南部の広西省地域(広東省西側)で中国国民党軍との戦闘、中国侵略の最先端部隊として作戦・治安維持活動を展開しつづけたのである。その間の戦病死者数は一九三七年九月から一一月一一日の上海戦において、戦死者一二四八人、病死者六二人(計一三一〇人)、戦傷者二一四六人(戦病死者含む総計三四五六人)、この間一八〇四人の補充を受け、ようやく連隊としての体制を整えた。その後一一～一二月にかけても三次にわたり補充員を受け入れている。上海戦後、一九四一年一一月までの日中戦争期の戦死者は、四年間で七五〇人、病死者は一五九人(計九〇九人)、戦傷者数は不明だが、一部の作戦の戦死者と戦傷者の割合からみると、ほぼ戦死者の二倍程度であろう。[109] アジア太平洋戦争開戦後は、一九四四年五月の湘桂作戦以前が、戦死・病死を含め五〇一人、その後一九四四年五月以降敗戦までの戦死者五八六人、病死者一四四〇人、さらに敗戦後四六年四月の復員までの死者数(戦死者、戦傷死含む)も二一〇人に達した。アジア太平洋戦争期の死者の八割は敗戦直前一年余に集中しているのであり、その大半は激戦の疲労と栄養失調による病死であった。そしてその犠牲者の規模は、一個連隊が完全に消えたに等しい大損害であった上海戦を、戦死・病死者総数でははるかに上まわるものであった(110)。

静岡連隊と並ぶ郷土部隊である豊橋連隊＝歩兵第十八連隊の場合は、静岡連隊とともに上海戦〜南京攻略戦に、その後も静岡連隊と同じ第三師団の隷下で四二年七月まで徐州会戦、漢口作戦、襄東(じょうとう)会戦、贛湘作戦、宜昌作戦、第一次・二次長沙作戦、淅贛作戦などに参加した。しかし一九四二年七月、師団を歩兵四個連隊編制から三個連隊(歩兵団)へと改編するのにともない、第三師団から離れ関東軍第二十九師団に編入された。この時、日中戦争開戦以来の連隊慰霊祭を行なっているが、祭られた戦死者・病死者は二六〇〇余人である。上海戦での戦死者が一二〇〇人であるから、その後一四〇〇人の戦死者・病死者が生じていたことになる。その後連隊は海城(奉天、現瀋陽の南方)に駐留、対ソ戦訓練に入った。しかし一九四四年二月一〇日、第二十九師団のマリアナ方面派遣が決定するや、一一日後の二一日、連隊四〇〇〇人が、兵士たちは行き先も知らぬまま慌ただしく海城を出発、そして一週間後の二月二九日、バシー海峡(台湾の南)付近で魚雷攻撃を受け、連隊長以下一六四六人が海没、帰らぬ人となった。海に投げ出された連隊兵士のうち一七二〇人は救出されたが、大砲も戦車も失い、重傷者も五七〇人に及んだ。三月六日、残る連隊兵二二八二人がサイパン島に上陸するが、六月上旬までに第一大隊を除きグアム島に移駐した。その直後の六月一五日、米軍はサイパン島に上陸、サイパン島に残った第一大隊は夜襲を仕掛け全滅した。次いで、七月二一日、米軍はグアム島に上陸、二五日からの日本軍総攻撃のなかで、残った豊橋連隊主力も二七日に壊滅した。グアム・サイパンにおける連隊の戦死者・病死者は計二一三四人、生還者はわずか一二二人であった。[111] 海城出発後わずか五カ月で、一個連隊四〇〇〇人がほとんど丸ごと消えたのである。

サイパン島防衛作戦が原因で全滅した郷土歩兵部隊はもう一つある。第四十三師団歩兵第百十八連隊である。同連隊は、一九四三年七月、豊橋の歩兵第百十八連隊と静岡の歩兵第三十四連隊補充隊[112]をあわせて新たに編成された平時編制の部隊で、第三十四連隊補充隊業務を引き継いだ。しかし一九四四年四月二一日、動員令が下り、五月中旬の深夜「立ち番する憲兵のほかは見送る人とてない暗やみの静岡駅構内から、三千余の将兵を乗せた軍用列車は鎧戸を降ろしたままの極秘行動で」出発した。「下士官や兵たちには部隊の行く先は一切知らされていなかった」という。[113] 百十八連隊(三二九五人)の属する第四十三師団(一万六二〇〇人)は、先述のように平時編制の部隊、すなわち「内地」の地域防衛を主たる任務としており、士官・下士官も応召者、兵も三〇歳代の高年齢、未教育召集兵が大半で、外地戦闘訓練は行なっていなかった。しかも、連隊総員数は第四十三師団隷下の他の連隊(名古屋、岐阜で編成)より八〇〇人ほど少なく、静岡連隊区での召集はすでに限界という状況のなかで編成された部隊であった。[114] この部隊に急遽一カ月の島嶼守備訓練を行ない、サイパン島防衛に振り向けたのである。[115]

第百十八連隊は、五月三〇日横浜港を出港するが、サイパン島北西五五〇キロの海域に差しかかった六月五日、魚雷攻撃で連隊主力の乗った船舶が沈没し二二四〇人が海没した。このとき七隻の輸送船団中五隻が沈没し、総計七〇〇〇人が海の藻くずとなったと推定される。結局船団将兵のうち、六月七日にサイパン島に上陸できたのは、百十八連隊の生存者一〇〇〇人と他の部隊数百名であったが、それらは小銃すらない歩兵と戦車のない戦車隊、臼砲のない砲兵隊の寄せ集めであった。上陸後、重症の火傷者を除く八〇〇人の部隊を編成するが、小銃は三人に一挺しかゆき渡らなかった。この兵士たちも六月一五日からの米海兵隊との戦闘で六月末までに残存兵力一〇〇人までに激減し、残る兵力も肉弾突撃で七月初めまでにほぼ全滅した(116)。

バシー海峡で海没した郷土部隊ももう一つある。関東軍隷下の独立歩兵第十三連隊、通称泉五三一六部隊である。盧溝橋事件後、関東軍隷下の独立混成第十一旅団(熱河、錦州に配備)は「北支進攻作戦」を展開するが、最初の進攻作戦終了後の一九三七年一〇月、旅団は師団(第二十六師団)に改編され、新たに独立歩兵第十三連隊が編成された。同連隊には、一九三九年以降静岡連隊区・豊橋連隊区出身兵が増え、静岡連隊・豊橋連隊などにいったん入営した兵士たちは、一週間程度で第二十六師団要員として中国に向かい、独立歩兵第十三連隊に入隊した。一九四〇年以降、入隊兵の大部分が静岡県出身兵となったこともあり、敗戦後は静岡に泉五三一六会本部が置かれ、毎年静岡で慰霊祭が執行されている。同連隊は、内モンゴルの厚和(フフホト)に連隊本部を置き、厚和地区の警備を行ないつつ、八路軍の抗日根拠地が広がる河北省北部・山西省北部地域の掃討・粛正作戦をくり返した[117]。治安掃討作戦では、部落を焼き、住民を一定地域に集住させ、無住区を設定する作戦を展開している[118]。

一九四四年七月、連隊に対米作戦参加命令が下る。そして八月、釜山からマニラへ向かう途中、連隊本部と第二大隊が乗船した船が、バシー海峡における潜水艦の魚雷攻撃で沈没し、ほぼ全員(第十三連隊死者二〇〇〇人、同船の沈没で計四七五五人が死亡)が海没した。残る第一、第三大隊二〇〇〇人はマニラで連隊を再建し、一一月レイテ戦に向かうが、レイテ島上陸直前に輸送船への攻撃を受け、部隊の重火器・弾薬・糧秣をすべて海没させ、裸同然で、一週間分の食糧しかないまま戦場に投入されることになった。一二月までの戦闘でほぼ全滅状態となるが、生き残った者たちもジャングルのなかで餓死していった。独立歩兵第十三連隊を含む第二十六師団一万二〇〇〇人のうち、レイテから生還できたのは計二三人のみという[119]。部隊誌が「戦場で生まれ、戦場で育ち、戦場の中に消えて行った[120]」と記すように、郷土からまったく見えないところで、兵士たちは海没による死を迎え、そしてレイテ戦では多くが餓死状態で死んでいった。

フィリピンにおいて餓死状態で壊滅していった郷土部隊も一つではない。独立歩兵第百六十四大隊である。一九四二年二月九日、フィリピン攻略戦完了後の治安警備部隊として新たに独立守備隊を編成(第十独立守備隊)し、フィリピン南部に派遣する大本営決定が発令された。独立守備隊は五個大隊(独立守備第三十一〜三十五大隊)、定員三八三三人、各大隊定員七六二人(四個中隊と銃砲隊)という構成である。そのうち第三十二大隊は静岡で編成を担任することになった。本籍が静岡、または静岡中部第三部隊＝歩兵第三十四連隊補充隊に勤務する者から編成されたのである。編成目的が治安警備であり、作戦部隊ではないため、現役と予備役召集者が一対二の比率で、平均年齢は高かった。第三十二大隊は、三月一八日、万歳と旗の熱狂のなかで静岡を出発したが、行き先は兵士たちにも極秘であった。広島から輸送船に乗りフィリピンのセブ島上陸、セブ島およびボホール島(セブ島の東方)全体を一個大隊で治安警備する任務についた。しかし、六月にセブ島の米比軍を武装解除したのもつかの間、九月から抗日ゲリラの活動が始まった。部隊誌は、「こうしてゲリラとの戦いは、すでに全比島で始まったが、当初十四軍作戦指導並びに軍政の失敗が根深く尾を引き、第一線警備部隊と住民ゲリラとの戦闘を、いよいよエスカレートしてアメリカの思う壺にはまることになった。とにかく武力あるいは何らかの力を伴った友好は、偽りの人間関係をつくるものだということを改めて思い出させた。軍政に対する批判は、警備部隊内部でも大きな問題となっていた」と記す[121]。

第三十二大隊は一九四三年五月、ミンダナオ島に配置転換となり、治安警備ではなく、ゲリラ掃討の作戦部隊としての任務を負わされていく。そのため四三年一一月、独立守備第三十二大隊が属する第十独立守備隊が独立混成第三十旅団(六個大隊)へ改編されることになり、独立守備第三十二大隊も独立歩兵第百六十四大隊に改編された。同じ四三年一一月の大隊陣中日誌に、すでに「炊事の給与状態非常に悪し」と記されており、食糧事情の悪化は早くもこの改編時期から始まっていた[122]。後方からの給養がないうえに、抗日ゲリラの勢力が強く、現地での物資略奪も思うようにできないために栄養不足が深刻化していたのである。なお、一九四四年六月、大本営はフィリピンの独立混成旅団を師団に改編することとし、第三十旅団は第百師団に改編された。

一九四五年第百師団はミンダナオ島ダバオに集結、体力が著しく低下した状態で上陸した米軍との戦闘に入った。四月から六月にかけて激しい戦闘で多くの戦死傷者を出し、七月には完全な敗走状態となる。その様子を緊急補充兵の一人はこう記している。「二十一キロ地点まで来ると、もと来た径(みち)は米軍が進出して来ているというので、ほかの小径を下って行ったが、二キロほど行くと、死人の悪臭がにおって来た。しばらく行くと、路傍に座ったまま餓死している兵に出会った。みるとあたりに、四人も餓死者がいた。内地では想像もできない姿である。互いに助け合って行くと、四、五日で川に出た。川は雨で増水して渡れない。遠回りして行くと一週間かかる。それでは餓死してしまうので、木を伐って筏をつくろうということになり、つくって川に浮かべると、生木のため沈んでしまう。仕方なく山越えに遠回りして行ったが、食糧も尽きてしまい、食えそうな木の実などを食べ、餓えをしのいで行くと、途中には餓死者があちらにもこちらにも、ころがっていて、まるで地獄の中を歩いて行くようだった。また息も絶え絶え顔にウジがはいまわっている姿もみかけた[123]」。

第百師団の総員一万八七三四人中、生還者は六六二七人、三分の二が戦死した。多くの餓死者を含むと思われる。独立歩兵第百六十四大隊の場合、戦死者は八〇五人で、当初の総員数七八二人全員が消滅したことになる。実際には中途で四〇〇人の補充員が加わり、総員一二二〇人中四一五人が生還した。なお、ミンダナオ島ダバオ地区には二万人といわれる多くの在留日本人がおり、サイパン島や沖縄戦と同じく、非戦闘員を戦争に巻き込んでいったところにダバオ地区の戦闘の特異性があった。そのことに「郷土部隊」も否応なく関与している。

歩兵第三十四連隊と同じく「静岡連隊」とも呼ばれる歩兵第二百三十連隊は、これまで紹介した部隊より早く、一九四二年末から四三年初めのガダルカナル島の戦闘でいったん壊滅状態になった。同連隊は、一九三九年八月、第三師管で新編成された第三十八師団の隷下部隊で、九月一三日に静岡で編成を完結した。ただし、三個大隊中、第三大隊については岐阜で編成されている。第二百三十連隊は、三九年「一〇月一五日、沿道市民の歓呼の声や、日の丸の旗の波に送られて勇躍南支那の戦線に出動した」。以来中国南部の諸作戦や警備に参加し、アジア太平洋戦争開戦後はまず香港攻略戦、四二年一月以降ジャワ作戦、スマトラ作戦に参加した[124]。

一九四二年九月二〇日、連隊に新たな出動命令が出、ラバウルを経由して一〇月一五日、まず第一、第三大隊がガダルカナル島に上陸した。そして一〇月二四日、島内のルンガ飛行場攻略戦に参加し敗退、敗残部隊となり、以後ジャングルを敗走しつづけた。部隊誌に記録をよせた第一大隊本部付の兵士は一月初めの状況を「部隊の食糧が払底したことは、我々の気持を、敵と相対した時の戦闘意欲以上に急迫したものにかりたてた。言うならば、今や我々は、飢餓という大敵に周囲を包囲され、総攻撃をかけられているに等しかった。病没者の数は既に戦死者の数を上回り、なお日々続々と斃(たお)れつつあった」と記し、一月下旬「第一大隊約一〇〇〇名の兵員は、関谷大隊長をはじめ、各中隊長以下の大部を失い、僅(わず)か五〜六〇名ほどになってしまった」とまとめている。[125] また、戦闘参加者一六七人のうち生還者一四人となった二百三十連隊歩兵砲中隊の兵士は、一月一日の日誌に「しかしながら、今自分の周囲は、あちらでもこちらでも疲労死と狂人が続発している。死を待っている者ばかりだ。今日埋めた人が明日は埋められる。私の小隊も皆危い。遅かれ死、早かれ死だ。まともな容貌をしている者は全くない」と書き残した。[126]

当初ラバウルに待機した第二大隊は、一一月五日ガダルカナル島に上陸するも、わずか一〇日で携帯した食糧は底をつき、第五、第八、第二機関銃中隊が壊滅した。第八中隊の生存者は二〇人という。第六、第七中隊は輸送船が撃沈され引き返したため、ガダルカナル戦に参加しなかった。第三大隊の詳細はわからないが、第九中隊の生存者は一〇人である。

ガダルカナル島の二百三十連隊兵士が飢餓と闘っていた一二月四日、静岡連隊兵営から歩兵第二百三十連隊補充隊一〇〇〇人が出発した。編成の主力は三〇代前半の三カ月の基礎教育を受けただけで、行く先もわからず送りだされた二等兵である。「営門前から沿道は一面に人垣が築かれ、手に手に日の丸の小旗が打ち振られ、ワーッと挙がる喊声(かんせい)は四方に響き渡っ」たというが、[127] 一二月二二日、まずラバウルに上陸した後、ガダルカナル島の現況にかんがみ、補充としてではなく、歩兵三個中隊、機関銃一個中隊、山砲一個中隊の大隊(六〇〇人)に再編され、一月一四日、ガダルカナル島上陸、撤退援護の任務についた。この補充兵も含め、歩兵二百三十連隊のガダルカナル島戦死者は二六〇〇人とも二七〇〇人ともいわれる。

以上紹介した静岡県に深くかかわる歩兵部隊は、いずれも最初に送りだした兵員のすべてが死亡するほど、あるいはそれ以上の戦死者・病死者を出した。そのうち作戦上必要な戦闘による戦死者は半数をはるかに下まわると思われ、玉砕戦術によりいたずらに兵士の犠牲を増加させたこと、さらに無理な作戦による体力低下と給養欠如により生じた栄養失調による病死・餓死者を大量に生んだこと、輸送船団の護衛軽視により海没犠牲者を増やしたこと、また輸送船の沈没により装備と食糧を喪失したにもかかわらず戦線投入が強行されたこと、未教育兵の戦線投入などが複合的にからみあいながら、全部隊の壊滅状態をつくりだしていった。そして、これらの部隊は、どこで、どのような作戦を行なっているのか、地域＝郷土の側からは部隊行動がまったくみえぬままに消滅していった。アジア太平洋戦争の前半期には、静岡から出発する場合は、地域民衆の熱狂的送り出しがあった。しかし、送る側も、送られる側の兵士も、行き先を知らされることはなかった。見送りを最後に部隊情報は途切れたのである。そして一九四四年の出征の第百十八連隊の場合、その見送りもなく、深夜秘密裏に静岡を出発せざるをえなかった。従来ありえなかった地域との関係の切断のなかで、外征の郷土部隊は壊滅していったのである。

6　軍用地の拡大と軍隊増設

軍用地接収の諸事例

最初に、敗戦直後にまとめられた旧軍用地調査(表20)をみてみよう。日中戦争以後に行なわれた県内の主要な軍用地接収事例である。この六事例はいずれも飛行場用地のため、面積は広大で、しかも農地あるいは農地に転用可能な民有地が相当部分を占める。また、入植者中の帰還者の戸数、人員からみて、買収にあたって相当数＝帰還戸数を上まわる民家(主として農家)の立ち退きが行なわれたことが確認できよう。以下、これらの事例を含め、日中戦争期以降の軍用地接収事例をみていこう。明治・大正期の軍用地接収事例と異なり、日中戦争期以降の軍用地接収は軍機にかかわる問題となり、接収経緯がわかる資料は少ないが、断片的にでも史料が残る接収事例を紹介し、その特徴を確認したい。

まず、日中戦争以降に行なわれた比較的早い軍用地接収事例である小笠陸軍射場(遠州灘東海岸の現小笠郡浜岡町、大東町、御前崎町にまたがった陸軍試射場　※平成合併後の御前崎市・掛川市域)の土地接収経緯である。遠州灘東岸に陸軍の射場を建設する話は、一九三八年四月ころ現地に伝わり、その月のうちに陸軍担当官による地域有力者(村長以下村行政の三役、村会議員、区長ら)への説明会が行なわれた。接収案は数十戸の民家の立ち退きを強いる内容であり、その後、池新田村・千浜村・三浜村・三俣村(三浜・三俣両村は一九四二年合併して陸浜村)四村は共同して接収地の縮小と買収要望価格を陳情した。翌五月、陸軍と関係各村との懇談会がもたれ、その場で陸軍側は「先般提出ありたる土地価格調書に依る土地の価格は、全く吾々の予想せざる法外のものにて、……最近、全国各地に於ける買収価格に比するも、全然比較にならぬ高価にて一驚せり」と、地元が提示した買収価格を非難しつつも「当初の買収計画に大転換を行ひ、各種の不便を忍び射場の要求条件を最小限度に縮小し、以て各村に及ぼす影響を極力減少すると共に、予算の許す限り出来る丈買収及補償金を十分にすべく、最善の努力を尽すことゝせり。即ち射線は思ひ切り海岸の方に片寄せ、幅員は最小限に短縮し、……為し得る限り各村耕地を減少せざることゝせり」と譲歩を表明した。また、射撃休日と射撃時間外の耕作立ち入りと漁業者の立ち入りを許し、漁業者への減収損失補償支払いにも同意した。(128) この陸軍の譲歩により、民家はすべて接収範囲からはずされ、面積も当初計画に対し三分の二に縮小した。また、買上価格も当時の相場からみて悪くない価格だったという。(129) この時点ではなお、交渉を許す時間的余裕と地元の要望を受け入れる余地があったのである。その後、地域有力者との交渉後に行なわれた各村ごとの一般村民への説明会では私服憲兵や警官がサクラを演じ、賛成表明を演じ、異議をはさむ余地を与えなかったという。接収の結果は、砂丘地帯の農地に依存してきた貧農的小作人にとくにしわ寄せがいくことになるのだが、サクラが入ったにせよ、一応集会の場で、形式的には住民の意志を確認する形をとったことは、一九四〇年以降の有無をいわさぬ強制的調印とは異なる側面であった。なお、この時の接収面積は四カ村、東西一一キロメートルにまたがる五九二・一ヘクタールであった。

回答写(農地事務局長宛)

(1946年7月30日)

同左入植戸数及入植者数	日本軍ニ移管サレタ以前ノ所有者	移管ノ形態	日本軍ニ移管サレタ時期	現在ノ土地処理状況	地区ノ現状	事業主体	適　要
帰 30戸 170名 入 30戸	民有	買収	昭18 (1943)	一時使用認可	開墾中	県	明野飛行場富士分飛行場
帰374戸 448名 入 30戸	一部国有 一部民有	買収	昭16 (1941)		連合軍保留	営団	明野飛行場天龍分飛行場
帰 50戸 956名 入409戸	大部分民有 一部国有	買収	調査中	一時使用認可	一部連合軍保留一部開墾中	県	
帰200戸 2,800名 入630戸	一部民有 一部国有	買収	昭12 (1937)及 昭16 (1941)	一時使用認可	開墾中	営団	
帰 50戸 135名 入 71戸	民有	一部買収 一部借上	昭18 (1943)	一時使用認可	一部連合軍使用,一部開墾中	県	
帰 40戸 292名 入 99戸	民有	買収	昭15 (1940)	一時使用認可	開墾中	県	

表 20　旧陸軍用地調査に関する件

用地名	所在	軍ガ使用シテイタトキノ用途	総面積(町)	開墾可能面積(町)	6月20日戸数及入植者数
富士飛行場	富士郡田子浦村，富士町	陸軍飛行場	180	161	115
天龍飛行場	磐田郡袖浦村	陸軍飛行場	245	158	90
三方原南飛行場	浜松市，浜名郡吉野村，和地村，伊左見村，神久村	飛行場 及 飛行学校	655	599	155
三方原北飛行場(含爆撃場)	浜名郡都田村，三方原村，小野口村	飛行場 及 爆撃機飛行場	1,220	627	80
海軍航空隊藤枝基地	志田郡静浜村，大富村，吉永村，和田村	海軍飛行場特攻基地	325	276	150
海軍航空隊大井基地	榛原郡勝間田村，荻間村，小笠郡川成村	予科練習場	198	181	25

出典)『東富士演習場重要文書類集 上巻』御殿場市役所，1982 年，45～46 頁.
注) 原表のうち，富士裾野演習場を除いた.

一九四〇年、射場東側の佐倉村海岸方面二三五・五ヘクタールへの第二次接収が行なわれ、さらに一九四二年、佐倉村の東側、白羽村一九〇ヘクタールの第三次買収・拡張が実施された。第三次の場合は、四月一八日、有力者との協議が行なわれ、翌一九日白羽村関係民五〇〇人を集めて陸軍より説明、次いで二〇日佐倉村関係者三〇人に対しても説明会が実施され、いずれも即時調印が求められた[130]。第二次、三次接収では民家の立ち退きが計二一戸に及んだにもかかわらず、立ち退き先の斡旋もない悪条件の接収であったが[131]、第一次の場合と異なり、交渉の余地はまったく与えられなかった。また漁業関係者から漁業権問題につき意見があったが、以前と異なり損失補償要求は無視された。休祭日および午後四時以降の耕作・漁獲は従来同様に支障なしという条件であったが、生活を成り立たせることはむずかしく、射場内での地元雇いは一〇〇人ほどに達したという。

榛原郡牧之原の大井海軍航空隊開設のための用地買収は、一九四〇年二月、海軍技術将校の現地秘密調査に始まる。三月二六日、横須賀海軍は関係村長ら二六〇人を呼び出し三〇〇町歩の買収、二〇〇戸の立ち退きを通告、その後、航空隊敷地外にあっても滑走路周辺四〇〇メートル以内の建物の場合は撤去を要求された。牧之原小学校も移転対象となる。この通告に対し地主二〇〇人は対策を協議、小作人一六〇人も二七日買収反対を決議し、陳情団一〇〇人が静岡県庁に設置中止の申し入れを行なう。また農民代表は横須賀鎮守府へも陳情を実施するが、四月一四日、海軍当局は関係者を集め、地元の要求を無視し買収価格を通知した。買収額は、当時の土地価格からみて、農民側が四割方の損害を強いられる水準であったという。住宅移転の場合、敷地だけで建物の損失補償はなく、小作の離作料は、小作人が地主との交渉でとるべしとの態度であった。小作人は代表を選び、海軍が支払うよう申し入れを行なうがこの要求も無視された。買収補償金は国債での受け取りを勧められている。また、設営工事が始まると、各村数百名の割り当てで勤労動員を強いられた。一九四二年四月、土浦の海軍航空隊を卒業した予科練習生に飛行偵察を専修させ半年の訓練後実施部隊に配属する、中間飛行訓練機関としての大井海軍航空隊が開設した。[132]一九三八年の小笠陸軍射場第一次接収と比較して、一九四〇年のこの事例では、地元に有無をいわせぬ強引さで大量の住民立ち退きが決定され、補償水準も住民に犠牲を強いる低さであるが、なお若干の異議申し立て期間が猶予されていた。

陸軍安倍川練兵場設置のための静岡市与一右衛門新田一三万坪（うち一万二〇〇〇坪が官有地）接収の場合は、一九四二年三月二四日、陸軍第三師団側と関係地主・小作三二人との間で買上協定が調印され、六月末までに立ち退くこととされた。その後、四月一四日、農民三二名は以下の陳情書を陸軍に提出し、年内一一月の収穫までの耕作許可を求めた。

然ル処、御承知ノ如ク当地方ハ地域狭小ニシテ、而シ田畑少ナク一戸平均一、三反歩ノ耕作地ニシテ、右ニテハ到底充分ナル生計ヲ営ムルコト能ハザルヲ以テ、曩ニ官有地ヲ拝借シ幾多困難ヲ克服シ、以テ之ガ土地ノ改良ヲ加ヘ、漸ク其ノ収量ニ於テモ他ノ土地ト遜色ナキ程度迄デ育成シ来リタル次第ニシテ、殊ニ主要食糧タル稲作ニ対シテハ農家食糧増産確保ノ見地ヨリ前年来、既ニ稲籾肥料ハ更ニナク、他ノ一切ノ準備整ヒ居タル処ニシテ、之レガ早急離作ノ他ニ求ムベキ適当ナル交換地等無ク、今日且又耕作者中ニハ全ク寸土ヲ失ヒ、為ニ転職ノ止ムナキ者モ有之。誠ニ心配ニ不堪候[133]

この史料から、練兵場用地買収が、代替地もないままの生業と生活の破壊にほかならなかったことが読みとれよう。射場のケースと異なり、陸軍は当初耕作地への限定的立ち入りも認めず、この陳情によってようやく収穫までの立ち入りを認めさせたのが交渉の限度であった。

同じ一九四二年の五月一九日、磐田町、富岡村、井通村三カ町村二〇万坪の行政当局・地主一三〇人に対する、第一航空情報連隊用地の買収説明が実施され、譲渡承諾書への捺印が求められた。所要時間は、わずか一時間三〇分であった。土地買収価格評価は地元側代表九人と軍との交渉に委ねることとなり、農作物へは補償を、建物移転は七月末までに完了することとされた[134]。買収条件もほとんどわからぬままに、最初の説明会の場で、一三〇人もの農地が強制買収されたのである。交渉の余地は、土地評価に関して若干与えられただけであった。

一九四三〜四四年の海軍航空隊藤枝基地(夜間戦闘機隊の隊員養成)建設の場合は、一つの村をつぶすほどの買収・借地化が進められた。四三年一一月二九日、横須賀海軍施設部は、志太郡静浜村に対し、海軍用地借用の申し入れと三日以内の地主の承諾受理を要求し、まず一二月初め、作業用宿舎建設地関係地主との借地契約が強制実施された。次いで四四年一月二〇日、海軍買収用地関係地主三〇〇人に対し説明が行なわれ、その場で承諾書への調印が求められた。買収・借地対象は、静浜村の耕地四〇〇町歩中の一四〇町歩にのぼり、移転対象家屋七〇戸、学校、役場、駐在所、隔離病舎まで移転対象となった。国債での支払いを呑まされたこれまでの事例に対し、移転料・土地買収料は四分の三を即時現金で支払うと取り決められたが、家屋の移転期限は四月とされ、わずか三カ月以内で移転先を探さねばならなかった。

しかも買収はこれでとどまらず、二月一日、買収用地面積が倍化、移転家屋も隣村を含め四五〇戸に激増の見込みとなり、計画どおり接収されれば村政維持が不可能な事態に追い込まれた。静浜村では関係各村に呼びかけ対策委員会を設置し、大井航空隊司令、横須賀鎮守府などと交渉、最終的に買収面積は、静浜村一五〇町歩、大富・吉永・和田三カ村合計で六一・五町歩、計二一一・五町歩となった。買収面積は軍の計画に対し半減したものの、静浜村では、村内全耕地の四割近い買収となったため、その影響は全耕地を失う農家一〇二戸、二分の一喪失九二戸、四分の一喪失一一八戸に及んだ。当時の同村戸数は七一六戸であり、四分の一以上の農地を失った戸数は四四％に達する。そのため、直接の移転対象となった約七〇戸以外にも生活上の必要から移転せざるをえない世帯が多数にのぼり、静浜村の全移転戸数は一七三戸(うち村内移転八〇戸)、村内世帯の二四％に達した。大富村・吉永村を含め移転戸数は二五〇戸である。静浜村は米作四二〇町歩、麦作一四三町歩をもつ穀倉地帯であったが、食糧増産の国策を無視して航空基地の増設が強行されたのである[135]。

沼津市域における海軍軍事施設と軍需工業の拡大

前項では個々の軍用地の買収事例をみてきたが、以下では一定地域のなかで軍用地が増殖する過程を追及してみよう。まず、沼津市域の例であるが、この場合の軍事施設の核は、海軍工廠なので、軍需工業地帯化をあわせて考えていく。

一九四一年六月、横須賀海軍は東京人絹沼津工場(沼津市)を買収し、敷地と施設を利用して沼津海軍工廠を建設する計画を進めはじめた。一九四二年五月、工場に隣接する金岡村(沼津市の北部に隣接)の用地買収が、最初の説明会当日に調印という性急さのなかで強行され、四三年六月電波兵器生産(無線部＝電波探信儀と航空無線部＝航空用無線機)の専門工場として、本格的操業を開始した。当初の工場敷地面積は、沼津市三九ヘクタール、金岡村九六ヘクタール、片浜村(沼津市の西部に隣接)二七ヘクタール、計一六二ヘクタール(敗戦時一八〇ヘクタール)で、平坦な水田地帯が一挙に重工業地帯に転換した。敷地内の住民は九月までの期限で移転を余儀なくされ、金岡村国民学校の移転増設もただちに課題となった。このケースでは、買収家屋の移転用地につき、横須賀海軍で同村内の代地を買収し集団移転を補助したが、村内の良好な耕地九六ヘクタールの買収が住民生活に与えた影響は甚大で、金岡村長より村内区長宛「海軍用地ニ関スル調査方ノ件」(一九四二年六月三日付)は、「今般海軍用地トシテ買収土地ハ非常ニ広区域ニ亘ルヲ以テ之レガ関係上経営方針ノ変更又転業ヲ要スルモノ相当数ニ上ルベクニ付キ」と指摘している。また、強制的な買収にもかかわらず、土地買収代金の支払いは譲渡承諾後一年半後であり、地元の陳情でようやく支払われた買収代金の八割は国債による支払いであった[136]。さらに、四二年一〇月の第二次買収(金岡村内敷地拡大)では、前回の半分以下という買収価格大幅切り下げを、「国防献金ノ意義ヲ以テ応諾」することを強要された。こうして敗戦時の占領軍への引渡目録によれば、製造関係施設五四棟、その他住宅など一二〇棟、二万人以上の工員、徴用工、勤労動員学徒が従業した巨大軍施設が地域のなかに突如出現した。

この軍工廠の建設計画は、周辺地域(とくに沼津市・金岡村の東に隣接する大岡村)の急速な軍需工業地域化をもたらした。ひと足早く一九三九年三月に操業を開始した富士製作重工業会社(沼津市)は、一九四三〜四四年に陸軍および海軍監督工場となり、軍需会社の指定も受けた。航空機用マグネット生産の国産電機沼津工場(大岡村)は、一九四一年五月に開所、一九四四年には従業者二五〇〇人に及んだ。兵器用工作機械の芝浦工作機械沼津工場(大岡村)は一九四二年四月に開業、その姉妹会社である沼津兵器株式会社(別名沼津工業株式会社、大岡村)は、一九四二年七月、兵器用工作機械生産強化を求める軍の要望で設立された。一方で、山十製糸所を引き継いだ昭栄製糸は、一九四二年七月、沖電気株式会社に施設と従業員を譲渡し消滅した。

沼津市域北部が、海軍工廠を中心に軍需工業地帯化したのに対し、沼津市域の南部(狩野川以南の海岸沿い地域)には、第二海軍技術廠音響兵器部が進出した。音響研究とは、水中聴音技術の開発であり、パッシブソナー(相手側の発生音の探知)、アクティブソナー(エコーの探知)などの研究である。海軍技術研究所は、一九三七年、牛臥(うしぶせ)の大山巖(元帥)家別荘を借用して波静かな内浦湾で海上音響実験を始めたが（最初の沼津進出）、一九四〇年、海軍技研内の電気研究部内にあった音響研究部門が音響研究部として昇格するや臨海実験場として淡島（当時内浦村）を借用し、一九四一年には、沼津市下香貫（しもかぬき）に八万二〇〇〇坪（二七ヘクタール）を買収して音響研究部本部を開設した。同年、桟橋と実験用船艇を配備した江浦臨海実験所（静浦村）を建設し、同じころ、大瀬崎（西浦村）の臨海実験所も設置した。のちに、静浦村多比地区にも実験室・機械装置の疎開地（すべて地下壕）が設置された。当時の沼津市に本部を置き、市域の南に内浦湾（駿河湾の最奥部）に沿って隣接する静浦、内浦、西浦各村（いずれも現在沼津市）それぞれに海軍技研の施設が配置されたのである。一九四五年二月、海軍は、電波、電気、無線・有線、音響関係の兵器研究部門を統合して、第二海軍技術廠を設置した。音響研究部はこの改編にともない第二海軍技術廠音響兵器部に改組される。音響兵器部の敗戦時構成員は一八二三人で、徴用工・女子挺身隊を含め約二〇〇〇人、このうちほぼ四分の三が沼津で働いていたという[137]。沼津市域は、海軍の電波兵器生産の中心である沼津海軍工廠を抱えるとともに、海軍の水中音響兵器研究の中枢でもあったのである。

　沼津市東部の香貫山を隔てて東側に隣接する清水村（現駿東郡清水町）に設置された横須賀海軍工作学校沼津分校も、当初は沼津港湾付近に設置される計画であった。沼津市役所が一九四四年一月にまとめた「沼津市域ノ拡張ニ関スル調書」には、「狩野川河口ノ海軍工作学校」とあり、海軍工作学校は音響兵器部本部に隣接して海岸に面した場所に設置することが最初の方針であった[138]。それが設置変更になった理由を、『沼津港湾史』は、「昭和十八年秋頃に至り沼津港湾より第二小学校まで一帯の土地全部を買収し此の地に海軍工作学校を建設し演習用として港湾を海軍が占用する事となったので驚いた市会正副議長……は市長を伴い県知事を訪問し……知事の添書を以て海軍省艦政本部へ出張し本部長へ陳情交渉の結果、……漸く千本地区を取り止め清水村へ変更せられたるものなり」と記録している。[139]結局海軍は、音響兵器部本部と香貫山を隔てた場所に敷地面積五五・九ヘクタールの工作学校を建設したが(一九四四年六月開設)、当初計画が実行されていた場合は、当時の沼津市の海岸地帯はほとんど海軍施設に占有された状態になったと思われる。

横須賀海軍工作学校沼津分校は、一九四四年六月一日、清水村に開設した。当初、横須賀海軍工作学校に次ぐ海軍で二つ目の工作学校として計画されたが、分校として発足した。工作兵の育成と築城技術教育を目的に兵舎六棟、収容能力三〇〇〇人、鋳物・機械・仕上げ・鈑金・溶接・鍛冶・木工・造船・電気・修理補修・築城などの実習場が設けられた。[140]このほか、清水村には海軍築城技術(掩体、偽装、地下壕、桟橋等の築法)の基本研究、青年技術士官の技術教育を目的に一九四四年、海軍施設本部実験所が設置されている。敷地面積は五〇ヘクタールに及ぶ大施設である。[141]沼津市と隣接地域に一九四一〜四四年のわずかな間に、海軍工廠以下四つの巨大な海軍施設が次々と建設され、農産物と漁獲物の物資の集散地、かつ観光都市としての沼津市は、急激に海軍の街、軍需工業都市に転換していった。そして、その軍事化と都市化が圧力となり、軍施設を行政側が機能的に支えることを目的として一九四四年、沼津市は金岡、大岡、片浜、静浦四村を合併した。

こうして海軍の都市と化した沼津市の本土決戦用兵力配備はどうであったのだろうか。『戦史叢書 本土決戦準備1』[142]の付表第一「終戦における第一総軍隷下部隊一覧表」によると、「終戦」時点で沼津にいた部隊は第八十一師団歩兵第百七十三連隊の一部、第八十四師団歩兵第二百一連隊、独立混成第百十七旅団司令部とあるが、同書の「第十二方面軍配備要図」および村瀬隆彦「本土決戦準備期県内配置の主要陸軍部隊の概要」[143]付図から判断して、二百一連隊はおらず、実際の配備戦力は第百七十三連隊隷下の二個大隊程度であり、独立混成第百十七旅団司令部は一〇〇人程度の人員しかなかった。そして、静岡県内の陸軍部隊配備状況からみると、中部、西部に比べて、沼津を中心とする東部への陸軍部隊配備は、上陸が想定されるポイントの一つであったにもかかわらず、かなり薄かったのではないかと思われる。

しかし、海軍の決戦配備に目を転じれば、一九四五年三月、海軍横須賀鎮守府は伊豆半島西側への特攻基地構築を決定し、四月二〇日以降、沼津市江浦(旧静浦村)に本部を置き、戸田、土肥、安良里(あらり)、田子(たご)、清水、御前崎の六カ所に派遣隊を有する海軍第一特攻戦隊(本部横須賀)第十五突撃隊(嵐部隊)の組織化を本格的に進めた。特攻戦隊は太平洋岸、九州地区などを中心に全国に一〇戦隊、三一の突撃隊が設置された模様であるが[144]、その一つが江浦に本部を置く嵐部隊だったのである。当初計画の配置人員は、下士官以下で六二四人である。嵐部隊の場合、他の特攻部隊以上に傘下の派遣部隊が密に配置されている。また、江浦基地本部には、江浦に特攻兵器格納壕を建設したほか、多比(静浦村)・口野(静浦村)・重寺(内浦村)・重須(内浦村)の四カ所に特攻兵器が配備され、各周辺地域には、特攻基地防衛用の砲台・機銃砲台などが設置された(145)。

特攻兵器としては、咬竜、海竜、回天、震洋が配備される計画であったが、実際に配備されたのは、海竜と震洋だけであった。震洋(爆装した高速ボート)は全国各特攻基地に敗戦までに二〇〇〇隻以上配備されたが、その他の特攻兵器は生産がまにあわず、海竜(艦首に爆装した小型潜水艇、魚雷発射筒二基)の場合、完成品は二二四隻、全国各基地に配備されたのは一六〇隻余であり、そのうち一六隻が江浦基地に配備された。海軍はこのほか、米艦船の沼津地区侵入防備を目的に、横須賀工作学校沼津分校の手で西浦村久料(くりょう)と清水市域に砲台建設計画を進めており(敗戦時未完成)、金岡地区には一九四四年、沼津海軍工廠の防空目的で横須賀海軍警備隊沼津砲台(高角砲二門)が設置されている。海軍にとって、沼津市域防衛の重要度は高く、陸軍の配備不足を補うように海軍の決戦部隊が沼津市域海岸部を中心に布陣し、さらに駿河湾岸各地に前線基地が配置されたのである。急激に拡大した海軍施設を守るべく、海軍部隊が沼津市域沿岸部の諸部落を次々と防衛拠点に変えていった。そしてこれら特攻部隊が置かれた地区では、防諜の観点から検問所が設置され、常に身分証明書の携帯を求められる状態となり、定期バスの乗り入れはストップし、船の発着も制限された(146)。アジア太平洋戦争下の沼津市域およびその周辺地区は、まずは海軍の生産・研究・教育機能の集中によって、貴重な耕地を広域にわたって奪われ、次いでそれらの施設を守る部隊によって被制圧状態になっていったのである。

本土決戦体制と浜松

次に浜松に目を転じて軍事基地の拡大過程とそれらの基地の役割、本土決戦用部隊の布陣を概観してみよう。

図5のうち、日中全面戦争以前の浜松の軍事基地・軍用地はA〜E(A、Bは、高射砲連隊兵営と練兵場、Cは実弾射撃場、Dは陸軍基地、Eは飛行第七連隊＝浜松陸軍飛行場)である。このほか、図ではみえないが遠州灘の米津(よねづ)海岸に高射砲連隊の実弾射撃場がある。

日中戦争後は、まず浜松陸軍飛行場の北東部の広大な土地(F、G)に軍用地が広がった。当時この地域は三方原村(現浜松市)村域であるが、村の大部分、一二二〇ヘクタールが、一九三七年および四一年に、飛行場(F)、爆撃場(G、なお爆撃場は、実際にはさらに北側の畑の部分を含んでいたと思われる)として買収された。この地域の一部には耕地開拓計画がたてられていたが、その計画は放棄され、山林は切り倒された。戦後残されたのは荒れ地と不発弾だったという。この新設飛行場と爆撃場は、陸海軍共用の飛行場として、あるいは特攻隊の訓練場として利用された。

同飛行場南端には一九四四年ころ(おそらくこの年以前)、第七航空教育隊(通称中部九十七部隊、飛行機の整備教育)が配備された。また、同部隊の北側には戦闘機の飛行教育に使用する演習廠舎が開設されていたが、ここに一九四四年、浜松陸軍学校化兵班から拡大再編された三方原教導飛行団(航空化学戦学校)が組織された。三方原教導飛行団は、イペリット、ルイサイトなどの猛毒ガスを爆弾投下あるいは空中散布する航空化学戦の教育・実行部隊であり、三方原爆撃場、天竜川などで訓練が実施された。敗戦時一六トンのイペリット、二トンのルイサイトが所持されていたが、それらは浜名湖などに投棄され、浜松周辺ではしばしば毒ガス発見事件が起こった。本土決戦の際、浜松地域に上陸した米軍に対する毒ガス攻撃も想定

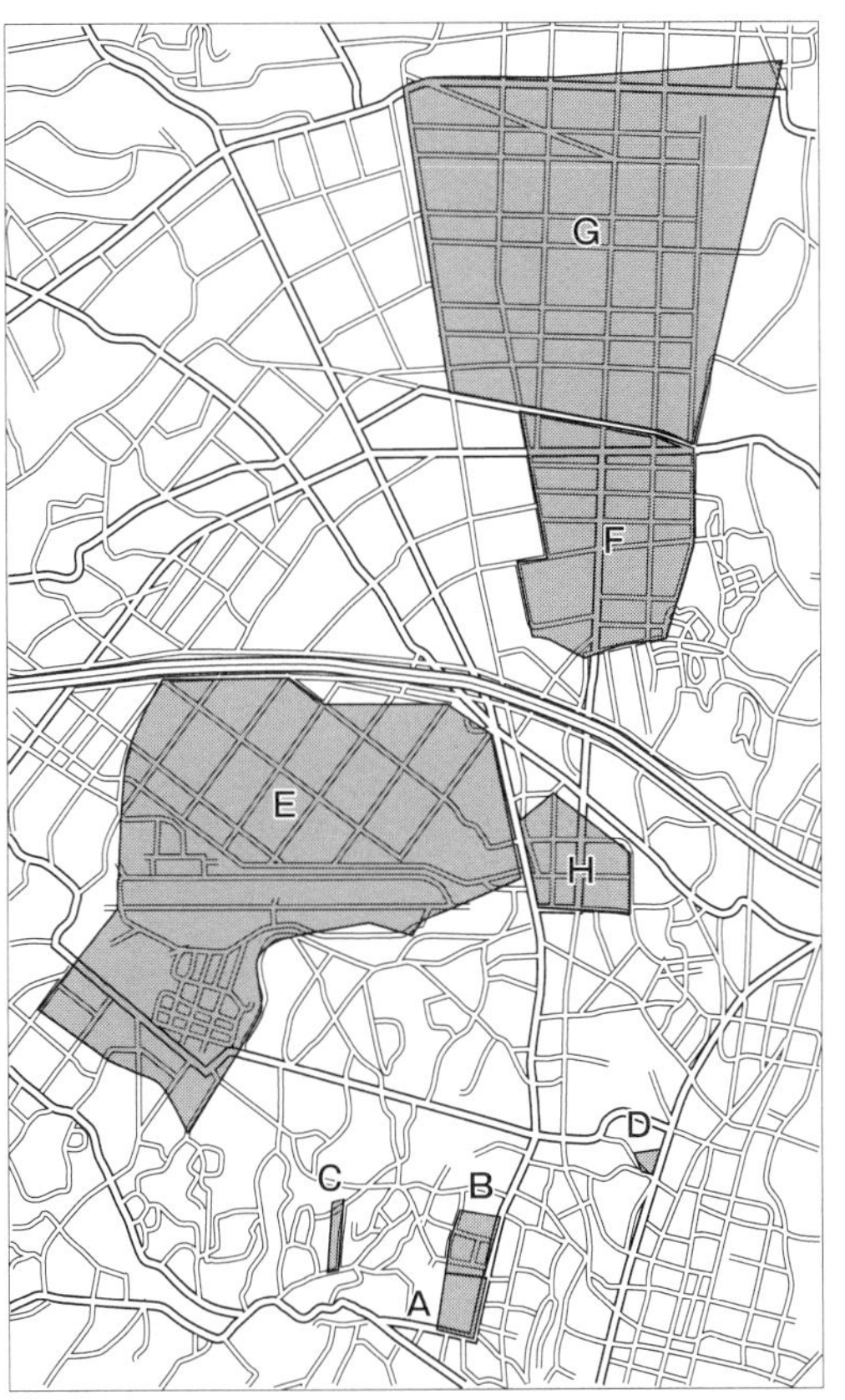

出典）荒川章二「地域の戦争遺跡を探る」（木村礎・林英夫編『地方史研究の新方法』八木書店，2000年）より作成．

図5　アジア太平洋戦争期の浜松地域軍事基地図

されていたのであり、多数の地域住民が毒ガス戦に巻き込まれるおそれもあったのである。[147]

図5のHは、陸軍航空本部が買収した浜松市葵町・萩町五七ヘクタールであるが、第一航測連隊(通称中部百三十部隊、機位を失った航空機誘導の専門部隊)が設置された。一九四二年五月一七日、浜松市役所に土地関係者一五〇人が招集されて、わずか一時間三〇分の説明と二〜三の質疑応答で承諾書に捺印するという買収経過であった。農作物は二五日まで(一週間以内)に除去、家屋は七月末までに移転除去、以後、作付耕作は認めず、土地価格・移転補償金などはすべて浜松市長を含む交渉委員が軍と交渉して決定することとされた。静岡県知事から内務・農林両大臣への「土地関係者ノ動静」報告では、「時局下、軍事施設工事着手ガ極メテ急速ナルタメ、短期日中ニ於テ土地買収移転ヲ要求セラレ居ルヲ以テ、祖先伝来ノ農耕地ニ対スル愛着心ヨリシテ、精神的ニ相当ナル打撃ヲ蒙リ居ルハ現実ニ認メラルモノアリ。之等(これら)農民家族ニアリテハ、悲痛ナル哀惜ノ涙ニ暮レ居ル等有之モ、之等ノ心情ハ軍ノ措置ニ反対スルモノニハ非ザルヲ以テ、円満裡ニ進捗スルモノト思料スルモ、精神的ノ動揺相当深刻ナルモノ有之ト認メラル、ヲ以テ」と記している。[148] 大正期の飛行第七連隊の設置は、戦時期に入り、関連部隊が隣接地域に増設される結果を引き起こし、容赦ない土地の取り上げが行なわれていったのである。

浜松陸軍飛行場(E)にあった旧来の部隊が、戦時下どのように再編されたかについても簡単にふれておこう。飛行第七連隊は、一九三七年七月、日中戦争本格化に対応し三つの部隊を編成して中国に派遣、そのうちの一つ飛行第六大隊(飛行第六十戦隊と改称)は、海軍航空部隊と協力して、一九三八年から四一年まで重慶戦略爆撃を実施した。飛行第七連隊本隊は、一九三八年飛行第七戦隊と改称、四一年、関東軍特種演習に参加し、その後インドネシア地域やニューギニアに派遣され、四五年には沖縄周辺米艦隊への雷撃(魚雷)攻撃や特攻作戦(義烈空挺隊)を実施した。また、重爆撃の専門教育と航空戦術研究を担った浜松陸軍飛行学校は、四四年六月、実戦部隊である浜松教導飛行師団に改編され、一一月二日、B29の発進基地として整備されていた米サイパン島基地攻撃を実施し、B29十数機に損害を与えた。また、陸軍最初の特別攻撃隊である富岳特別攻撃隊の母体ともなり、フィリピンで特攻作戦を展開した。これだけみても、浜松に置かれた陸軍航空部隊が、浜松という地域を空からのアジア侵略と米軍に対する特攻部隊の編成拠点に仕立てあげていったことがわかる。そして、これらの部隊だけでなく。飛行第七戦隊や前述の第七航空教育隊が母体となって、多数(数十)の航空部隊が次々と編成され、アジア太平洋全域の作戦に参加していった。[149] これらの部隊を編成・訓練するうえで、浜松陸軍飛行場とともに、新設の広大な三方原飛行場・爆撃場が不可欠だったのである。浜松地域における軍用地の拡大は、アジア太平洋戦争の展開に直結していたのであり、戦争は、地域民衆が知らぬところで、地域と戦場・アジア太平洋の侵略地を深く結びつけていった。

軍隊を支えていたのは、軍用地提供を通じてだけではない。浜松市に主工場を有する日本楽器は、一九四四年八月には楽器製造を中止し軍需生産に特化し、一九四一年から四五年までに生産された日本のプロペラの二八%を生産した。主工場の従業員数は、プロペラはじめ軍需生産が拡大するにつれて急増し(一九三九年から敗戦まで三倍化)、一九四五年七月における日本楽器主工場の従業員数は七〇〇〇人を超えた。日本無線浜松工場は、電子受信管を、浅野重工浜松工場は高射砲弾製造を、鈴木織機(のちの鈴木自動車)浜松工場は砲弾・爆弾を、鈴木織機高塚工場も砲弾を、中島飛行機新居工場では飛行機エンジン部品などが生産された。また、鉄道省浜松工場は、戦時下の物資輸送体制に不可欠な、日本で五指に入る機関車製造、修理施設であった。[150] 浜松地域の産業界とその従業員もまた、兵器・弾薬製造に直接かかわるところで戦争を支えていたのである。

浜名湖の南部、新居町には海軍施設＝浜名海兵団も急設された。海兵団とは、海軍初年兵・応召兵を艦隊勤務まで短期(三〜四カ月)訓練する機関であり、浜名海兵団では、最大時八〇〇〇人を収用し、初年兵・召集兵の兵員訓練と技術見習尉官の短期教育を実施した。この地への海兵団設置計画は、一九四三年一月、海軍省が海兵団の増設を発表するとともに浮上し、新居町長は横須賀鎮守府への出頭を求められ、海兵団設置を通告された。海軍の要求は、一二四町歩、当時の新居町の耕地四三五町歩の約三割に相当した(敗戦時の記録では海兵団敷地一七〇ヘクタール)。四三年一二月三日、全地主六五〇人が参集を求められ、海軍より趣旨説明、買収承諾となった。土地の強制買収で三〇〇戸が経営不能となり工場への転職や移転を余儀なくされ、そのうえで、一九四四年五月二七日、海兵団が開設した。[151] 一九四五年四月、海兵団は本土決戦に備え警備隊に編成替され、静岡・愛知・三重の海岸線を警備する浜名警備隊となった。それにともない、警備隊および浜名湖周辺に海岸洞窟陣地(一三個)、

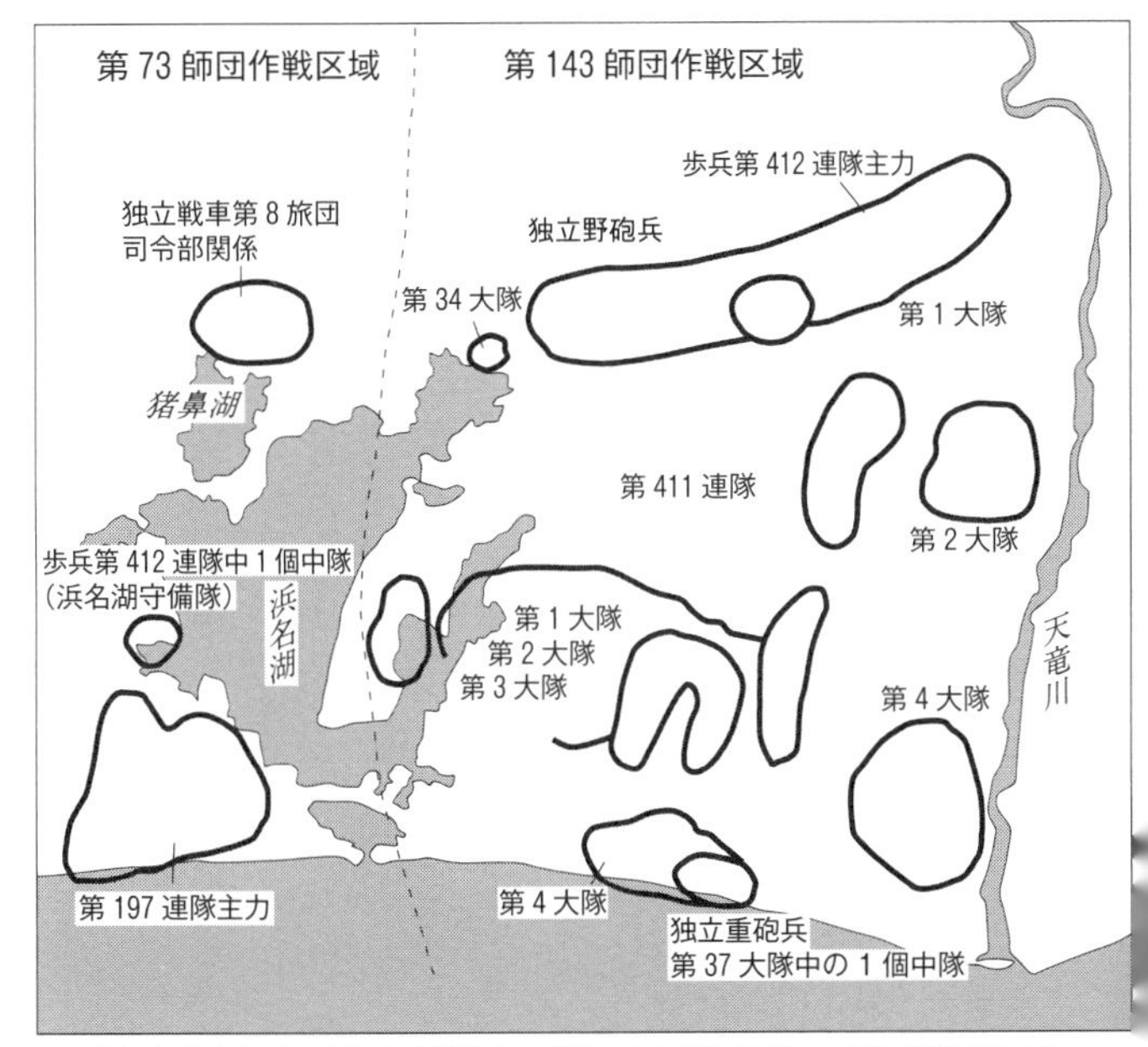

出典) 村瀬隆彦「本土決戦準備期県内配置の主要陸軍部隊の概要」(『静岡県近代史研究』第 16 号, 1990 年)の付図より作成.

図 6　浜松地域の本土決戦軍部隊配置

山地帯に洞窟陣地(三一個)、弾薬庫(三個)が構築された。[152] しかし、海兵団＝警備隊の存在ゆえに、新居町は海兵団を目標とした米英軍の艦砲射撃にもさらされることになる。

一九四五年二月末、本土決戦用の兵備として、浜松地域への第百四十三師団(通称護古、司令部引佐郡井伊谷村)設置が決定し、浜松市の中央部と現半田町を中心とする地域、および浜松市北部の現浜北市(※平成合併で浜松市)方面に布陣した。浜松陸軍飛行場の南側、三方原飛行場の東側と北側に、航空部隊配置のすき間を埋めるように布陣したのである。敗戦時の本土決戦部隊の布陣は史料によってやや異なるが、図6のように、第百四十三師団第四百九連隊が天竜右岸に、第四百十一連隊が浜松市域に、第四百十二連隊が浜北市域に、第七十三師団第百九十七連隊が新居町付近に、独立戦車第八旅団司令部が浜名湖西北部に布陣したことは確かと思われる。これらの諸部隊を合算すると、兵力は一万数千人に達しよう。これに海軍の浜名警備隊を含めると、敗戦まぎわ、二万人の本土決戦用部隊が浜松周辺に新たに配備されていたことになろう。にわか造りの、地域との関連性をあまりもたない軍隊が、地域を呑み込んだ状態だったといえる。第七十三師団参謀長の日誌によれば、師団司令部は敗戦間際まで「水際撃滅主義」を強く維持していた。[153] 本土決戦が現実化していたら、これらの部隊の抗戦ゆえに、沖縄同様、地域が焦土化する十分な可能性があったのである。地域民衆の生命と生活の維持にとって、軍隊は敵対的な存在になりつつあり、明治以来の地域と軍隊との関係はほとんど崩壊しかかっていた。

おわりに

本書では、近代日本の軍隊・戦争と地域社会の関係史を多面的に跡づけるという課題につき、静岡県を事例として、実証分析を行なってきた。課題の一つは、この「関係」の時期的差異を明らかにすることにあるので、まず、時期区分(各章)に沿ったまとめを行なっておこう。

銃後の成り立ちと地元の歩兵連隊の設置

地域社会にとって徴兵制軍隊が設置されたことの意味は、一八八〇年代から九〇年代初頭の日清戦争前の実態からみて何だったのか。一つは、徴兵・召集は地方行政、とくに郡―町村(行政村)の協力(動員)なしに成り立ちえなかったために、その範囲に限っても、地方行政の軍事事務対応化を急速に進展させた。二つに、徴兵制度を支える精神的な要として、徴集＝現役を「名誉」として称える仕組みが設計された。その仕組みとは、郡―町村と二重に組織(規則化)された徴兵慰労会であり、地方行政が町村内有力者を集団動員して満期除隊の名誉を称えた歓迎会を中心とし、入営送別行為(送別会・送別行列)も導入された。こうして、徴兵関連業務は、地方行政機関の仕事の枠を超え、地域の恒例の行事として人びとを巻き込みはじめ、現役の「名誉」は、入営兵個人・家族・親戚集団などの「名誉」という以上に、町村・郡という地域＝故郷の「名誉」を抱え込むことになる。この時点では、本籍地徴集原則は成立途上にあるが、まずは、上記のような仕組みで、現役兵士と地域(郷土)とが、地域行政を挙げての徴兵慰労を媒介として、つながっていった。そして、このような入営兵と地域(郷土)の関係形成は、同時に、兵役という国家的義務遂行を「名誉」として意識する地域末端からの「国民」化の過程であり、その「名誉」は単に満期除隊というだけではなく、現役中の軍内での昇進達成度によっても序列づけられていただけに、軍隊的序列の地域社会への影響をともなった「国民」意識形成となった。徴兵制度は、地域という媒介を前提にして、兵士の範囲を超えて、国民意識形成に深く、広くかかわったのである。三つ目に、郡や町村行政のかかわりは、兵役義務遂行に対する精神的慰労を中心とし、現役家族の生活援護(個別家族の生活困難への援護)を省みることはなかったため、地域社会との関係からみた徴兵制の矛盾は、現役家族に集中的にあらわれた。そしてこの現実的な生活困難は、生産と日常生活の共同体である部落(集落)のみが分かち、それゆえに、わが村、わが部落から現役当選者を出したくないという意味での徴兵忌避願望は、地域共同体内部で共有されつづけた。行政村の兵事行政協力と部落レベルにおける徴兵忌避願望の共有は、表裏の構造をもっていたのである。

日清戦争は、兵事行政に対する地域社会のこのような対応段階で起こり、近代日本初の本格的な対外戦争に対し地域社会の積極的関与を引きだすことで、初めて「銃後」世界が形成され、軍隊と地域社会の関係に大きな変化をもたらした。

日清戦争は何より在郷兵の大量動員を必要とし、出征兵士を精神的に支え、そのためにも後顧の憂いである出征者家族の生活保護に対策を講じる課題を急浮上させた。保護対策の必要性は、地域からの出征兵士とその家族を地域の自発的協力・善意で支える銃後意識の形成を促し、具体的には、かなりの地域差をともないつつ、授業料免除、村税免除、生計費補助、病気治療費実費支給、部落の夫役免除、郷党の扶助義務などが取り決められた（部落の徴兵援護の延長上にある出征兵士家族援護と町村行政側の生活援護対応の複合）。軍隊と地域との関係のなかに、応召兵とその家族を町村として支える〈郷土〉と〈郷土の出征兵士〉との関係が新たに加わったのである。その場合、日清戦争段階では、静岡県地域に関しては、郷土部隊意識は未成立であり、郷土の出征兵士に対する郷土の支援にとどまっていた。日清戦争当時の歩兵連隊は近衛師団を除き全国で二四個であり、郷土部隊意識は全国レベルでみても、微弱だったのではなかろうか。

出征兵士援護・家族保護事業展開の前提となったのは徴兵慰労会であった。慰労会そのものの戦時対応化、慰労会が媒介した新たな銃後組織結成など形態はさまざまだが、徴兵慰労会の組織化と運営経験が前提となったことは共通している。銃後の援護組織は突然出現したのではなく、各地域の徴兵慰労会的組織が戦時の課題に即して展開したのであり、徴兵慰労会の活動は地域差があったので、戦時対応にも地域差が生じた。また他方で、戦時体験は、援護事業の負担の大きさゆえに軍事援護・保護組織を地域の全戸の金銭的負担で成り立たせる構造を定着させ、日清戦争を経て、徴兵慰労〝義捐〟金支出が〝義務化〟されるという変化が生じた。日露戦時の銃後経済負担の各戸割り振りは、このような負担の義務化の先例形成を前提にしていよう。また、戦時下に、「戦功」という要素により凱旋慰労に差別をつける経験をもったがゆえに、平時の現役満期時の軍内等級による慰労金支給の差別化もさらに拡大した。単なる満期除隊では不足で、現役の「名誉」は、軍内昇進(＝優良な兵士)とより密接に連動する仕組みとなったのである。日清戦争を経て、軍の求める「国民」形成に向けた差別化と競争が顕著にあらわれはじめたのである。

日清戦争の銃後は、上記の軍事援護組織の活動のほか、献金・献納の地域的組織者として赤十字の役割が大きく、そのほか、同世代の出征者を援護すべく青年集団の一部が戦争熱喚起に動き、学校生徒の一部が軍事関連行事に動員され、宗教者は戦勝祈願に動き、経営を刷新して新発足しつつあった地域ジャーナリズムが戦争熱形成に一役買った。従来地域の軍事援護(徴兵援護)とは関係が薄かったこれらの諸組織が銃後の送別、献金・献納、停車駅構内での犒軍、戦勝祈願など、その後の銃後の基本形となる援護行動を形成していったのである。戦死者を地域として弔う「公葬」もこの日清戦争時に徐々に形成されたが、それは、地域が集団として死者への悲しみと敵への憎しみを共有し(しかし死の実相をみつめることなく)、儀式を通じて、戦争熱を静かに深化させ、死者の国家的名誉と忠義・勇猛をともに称えることで国家意識を育成するという舞台ともなった。戦勝祝賀会は、この集団的な悲しみを祝祭を通じて戦勝の喜びとして解放する（爆発させる）役割をはたすとともに、「国旗」の動員、万歳の連呼という諸装置もあずかって、軍事的祝祭に参加した地域民衆に、敗者である中国民衆への蔑視と表裏の関係にある国民的一体感を増幅させた。

静岡歩兵第三十四連隊は、このような地域民衆の戦争熱高揚の体験をふまえて設置され、熱狂的な歓迎のなかで地域に受容された。日清戦後軍拡で増設された歩兵連隊は二四個で、計四八個連隊となり、この軍拡で歩兵連隊の徴集管区と県域がおおまかに一致する場合が広がった。歩兵第三十四連隊の場合も、静岡県西部三郡を除くすべての県域を徴集管区とし、歩兵連隊の下士以下が同県人で構成されるという郷土部隊意識形成の前提条件が生まれた。

地域社会から日清戦争後軍拡の意味をはかると、連隊区司令部設置の影響は大きかった。連隊区司令部による本格的な地域兵事行政、あるいは在郷軍人への指導が始まったからである。徴集管区と県域の一致は、県ごとの壮丁の質・軍事貢献度を尺度とする競争の組織化を容易にし、徴兵検査等の数字を利用して、客観的な装いをもって、他県との各種の比較が定期的に行なわれることになった。そして他県との軍事貢献度の競争は、第三十四連隊を地元の連隊としてくり返し意識させる役割もはたした。同時に県の内側に対しては、県全体のレベルアップをすべく、各市郡ごと、さらに各町村ごとに同様の競争があおられた。兵事の領域で、常に行政諸段階ごとの地域間競争が強制される状況がつくられたのである。その際、徴兵検査における主要な検査項目は、体位、体力、読み書きの基礎学力、忠君愛国精神などであり、これらの分野で目標達成を目指す地域間競争があおられたことで、軍が期待する身体・能力・精神を有した統一的な能力形成がきめ細かく進められた。したがって、そこで誕生した各地域の歩兵連隊は、いうまでもなく、地域ごとの個性をもった人間集団ではなく、国軍として規律化された身体と規格化された精神を目標とする類似した地域部隊であり、県域を前提に設置された歩兵連隊は、一面で郷土意識・地域の一体性を意識させる仕掛けであるとともに、他面では、地域＝郷土意識を媒介にして地域民衆の意識を国家へ誘導する欠くべからざる回路であった。こうして、日清戦後軍拡を経て、国民形成は新たな意味をもちはじめた。そしてそのような国民意識形成過程は、朝鮮、中国、台湾への支配・戦勝に起因する東アジアの諸国民、諸民族への蔑視の深まりと連動していたのである。

日清戦後軍拡で誕生した連隊区司令部のもう一つの大きな役割は、地域在郷軍人団体の結成である。軍の指導による軍事を目的とする社会団体が、近代日本の地域社会で初めて形成されはじめたのであり、地域行政の後援なしに設立・維持は不可能だったとはいえ、入営前教育等を通じて地域の軍事思想を高める基本組織となった。

日露戦争と戦後軍拡

前述のように日清戦争時に生活援護、歓送迎、公葬、戦勝祈願、戦勝祝賀、犒軍などの銃後の基本形は出揃った。この日清戦争時と比較した日露戦争時の銃後形成の特徴は、第一に、地域諸団体の横の連携により、組織だった援護事業が行なわれたことである。戦間期の奨兵会(旧徴兵慰労会)の整備を背景に、援護事業を通じて郡市町村の行政・議員・奨兵会役員・

新たに誕生した社会団体である在郷軍人会代表・各町総代(区長・常設委員)の横の連携が形成され、軍事を対象とした地域有力者の協力態勢がしかれた。この態勢によって、早期に、かつ大規模な応召兵家族援護が準備され、援護事業範囲は救護金給付、労力補助、学用品補助、医療補助、町村税減免、授産事業、幼児保育など日清戦争時より多岐にわたった。ただし、援護は地域ごとに格差があり、地域を超えた画一的援護態勢が形成されているわけではない。第二に、銃後活動への女性・子どもの大量動員である。日露戦争時における東海道の正規の給養停車場は、沼津・浜松・名古屋・米原・大阪であり、静岡県内が二カ所指定されている。その他、県内諸駅でも犒軍が行なわれ、歓送団が駅に配置された。したがって、停車場犒軍を通じて銃後が組織しやすい条件も揃い、接遇という業務の内容との関係でとくに女性の軍事援護団体拡大(愛国婦人会、地域婦人会)を促した。日清戦争を通じて徐々に形を整えた地域の公葬としての戦死者葬儀は、日露戦争期に定着し、その公葬において在郷軍人会の役割と小学校児童の動員が重視された。公葬は、国家のために命を捧げる忠勇精神を実感をもって子どもたちに感得させる最良の軍事思想普及の場となった。また、新たに始まった慰問袋も女性や子どもの軍事援護を組織しやすい参加の間口が広い援護方法であり、銃後民衆の一体感形成に寄与した。第三は、新聞の普及やビジュアルなメディアの利用などにより、戦争熱形成を日清戦争時よりはるかに広く、徹底して行なう条件があったことである。メディアが銃後の世論に大きな影響を与える時代に入っていた。第四は、大規模な動員と長期の消耗戦を支えるため、銃後の統制・規律化が地域ごとの戦時生活改革運動という形で広範に進められたことである。このような大幅な生活水準の低下を強いた生活緊縮運動は、日清戦争時にはなく、この後も日中全面戦争期まで組織されていないが、日中戦争期との相違は、この生活緊縮運動が強制的国策としてではなく、各地域で自主的に立案・実施する形態をとったことである。自主的な生活程度切り下げの申し合わせが各地に広がったことは、国家への協力・支持意識が強かったことの反映であり、他面、ひとたび国家への不信が芽生えれば、鬱積した不満が爆発する可能性をもった銃後の構造であったのである。

このような広範で組織だった銃後形成がなぜ可能になったのか。国運を賭けた大戦争という意識もあろうが、郷土兵を集団的に組織した郷土連隊を銃後で支えるという意識が一役買ったのではなかろうか。日清戦争後の軍拡が産み落とした歩兵第三十四連隊は、県内徴集者の入退営経験の蓄積、連隊区司令部の奨兵会、在郷軍人会、愛国婦人会等に対する戦間期の指導を通じて、地域との密着度を高め、日露戦争を通じて、地域紙が従軍記者を送り詳細な地域部隊情報を流しつづけることで、静岡連隊・岳南連隊という郷土部隊的呼称を定着させた。地域と地域の部隊が一体感を高めたこと、それが銃後形成に大きな影響を与えたと思われる。地域民衆は、郷土出身兵への援護という細い媒介だけでなく、郷土出身兵を集団的に組織した郷土部隊への援護という新たな媒介を加えて、より強く日本軍および国家と結びついていった。

国民意識の面では、「非国民」「国民の本領」などという言葉が地域紙の紙面にあらわれたことに注目した。日露戦争前後の時期は、兵役面だけではなく、納税面でも教育面でも国民の本分意識の一定の定着をみた時期と考えるが、そうした状況のなかで、兵役義務への違反者をこのような言辞で社会的に批判する状況があらわれたのである。挙国一致意識は、この均質化された国民の本分意識の高まりのなかで成立した。しかし、この時点での挙国一致は、のちの日中戦争期的挙国一致とは異なり、国際社会からの孤立化の過程で組織されたものではなく、国際標準＝文明標準への到達という国民意識(それは、アジアからの離脱、差別と裏腹の関係にある)を内包するものであり、文明国家・立憲国家という資格において国際社会に参入し、列強と伍すための国民的一致であった。だからこそ、日露戦時下の国家意識・国民意識の最高度の高揚達成は、同時に現実の政治権力への大衆的批判展開の起点にもなったのである(1)。

日露戦後軍拡は、地域社会との関係でみると、日清戦後軍拡とかなり異なる様相をみせている。日露戦争「勝利」による軍の政治的社会的地位の確立にもかかわらず、地域社会との関係ではさまざまな矛盾が拡大し、軍拡による新しい部隊が、日清戦争時のように地域を挙げて手放しで歓迎される状況にはなっていない。地域社会が新設軍隊を受容するにあたっての変化の様相の第一は、日露戦争後の国防上の危機感低下とかかわるだろうが、国防論的観点からの軍隊誘致論が影をひそめ、地域の経済振興論的観点が主要な判断材料になっていることである。それゆえに、他の経済振興策との比較という尺度が持ち込まれ、軍隊誘致の経済効果が地域における議論の対象となる状況が生まれる。国防上軍隊の設置が不可欠という観点で地域社会が軍隊を受け入れるのではなく、地域社会にとって、軍隊を受け入れる経済的メリットはどの程度あるかという醒めた判断が大きなウエイトを占めるようになったのであり、軍隊を特別な存在とみる意識が薄れるにつれ、地域のなかの軍隊は、地域社会からの遠慮のない批判対象にもなっていく。しかし、軍隊に対する地域社会のそのような期待のあり方は、軍隊をより身近で密接な存在として受け入れる層の広がりも生み出した。浜松町の事例では、新たな歩兵連隊の設置は開発が遅れた町の西北部に道路など公共施設整備をもたらし、さらに飲食店・土産物屋・旅館・劇場・花柳界・御用商人など受益層を生み出し、衛戍地固有の郷土部隊意識形成を促した。国防思想の定着という軍側の課題意識からみれば、軍隊と地域社会との乖離(かいり)は深まり、さまざまな軋轢(あつれき)も高まったが、他面では軍隊がより日常的な存在として地域社会に定着する過程でもあったのである。

変化の様相の第二は、日露戦争体験・講和反対運動体験を経て広がった立憲国家意識、法治国家意識(あるいは国家の権限への関心、国家と国民の利害は対立しうるという政治意識)が軍隊と地域社会との関係においてあらわれたことである。この点は、豊橋の市政紛争で陸軍省への献納行為が市の自治の問題としてオープンに論議(国家事務と市の公共事務との関係、国家事務への市民の課税負担の不合理)されたことや、富士裾野における演習場使用協定の締結、軍の使用地に関する所有権確認・使用料の支払い開始(演習場使用はたとえ軍の使用といえども、金銭契約で成り立つ)などで確認できよう。陸軍が直面していた地域民衆意識の壁は、当時における憲法意識(国家機関と民衆との関係における法的規制、民衆生活に踏み込む場合の限度、国家の無法は認められず)や近代的契約観念(私的な領域だけではなく、国家機関と地域民衆との間にも適用されるような)の成長のなかで形成されたものであった。

第一次世界大戦と一九二〇年代軍縮期の軍隊と地域社会

日露戦後〜大正初期の軍事援護団体の弛緩、会費未納累積に象徴されるように、戦争への危機感は薄れ、軍隊への関心は低下した。そのようななかで第一次世界大戦への日本参戦が決まり、第十五師団の一部が出動した。この出征で静岡県地域では銃後が形成される。この時期の地域紙報道では、再び出征郷土部隊の活躍に焦点が当てられるが、この戦時報道を通じて日露戦争以来の郷土部隊意識は完全に定着したとみられる。そして、戦争熱が低くても、郷土部隊の出征があれば、銃後の組織的動員を常に機能させうる段階を示した。二度にわたる銃後経験に加え、日露戦後の帝国在郷軍人会の結成が銃後の組織化を支えた。

しかし、第一次世界大戦経験では兵役義務観念の低下、軍隊忌避感情の拡大を食い止めることはできず、徴兵忌避願望は日清戦争前以来の広がりをみせ、現役兵や在郷軍人統制でもさまざまな問題が生じた。この状況のなかで、徴兵忌避者に対する「非国民」という非難は一般化傾向をみせている。徴兵忌避願望を食い止めるための非難として「非国民」というレッテル(決めつけ)が多用されたのであろうが、このような言辞が効果をもったのは、兵役＝国民的義務観念が国民意識のなかに深く浸透していたからともいえよう。確かに一歩旧村レベルの共同体に踏み入ると、そこには徴兵逃れ願望の共有状況があったが、それは、兵役義務そのものの否定、軍隊自体の忌避ではなく、生産と生活が互助関係にある共同体のなかからはできれば現役を回避したいという願望の表現ではなかったか。

在郷軍人対策としては奉公袋、軍服着用奨励などいくつかの地域的工夫も試みられたが、在郷軍人統制の裂け目は、在郷軍人会の運動体化、下からの政治化、軍隊経験という名誉ある国民的義務の遂行者という特権意識を梃子にした参政権要求や金鵄勲章年金増額という国家的忠誠への報償増額要求としてあらわれた。第一次世界大戦後、さまざまな社会集団の噴出、集団的利害の主張という形で社会的権利や民主化要求が表現されていったことを想起すれば、在郷軍人たちの意識もまた、民衆意識ときわめて近い地平にあったのである。軍の課題は、この在郷軍人たちを地域社会との依存関係からいったん切り離し(在郷軍人規約改正)、軍のより強いコントロールのもとで軍が期待する社会的再編の自覚的指導集団として地域に送ることであり(青年訓練所設置と軍事教練の指導)、社会的役割・指導性の保証という形により在郷軍人たちの社会的欲求に応えることであった。

一九二〇年代は、軍縮と軍の近代化をめぐって地域社会と軍との関係が展開した。軍縮期の地域と軍隊との関係については、軍縮期に各地で展開された部隊存置運動に注目し、こうした地域の動きが、結果的に世論に追い詰められていた陸軍を助け、陸軍の近代化構想実現に寄与したという評価がある[2]。この評価は存置運動の評価としては的を射ているだろうが、本書では、部隊存置運動を考慮しつつも、この軍縮期の軍隊と地域社会との全体的距離に注目しないと、この時期の地域社会と軍隊との関係の特質がとらえきれないと考えている。宇垣軍縮時に師団・連隊の廃止対象になった豊橋、浜松においても軍事依存脱却の都市構想が存在したこと、豊橋には、部隊の移転（存続）を前提にした都市計画があり、当時の市街地の拡大傾向のなかで、存置要求は必ずしも現状のままの兵営存続ではなかったこと（軍側にも譲歩を求めたうえでの軍との両立論）、飛行第七連隊の受け入れ時にみせた浜松地域紙の微妙なスタンス、青年軍事教練実施の評価にあらわれた地域紙の強い軍国主義批判、高師原（たかしはら）における農民的抵抗による実弾演習停止と軍事経済依存からの脱却の模索、富士裾野における地域交渉による軍の演習への制約（軍側の譲歩）などにみられるように、当時の地域社会は部隊存置運動にみる旧来的な地域―軍隊関係維持にとどまらず、そのような関係からの脱却、再編成の可能性をも模索していたのである。

宇垣軍縮による歩兵連隊の一部廃止と飛行連隊設置・増設など軍事力の近代化への対応は、このような地域―軍隊関係の再編欲求を部分的であれ満足させる内容をもっていた。新設部隊受容のキーワードは、科学、先端、文明などであり、従来の歩兵部隊ではもちようがなかった「軍国主義」の暗いイメージからは遠い、軍隊の新しいイメージであった。そして飛行連隊、高射砲連隊などの新設部隊は、防空思想の普及、防空演習の地域的実施を通じて、地域社会に新時代の戦争観と国防観を広めていく。軍隊と国防は、地域民衆のなかで再び結びつきはじめるのである。そして、これらの新設部隊は、地域に一定の経済的利益を呼び込みつつ、地域の軍事思想普及の中心として、あるいは青年層の軍事教育センターとしての役割をはたすなかで、歩兵連隊に準ずる郷土部隊として地域社会に受け入れられていった。[3]

地域社会の対軍世論が厳しかった一九二一～二三年における第十五師団の満州派遣は、地域に準戦時気分と、ゆるやかな軍事援護態勢の形成を求め、非軍国主義世論を押しとどめる役割をはたし、かつ差別的中国イメージの再生産と満州への特殊な関心の維持に貢献した。また、満州派遣終了半年後の関東大震災時の軍隊出動は、治安維持、避難民の保護、埋没者発掘、道路・橋の修復などの災害救援活動が、軍隊に対する地域社会の評価上昇につながる好事例を示した。軍隊と地域の関係を追跡するうえでは、こうした戦間期の小刻みの出動にも目を配る必要があるだろう。

これらの出動に対し、山東出兵は地域における戦争熱高揚の新しいパターンの芽を示し、満州事変における銃後の組織化を準備した。その第一は、戦争熱形成の意図的キャンペーン展開とそれによる敵愾心(てきがいしん)・報復意識と差別意識・優越意識が混ざりあった対中国応懲意識の最初の出現であり、戦争熱の高揚は地域社会の軍国主義批判を弱める契機となった。第二は、銃後後援のいっそうの組織化である。この出兵時に、軍事救護法の最初の戦時適用が行なわれ、また方面委員、県町村長会、産婆組合など新しい援護の担い手があらわれ、処女会、企業、青年訓練施行の影響とみられる青年団の独自の協力が目立った。一九一〇年代後半から二〇年代前半の社会の新しい組織化状況を前提に、町村長会のリーダーシップを取り込み、社会事業関係など新たに登場した社会団体を軍事援護の担い手として動員したのである。応召家族の負担を支えるという公平感覚、社会連帯意識などデモクラシー状況下で形成された新しい意識が、軍事援護の組織化と効率的対応を支えることになったのである。

銃後の新段階、そして銃前・銃後の区別の消滅

謀略的な武力行使をもって始まった満州事変によって、戦争熱・銃後後援は新しい段階を迎えた。

満州事変における銃後形成の特徴は、第一に軍(師団司令部・連隊区司令部)―帝国在郷軍人会(支部―市郡連合分会―町村分会)―青年団ラインによる徹底した計画的・組織的動員と世論喚起である。師団司令部・連隊区司令部は一九三一年一一月、知事・各級議員・市町村長・学校長以下県内有力者を一堂に集め満蒙問題座談会を開催している。このような県内全域を対象にした大規模な地域有力者への軍の指導は初めてのことであり、一九二〇年代後半から一般兵事事務以外にも、各地域防空演習などを通じ、地域民衆の大規模な動員をめぐって軍と地域行政が日常的に接触してきたことが、こうした試みを可能にしたと考えられる。戦争熱については、在郷軍人会が初めて戦争熱形成に成功した画期をなすことに注目する必要があろう(そしてこの成功が在郷軍人の政治的活性化につながる)。在郷軍人会は、市郡連合分会から組織の総力をあげて国防世論喚起に動きはじめ、そのうねりは町村分会段階に波及、町村分会など小単位の在郷軍人組織の活発な活動は、地域の他の諸組織・行政を銃後形成に駆り立てる原動力となった。その際、在郷軍人会に積極的に呼応して活動したのは青年団であった。在郷軍人による青年訓練の実施(新たな青年団幹部の育成)、帝国在郷軍人会規約改正による在郷軍人会における上級下級の関係調整など一九二〇年代の軍側の対策が、満州事変前からの地域防空演習への動員経験や国防思想普及講演会(在郷軍人自身の思想学習の場)などを媒

介にして効果を発揮し、戦争熱の形成と持続につながったのである。第二の特徴は、第一の意図的組織的世論喚起の結果として、郷土部隊の出動なしに、主として戦場における郷土出身兵の存在を媒介にして当初の戦争熱高揚に成功し、銃後形成の端緒をつくったことである。日露戦争の場合も、地域の部隊に動員令が下る以前から戦争熱が高揚し、銃後の施策が展開されていたが、この時は、地域部隊の大規模な動員が間近に予想されていた。しかし、満州事変時には、その後も郷土部隊の大規模な動員がないのに戦争熱が続き、銃後の援護が展開されていった。その仕掛けは、当初は郷土出身兵にスポットを当て、のちには小規模な郷土の部隊の動員を郷土部隊を代表する出征であるかのように歓送迎する民衆動員体制を組織することで可能になった。満州事変時には、郷土部隊の大規模な出征なしに熱狂的な銃後を組織するのに初めて成功したのであるが、戦場における郷土兵の存在は不可欠であったし、戦争熱の持続には、郷土部隊の出動はやはり欠かせない要素であった。第三に、都市部と町村部という比較でみると、都市部では、市民大会と街頭での募金が注目される。通常、戦時の市民大会はありえないが、満州事変の場合には、排外主義をあおり、戦争熱をもり立てるこのような政治的仕掛けが必要であった。しかし、このような市民大会は、組織動員の成功と市民の自発的参加がかみあわないと成功はむずかしい。街頭募金行動の盛り上がりにみる排外熱は、当時の都市部民衆の不況下の不満、戦争景気期待の反映であろうが、市民大会はそのような不満と期待に政治的方向性を与える場としても機能したのではなかろうか[4]。これに対し、町村部では在郷軍人会・青年団が仕掛けた出動兵士健勝祈願祭・武運長久祈願祭が、氏子組織や行政を刺激し、町村ぐるみの戦争熱を組織していったと思われる。国体意識の深まりと関連しようが、神職・氏子組織が、従来以上に活発で組織的な動きを示した点に、満州事変期の銃後の一つの特徴があった(5)。

満州事変は、日本が国際社会の厳しい批判を浴びた初めての戦争であり、国際的孤立のなかで国民的一致を維持するために、日本民族の優秀性、正義、国難に対する団結が強調された。そのなかで偏狭な国体論が浮上し、「非国民」という言辞によって「国体」思想の有無をあぶり出し、他者を政治的・社会的に批判する新しい傾向が出現した。そして内向きの国民的一体性の強調は、政党政派の超越論(既成政党の否認)を地域まで浸透させ、市町村は、行政の末端として国家的課題を自力でこなす地方団体としての色彩(自治の変容)をますます強めていく。地域は、政党の弱体化や官僚の行政指導の強まりによって、政治的にも行政的にも、横の連携を保つ条件を失い孤立化したのであり、そのなかで軍隊との緊張関係をもつことはきわめて困難になった。富士裾野の第二次協定改定における譲歩は、このような政治的社会的変化のなかで余儀なくされたものであった(6)。

満州事変を経て、国民組織化は各方面で新段階を迎えた。軍事がらみの組織化では、国防思想普及活動を軍・在郷軍人会から町村に末端組織をもつ地域ぐるみの活動に広げた国防協会、家庭主婦を中心に女性を恒常的な軍事援護・戦争協力に組織した国防婦人会、在郷軍人年限終了者を再組織した軍友会、防空演習において民間活動の中核となる防護団などであり、日常的な国防(地域防衛)活動への組織的参加層が飛躍的に拡大した。それはすなわち、戦争を後方(国内)で支える旧来の「銃後」ではなく、「敵」の襲撃から自ら守る「銃後」への転換の促進であった。経済更生だけではなく、すべてに「自力」が求められたのであり、軍隊は国外、国内防衛は地域ごとに民衆自身が担う関係がつくられていった。軍隊は、防衛という面において、地域(民衆防衛)から完全に離れつつあったのである。また、同じ時期の第三師団の満州派遣は、部隊の歓送迎、戦死者葬儀などを通じ、戦時気分を維持し、戦時美談を再生しつづける機会を提供した。満州事変は、一九三三年五月の塘沽(タンクー)停戦協定をもって軍事的には小康状態になるが、中国東北の反満抗日武装闘争は継続し、鎮圧と治安維持に派遣された日本軍部隊は、派遣元地域の準戦時体制を解除させない役割をはたしていたのである。

日中全面戦争は、郷土部隊・郷土兵を媒介とせずに、挙国一致世論を盛り上げた戦争だった。国民意識のなかで国家的危機感が深ければ不思議なことではないが、そのような状況もないのに地域世論の組織化は進んだ。満州事変時には郷土兵が媒介になったが、それすらもなく、満州事変時同様在郷軍人会主導で、きわめて短期間に、諸団体が組織的に戦争支持・銃後後援活動を開始した。日中戦争前までの新たな国民統合の成果が、「非常時」に威力を発揮し、整備された諸団体は、横に連携しつつ、活動領域を分担した。先に、地域の軍隊と「銃後」の関係が転換していったことを指摘したが、地域は、郷土部隊と郷土兵の媒介なしに、一定水準まで銃後を形成しうるほどに緻密に組織されていたのである。

しかし、戦争熱と銃後後援活動の爆発的高揚と持続には、やはり郷土部隊という環が必要であった。一九三七年八月の第三師団への動員令から一九三八年一月ころまでは、統制下ではあるが大量の郷土部隊・郷土兵士情報が地域に流された。しかし開戦目的を明示できない、それゆえに戦争の終局もみえない戦争であるがゆえに、戦争の勝利＝郷土部隊の凱旋という従来の戦時の構図をくり返すことはできず、戦局と郷土部隊の戦場を追い続けることは、逆に戦争への疑念・不信をかき立てる材料となりかねなかった。こうして南京戦後、戦争目的(対国民向け)がさらに曖昧化するなかで、地域紙が流す郷土部隊情報は激減した。それまでつくりあげてきた地域民衆が郷土部隊・郷土兵を通じて戦争を支持する銃後形成の基本構図(そこで最も大きな役割をはたすのが地域ジャーナリズム)を崩さざるをえなかったのである。地域民衆と郷土部隊との関係は地域行政などジャーナリズム以外のルートで支えられていくが、それらの援護活動も日中戦争末期からアジア太平洋戦争期に入り急激に弱体化し、郷土部隊の「銃前」と郷土の「銃後」という関係は、アジア太平洋戦争末期にはほとんど崩壊状態になっていった。銃後奉公会的な軍事援護の全国的画一化は、〝地域ごとの「銃後」〟が成り立ちえなくなったところで必然化されたものではなかったか[7]。

地域民衆と切れた部隊・兵士は、人知れず、次々と消滅していった。戦死・病死だけではなく、従来の戦争ではほとんどありえなかった犠牲のあり方である海没、餓死、そして集団的に兵士に死を強いる玉砕戦術が、部隊壊滅の大きな要因となった。そしてこれら郷土部隊が壊滅しつつあったころ、郷土もまた空襲などにより壊滅的な被害をこうむりつつあった。完全一九三〇年代に形成された郷土から離陸する軍隊と地域の民間自主防衛という関係は、完全に破綻したといえる。地域生活の深刻な破壊は、空襲だけではなく、国内軍用地・軍需工場の急速な拡大(用地の強制接収)、本土決戦部隊配置によっても進んだ。アジア太平洋戦争下の究極の軍拡は、地域を軍事的に制圧するかのような状態をもたらし、有無をいわさず地域民衆の生活を破壊していったのである。敗戦後、国民が軍隊解体を率直に受容し、その後も軍の再建を積極的に支持しなかったのは、このような戦時経験を経て、民衆意識の基底で、軍隊の意義づけが壊れていたことがあったからではなかったか。この点の検討は次の課題である。

改めて三つの問いに即して

最後に、このシリーズの三つの「問い」にふれておきたい。それぞれの問いの含意は、本書の最初に掲げられた、「刊行のメッセージ」(本増補版では割愛)で述べられているのでくり返さない。

まず、「歴史からの問い」について本書では、地域のなかに軍隊が存在することの意味を、軍隊側が社会に与える影響だけでなく、地域社会による軍隊への規制を重視して追求してきた。もちろん従来の研究においても、この点は徴兵忌避や兵士の意識分析、軍縮期の世論などを対象に分析されているが、全般的には、軍部の国民統合の経緯が太い線で描かれているといって差し支えなかろう。本書では地域社会の側からの軍隊規制の視点を、軍隊誘致の諸相(地域形成論)、実弾演習場をめぐる対抗、地域ジャーナリズムの役割などまで広げ、軍中央の政策展開を規制したものだけでなく、地域におかれた軍隊の行動を制約したさまざまな側面を追求してみた。こうした視点からみると、軍隊と地域社会は、たとえ戦前社会といえども、決して一方的な力関係のもとにあったわけではない。歴史的な評価は、どこまでも多様で多面的な諸相を把握したうえで提起される必要があろう。

また、軍の政治的社会的基盤が強まった十五年戦争期は、敗戦と軍の解体という帰結から歴史的に遡ると、実は明治以来軍がつくりあげてきた民衆の軍隊への支持の根幹を掘り崩していった過程でもあった。ある歴史的時期に、ある意図をもって形成されたメカニズムが、少し長い歴史的なスパンでみれば、設計者たちの意図をこえた歴史的役割をはたしていることがある。それを見通すには、その出来事が現実に進行していた時代だけの史料分析だけでは足らず、長期的検討によって初めて新しい像がみえてくる。私たちが、歴史研究を通じて現代と未来を見通すには、歴史がつくる多様で複雑なメカニズムを見据える目が必要であるが、それには詳細な個別分析と長期的歴史分析の双方の組み合わせが不可欠であろう。

そして同時に、歴史における民衆の主体形成の可能性を探るには、富士裾野の農民たちのようにきわめて長期にわたり軍隊と向き合い続けることができた事例を分析する必要があろう。強大な日本陸軍と相対するうえでの彼ら農民の精神的基盤は、地域の歴史的営為のなかで確認されてきた諸権利、当時の法的権利の行使、実地調査による地域事例の比較、近隣地域の連携の維持であった。主体形成には、歴史意識と現状分析、そして人びとの協力関係が欠かせないことを示していよう。

「社会からの問い」については、地域社会のなかの軍隊という視点から、静岡県地域を定点的観測地として軍隊—地域社会関係の変化の質を追求しつつ、一地域の事例の絶対化を避けるために、静岡・浜松・沼津・豊橋など複数の地方都市と高師原・富士裾野・米津海岸など複数の実弾射撃場問題をとりあげた。地域と軍隊との関係は、ある時は連隊管区や県域に設定され、ある時は、衛戍地の都市や演習場地域に移動するなど、「地域」を、大枠では定点的でありながら、その枠のなかでは可変的な、地域ごとのさまざまな歴史の諸相を発掘する装置として利用した。こうして地域と軍隊の関係を実態的に、かつ時間的および空間的に比較することによって、銃後形成や戦争熱、あるいは軍隊誘致、郷土部隊意識などの共通項とさまざまな相違、歴史的展開を、不十分ながらみることができたのではないかと考える。歴史がさまざまな地域の諸経験の総和という側面をもつならば、歴史の複雑で多面的な諸相の追求には、地域という視点を、より有効な分析道具として開発することが求められているように思われる。

「著者にとっての問い」、それは軍隊という存在の意味を問う手がかりとして、差し当たり日本軍と地域民衆との歴史的関係を追求することであった。本書でみたように軍隊は、地域行政を軍事化し、徴兵や応召、戦時の援護を通じて地域社会にさまざまな団体を形成し、軍隊的秩序・価値観・規律を広げていく。軍隊の勝利は、敗者への差別・蔑視をもたらし、軍隊の階級的組織原理と徴兵という仕組みは、社会の内部に対しても、常に優劣・差別を持ち込み、再生産しつづける。そして、戦時の軍隊は、勝敗にかかわらず、敵にも味方にも、そして銃後の民衆にも、物理的かつ精神的にも多くの犠牲を強いる。その一方、平時における地域の軍隊は衛戍地や演習地付近の地域経済に少なからぬ利益をもたらし、在郷軍人会など軍事関連社会団体の肥大化は、その成員の社会的地位の上昇をもたらす。このような軍隊の機能や仕組み、社会的関係のなかで、かつての戦前社会も、そして現在の社会でさえ、軍隊に対する民意の軌跡は単純ではない。しかし、歴史の過程を子細に、かつ長期的にみれば、大正期の地域民衆が軍事依存から脱却する方向性を模索し、軍隊の行動をさまざまに制約したように、一見変わりようもなくがんじがらめにみえる軍隊と民衆との関係は、変化への主体的可能性をも示していた。日露戦争体験と大正デモクラシー状況のなかで、地域民衆の軍隊観は、大きな変化をみせていたのである。「著者にとっての問い」に自ら答えていくためには、このような変化と可能性をさらに歴史のなかに探っていくこと、そして何よりも、軍隊観からみた十五年戦争体験の意味を、戦後における軍隊への現実の対処の仕方まで視野に入れながら探る作業が必要になろう。

補章　『増補 軍隊と地域』に寄せて

1　徴兵制軍隊のある社会——戦前と戦後の決定的差異

「社会からの問い」と軍事史

本書の原本は、〈シリーズ 日本近代からの問い〉（青木書店）の一環として執筆した。シリーズの〈問い〉は「歴史からの問い」「社会からの問い」「著者からの問い」の三つから成る。二つ目の「社会からの問い」における国家と個人（人）を媒介する社会の視点がシリーズの特質である。各執筆者は、そのためにそれぞれが社会領域を設定し、できるだけ長いスパンでその領域にかかわる特徴・問題をとらえ、歴史過程に顕れる矛盾・軋轢に目を凝らし、第一の問いである「歴史からの問い」＝「歴史における人びとの体験」の意味を掘り下げようとした。

私は、社会領域のテーマとして、軍隊という存在を、「そこ」（ある地域）に設置された個別具体的存在として観察し、「その」地域社会との多様な関係性という角度から、戦時（非常時）と平時の両面から軍隊という存在の意味と、軍隊（そしてその部隊が出撃する戦時）があるがゆえに地域社会に刻印された特質を考えることとした。同シリーズの社会領域は他に教育経験や植民地日本人、被差別部落などであり、文字通りの社会領域を対象としている。これに対し、軍隊・戦争は、国家権力装置としての軍事力、その発動である。また軍事史研究は、政軍関係史＝広義の政治史や、国民動員・国民統合論・軍事援護など国家による国民組織化という視点から取り組まれることが多かった研究領域である。

こうした対象ゆえに、本書は、〈シリーズ 日本近代からの問い〉刊行のメッセージがいう「人と人のつながりに視点をおいて歴史を見る」方法を主軸にはできず、軍隊と地域社会（地域行政を含む）との関係性・相互規定性を主たる分析視角とし、同時に地域社会相互あるいは内部における「人と人のつながり」の役割にも注視する方法をとった。

本書原本は二〇〇一年七月に刊行されたが、同じ時期、兵の近代、アジア太平洋戦争の戦場、軍隊秩序に注目した兵士たちの民衆史として藤井忠俊『兵たちの戦争』（朝日新聞社、二〇〇〇年）、日清戦争期の社会史を提示した檜山幸夫編著『近代日本の形成と日清戦争』（雄山閣出版、二〇〇一年）、帝都東京とその周辺地域を対象に戦時・平時における軍隊と地域・民衆のかかわりを多角的に分析した上山和雄編著『帝都と軍隊』（日本経済評論社、二〇〇二年）、普通に暮らしている人びとの生活暦に沿った軍隊史研究を目指した原田敬一『国民軍の神話』（吉川弘文館、二〇〇一年）など、軍事史研究への新しいアプローチが一斉にあらわれた。今振り返れば本書の作業もその流れのなかにあったわけだが、私としては、近代日本軍隊の生成期から敗戦まで、できれば新たな性質の軍事力がおかれた戦後との比較も視野に入れて、平時・戦時を長期的に通貫した軍隊と地域社会の関係史を描くことを目指していた。

ほぼ先例のない軍事的社会史であり、方法的にも手探りの作業であったが、軍隊を対象に設定したそもそもの理由、問題意識のイメージは、次のとおりであった。

憲法における国民の義務規定

一八八九年公布の大日本帝国憲法の「臣民権利義務」規定において「義務」とされているのは、「兵役」(第二〇条)および「納税」(第二一条)の二つである。兵役義務制は、一八七二(明治五)年徴兵告諭に基づく七三年徴兵令で成立し、前記憲法で確立した(同一八八九年徴兵令改正で「国民皆兵」の形式も確立)。納税は、一八七三年の地租改正条例で土地所有者個々人の納税義務が明確にされたところから始まる。憲法規定にないもう一つの義務であった教育については、やはり近代国家成立早々の一八七二年学制発布によって成立し、その後の教育令・学校令によって小学校教育の義務化が確立した。

三つの義務のうち、兵役(現役入営と戦時応召)はもっぱら男子の義務である。かつ、「国民皆兵」とは、満二〇歳になった青年男子(壮丁)すべてを対象に毎年全国一斉に身体検査を行なうこと、すなわち検査対象の誰もが入営し、現役兵になる可能性であり、現実には、身長や健康状態・障がいなどの身体的基準により、合格・不合格の選別を行い、合格者のなかから抽選で入営者を決定する制度である(通常の現役徴集率は一〇〜二〇%。ただし、一九四四、五年には「国民皆兵」が文字通りの現実に近づいた)。国家権力が、性の区別を前提にして、男性を身体的基準により優劣をつけて選別する制度であった。

他方、戦後の日本国憲法の「国民の権利及び義務」において「義務」が明記されているのは、第二六条の教育を受ける権利と教育を受けさせる義務、第二七条の勤労の権利及び義務、そして、第三〇条の納税義務である。勤労の規定は、労働基本権の保障・労働基準など人権規定が主たる側面である。戦後の権利・義務においては、形式的には性的区別はない。

こうして国民としての義務という観点から比較すると、戦前社会と戦後社会の決定的差異は、「兵役」であることが改めて確認できる。そしてこの兵役義務制とその制度が生み出した軍隊は、戦前日本社会に独特な性格を刻印し、軍施設の立地にかかわり都市社会の形成にも大きな影響を与え、対外戦争により植民地帝国をつくり出し、極限的な戦場の拡大は、戦前国家を破綻に導いた。戦前と戦後の「断絶」の指標としての兵役＝徴兵制と軍隊は、戦前社会の特質を把握する最も重要な切り口として位置づけうるのである。

社会への刻印の意味

社会形成への「刻印」の意味を陸軍創設期に即して提示しておこう。

徴兵令発布とともに示された最初の日本陸軍兵備計画である「六管鎮台表」(一八七三年)に遡る。近衛を除き歩兵連隊一四個、騎兵・砲兵・工兵・輜重など計三万一六〇〇余人の平時編制を整備し、戦時には四万六〇〇〇余人の兵力に充足する計画である。徴兵制当初から現役期間の錬成を終了した者の戦時動員(応召)が想定されていたわけであるが、この編制と動員(戦時編制への転化)を達成するには、徴兵検査による選兵と徴集(各部隊定員に即した入営)および予備役兵・後備役兵召集の制度と組織が必要である。名前と年齢の確定から始まり、検査対象の名簿・個人データの作成から管理、徴兵検査の徹底(忌避者の根絶)、選定後の確実な服役(入営)、入営者家族の生活・生業援護、満期徴兵慰労、動員に即応できる在郷兵の掌握、など県から郡市町村にいたる兵事行政の整備運用が不可欠であり、その行政を補助する地域社会の協力態勢・軍隊支持意識の形成を必要とした。地域社会は、維新の政治改革後早々に、全国くまなく、兵事行政の整備の渦中に巻き込まれたのである。日本の近代は、全国津々浦々にいたる画一的な(分権的自立の障壁となる)兵事行政の整備から始まった。成年男子、その家族・地域共同体は、こうして兵役義務の受容を余儀なくされ、人びとは、生活と生業、あるいはキャリア形成を、数年の集団武装訓練と戦時動員によって、長期にわたり制約・拘束され続けるのだが、地域社会はこれに対してさまざまな相貌を示した。

鎮台表を別の角度からも考えてみよう。

計画では、六つの鎮台に対応する六軍管区に計一四個の師管区を置き、各師管の中心都市に歩兵一個連隊が営所(兵営)を構えることとした(北海道の兵備は未確定)。鎮台司令部設置都市には、歩兵以下すべての兵種の部隊を集中配備し、その他の都市は、歩兵連隊だけが配備された。鎮台の設置場所は、東京以外はすべて城内であり、陸軍が管理した名古屋城・大阪城などの城内および周囲に鎮台諸機関(司令部、諸部隊兵営、練兵場、射撃場、火薬庫、軍用墓地ほか)を置くことが前提だった。歩兵営の多くも旧城地が使用された。したがって、鎮台都市は、同一軍管区内から集められた約一万人の兵士が、歩兵営都市は同一師管区内から徴集された約二〇〇〇人の兵士が暮らす空間と化して都市の経済・社会に影響を与え（当時の地方都市人口からすればウエイトが高く、かつ常時二〇歳代前半に年齢層が保たれた非生産的＝消費性に偏った軍事集団の流入）、城を中心に都市中心部に集中した軍事施設は、城下中枢の基本構造の変貌を制約し、都市の設計・発展に影響を与えた[1]。

さらに、軍事演習が、限られた演習施設内や市民の視界が及びにくい空間で行なわれている現在と異なり、行軍・戦闘演習（機動演習）を農村部の田畑で実施し、その周辺都市で宿営（民宿）するのは通例であり、兵営都市に置かれた軍隊は、演習に関する対応・接遇要求を通じて、周辺の地域社会に多大な影響・負担を与えた。

その後、維新政権の安定・国内治安維持を主目的とした鎮台体制から対外侵攻を目的とした師団体制に切り替わり（一八八八年）、日清戦争に始まる本格的対外戦争の時代を迎えると、師団司令部所在都市は、数万人の部隊の集結・送出、補充部隊の編成、そして帰還にいたる軍事機能が全面的に作動する文字通りの軍都として機能することになる。対外戦争は、国外に「前線」を敷く出征軍隊・兵士を支える国内の「銃後」を形成するが、とりわけ軍事機能が集中する師団・連隊設置都市は、銃後の戦争支持熱を生み出す地域拠点となった。銃後形成（出征軍との一体感）という経験をくぐった地域社会は、徴兵軍隊創設二〇年にして、軍との共存の時代に入り、軍に支えられ、軍を支える師団軍都・軍事都市の内実が成熟していくことになる。そしてそれを追い風として軍拡が進められ、師団軍都・連隊設置の軍事都市が増大し、軍事都市が全国くまなく広がるが、対外的武力発動を本務とする軍事集団が地域社会の日常風景となるにつれ、共存への懐疑や軋轢、矛盾も各地であらわれていった。

改めて概括すれば、入営・応召が人びとの人生を左右し、国家行政と地域行政の中枢に軍事が据わり（地方自治の展開を制約）、軍港都市（海軍鎮守府所在地）を含む軍事都市がほぼ国内全県に広がる状況、これが兵役義務が生み出した戦前社会の特徴的な様相であった。その延長上に、軍事化が点から面に展開し、地域社会を軍事色に染め上げたアジア太平洋戦争の時代が来ることになる。

2　「軍隊と地域」の「と」に込めたもの

在沖米軍と沖縄社会

軍事史を地域社会との関係において考察する方法については、一九八八九年から静岡県史に、九二年からは沼津市史編纂にも参加し、政治・軍事を担当したことから課題として自覚し始めていたが、それに有力な示唆を与えてくれたのは、本書の「はじめに」の最初に記したように、一九九二年度後半期の沖縄での生活体験である（琉球大学への国内研修）。毎晩夜一一時ころまで普天間基地の米軍ヘリが上空を独占的に飛び交う宜野湾市で生活をしながら（基地問題を議論する市議会の傍聴もしてみた）、基地内の米軍家族の生活風景を観察し、嘉手納基地や実弾砲撃演習地である金武町などを歩いた。腹にズシンと応えるような実弾演習地の実見は、その後の演習場問題への関心の下地となった。また、沖縄県内各地に眼前の基地の動き・変化を、定点観測のように常時観察し続ける行政や運動体、個人がおり、地域メディアと結びつつ、基地に対する沖縄県民の関心を喚起し続けている基地監視の構造もみえてきた。

私の短い沖縄滞在中にも普天間基地関連の事故があったのだが、数万の武装集団が日々実戦さながらの訓練を行なえば、事故や事件が起こるのは不思議ではない。地元メディアは、基地問題や米軍事故を日常的に報道し、重大事件が起これば、自治体や市民団体の抗議行動がただちに組織され、米軍の訓練や基地政策への一定の規制力となった。しかし、一方では、基地労働で生計を立てる雇用者や基地関連業務を請け負う業者、米軍人で潤う飲食業や風俗業があり(学生より中年層のほうが英会話に強い現実)、軍用地料が生活保護費的役割をはたす実情も当事者から聞いた。そして、これらの経験の総体が、軍事施設が地域内に集中配備された戦前の社会状態を、多面的かつ関係性に注目して考察していく方法を示唆してくれた。

そのほか、沖縄では、県や各自治体の基地対策課、あるいは軍用地主会の基地問題資料・統計・基地分布図から、軍用地の種類と面積に注目して基地問題の趨勢を把握する方法の意義を改めて認識させられた。

軍隊の定着・受容と矛盾・軋轢

沖縄から戻ると、対象地域や研究姿勢で制約される自治体史の編纂作業とは別に、大学の仕事の合間を縫って、米軍の共同使用が続く東富士演習場(戦前は富士裾野演習場と呼称)のある御殿場市の図書館、およびかつての師団軍都であった豊橋市の図書館に通い始めた。戦後の東富士演習場の地権者は、東富士演習場地域農民再建連盟という地権者団体を結成し、防衛庁(当時)との間で演習場使用協定を締結し、定期協議により訓練内容を規制し、他方で、演習場での入会権(いりあい)・水利権の保護を確認する現地協議体制を確立したが、その淵源は、明治末期の地元行政と陸軍との現地交渉・現地協定の締結にある。協定成立の契機となった「貴隊ハ如何ナル国法上ノ権利アリテ本共有地ヲ御演習ニ御使用セラルヤ」との重砲兵第一連隊長宛抗議(本書第二章)は、立憲国家となって二〇年経った時期の国民(ここでは農山村地域)の法意識を示しており、同時代の政党・都市民衆が主導した憲政擁護運動に通底しよう。豊橋の調査からは、日露戦後軍拡時の師団誘致運動の実態、一九二〇年代軍縮期における軍事都市からの脱却を探る議論[2]や、実弾演習を長期停止に追い込んだ高師原演習場(渥美半島)付近農民の動向が見え始め、後者からは、陸軍に譲歩を強いた一九二〇年代初期における富士裾野演習場第二次使用協定締結交渉との同時代性が浮かび上がった。こうして、〈日本近代からの問い〉が求める歴史過程の「矛盾・軋轢」の一つの姿が具体的にみえてきた。

本書は、軍隊が地域社会に定着・受容されていく一つの背景として、軍隊設置が、地域経済への波及効果を期待されたことを強調した。その視点自体は、本書原本刊行前後のいくつかの研究が指摘し始めていたことである。そのなかでの私の議論の特徴は、日清・日露戦後の地域経済振興論による軍隊誘致・共存論が、軍隊を経済振興策の一手段として、国防論的視点ではなく経済・生活の視点から相対化するドライな視線であり、地域社会の軍隊への批判力形成と表裏(二面的)の関係にあることに注目したことである[3]。留意したことは、ある歴史事象を複眼的に検討・分析することにより、長期的スパンにおける歴史展開の可能性の芽を、それはたとえ小さなものであっても、押さえておくことであった。歴史の深部の動きを多様な地域文書や地域新聞を組み合わせて、部分的ではあれ見いだせたことは、本書の「おわりに」に記した「軍隊と地域社会は、たとえ戦前社会といえども、決して一方的な力関係のもとにあったわけではない」という評価につながる核心部分となり、その延長上に敗戦後の軍の解体、その受容の一つの背景を見通してみた。

3　狙い・方法・対象

本書の狙いを改めて要約すれば、日本の近代軍隊がどのように地域に根づき、各歴史的段階においてどのような地域との関係・矛盾をもち、アジア太平洋戦争の最終段階でどのような関係にいたるのか。この関係性の視点から、軍隊という存在を問い直す、ということになろう。

では、その関係性(接点)をどこからどのように拾うか。沖縄で得た知見を、戦前社会における軍隊と地域の関係史分析にどう具体化するのか、これが次の問題であった。

本書では、徴兵制の定着、軍隊の設置、連隊区(大隊区)司令部の役割、軍関係団体(在郷軍人会、奨兵会、青年訓練所、国防思想普及団体など)の育成と社会的定着、出征・凱旋、戦死者葬儀、戦争協力・軍事援護・軍事救護、演習場・射撃場・飛行場など軍用地の設置とその運用、行軍・機動演習など軍用地外の一般地域での演習、対軍世論など、確認できるあらゆる側面に目を配り、軍隊と地域社会の関係性を可能な限り多面的に明らかにしようと試みた。個人研究の限界もあり、多様な側面からの実証作業の主たるフィールドは地理感のある静岡県としたのだが[4]、直接関与していた複数の自治体史編纂、とくに県内全域を対象とする静岡県史編纂委員会による在地資料(地域行政文書、個人文書)発掘は大きな力となった。また、地域新聞については、『静岡大務(たいむ)新聞』(明治期前半)、『静岡民友新聞』(有力県紙、憲政会・民政党系)、『静岡新報』(有力県紙、政友会系)、『東京日日新聞 静岡版』、『浜松新聞』、『新朝報』(豊橋市の地域紙)など複数紙の軍事関係記事を、それぞれ数年から二〇～三〇年にわたり追跡した。複数の県域レベルの新聞と特徴的な軍事都市の地域新聞を組み合わせることにより、軍隊側の動向・内部情報を含めて、地域への影響や地域からの反応についての多様な側面を、長期的に観察することが可能になった。

また、戦時と平時を通貫し、戦時と銃後の経験が、軍隊と地域関係にどのような変化をもたらすのか、そしてその経験がどのように蓄積されていくのかを注視した。近代日本の軍隊は、基本的に対外侵攻を戦略目標とする軍隊である。対外侵攻は植民地と戦後の軍拡を生み、常備の植民地軍だけでなく、内地の軍隊も交代制派遣ローテーションに組み込まれるのだが、その際にも、派遣元地域には準戦時状況が生じ、軍隊と地域関係に新たな展開をもたらす。軍事史は、日清戦争・日露戦争など主要な戦争に関する戦時史・銃後史として描かれることが多いが、本書では、戦時経験を経て変容、到達する新たな平時の様態、その平時が可能とする新たな戦争における銃後段階という社会的蓄積に注目しつつ、その間に挟み込まれる準戦時の経験の歴史的意味にも可能な限り注目した。準戦時をつくりだすのは主として植民地への派遣であり、地域部隊・地域出身兵の派遣情報や治安作戦体験は、地域新聞や軍事郵便、戦没兵士の公葬などを通じて地域民衆の植民地観・植民地戦争についての認識に影響するからである。その点は、「台湾の植民地化と郷土兵」(『沼津市史研究』第四号、一九九五年)執筆以来の問題意識であった。

以上の設定が示すように、本書は、軍都論・軍事都市論に対象を絞った研究ではない。私自身も編者の一人として参加した『地域のなかの軍隊』(全九巻、吉川弘文館、二〇一四〜一五年)は、主として、陸軍の基幹部隊である歩兵連隊とその衛戍地(軍都、軍事都市、植民地の軍事都市を含む)、および軍港都市に焦点をあてた「軍隊と地域社会」論であるが、本書は、特定の部隊や特定の都市=衛戍都市に絞った展開ではない。ベースにあるのは、師管・連隊区といった徴集管区(時期により変動する)であり、その管区のうち静岡県および周辺地域の徴兵制度や複数の諸部隊・諸施設、それとかかわる範囲でのいくつかの軍事都市や演習場地域の動向(一部海軍の統括地域を含めて)を組み合わせて長期的に追求したものである。

その方法によって、軍隊と地域といっても、兵営が置かれ軍隊からの一定の受益が期待できる軍事都市と実弾演習場・射撃場・射爆場などが設置された農林業地域・漁村では明らかに関係性が異なること、あるいは、軍事都市のさまざまなタイプと時期的差異、また本土決戦期の異常な軍事的肥大化は、軍事(部隊・施設・軍需生産)が地域を制圧するかのような事態として展開したことを提示した。どこまで行き着いたのか自信はないが、「歴史からの問い」と向き合うには、方法・対象選定・実証を総合した組み立てが求められていたのだと思う。

4　郷土部隊の形成と地域概念

関係性のキー概念としての郷土兵と郷土部隊

「郷土兵」という捉え方が、戦記物的ではなく、学問的領域でも使えるのだと受け止めた最初は、埼玉県史『二・二六事件と郷土兵』(一九八一年)だろうか。埼玉県民は、歩兵の場合、東京を衛戍地とする歩兵第一連隊、第三連隊に入営する関係で、郷土部隊ではなく、郷土出身兵というコンセプトで編集されている。このころ、埼玉県で暮らし東京に通う「埼玉都民」だった私は、七年後に静岡県民となる。しばらくして、遠藤芳信の仕事に学びつつ[5]、静岡県にかかわる最初の軍事史的論文「静岡県における初期兵事行政と徴兵援護団体の形成」(『静岡県史研究』第八号、一九九二年)を執筆し、静岡歩兵第三十四連隊という「郷土部隊」成立前における軍隊と地域の関係に関するアウトラインを描いた。この仕事とその後の静岡県史編集・執筆を通じて、本籍地徴集原則による地域部隊を軍隊編成の基本にし、主として地域の近隣部隊に入営させる地域末端の兵事行政の仕組みや現役兵支援体制が整備され、地域意識と結びつきつつ地域社会に根を下ろしていったこと、その地域意識、とくに新たに形成されつつあった県民意識・同郷人意識に合致する地域部隊が設置された時、地域の村や町の出身者が入営する郷土部隊として認識され、地域社会と密接な関係を築いていくことを、関係性の鍵に据えていった。戦前において郷土部隊意識が成り立ちようがなかった沖縄を観察しながら、郷土部隊というコンセプトを定置したのはやや皮肉ではあるが、基本的には社会に溶け合う可能性がない他国の部隊が集中的に配備されている沖縄社会を観察したからこそ、なぜ軍事組織が地域社会に定着できたのか、その理由・背景への問題意識が強まったともいえる。また、埼玉県の事例は、郷土兵を通じた関係性と郷土部隊を通じた関係性の差異を注視する必要性を示唆してくれた。

フィールドとしての静岡県

静岡県を主たるフィールドとしたのは、前述のような偶然性もあるが、現在でも多くの地域評価指標で全国平均的な目安を示すこの県は、日清戦後軍拡(近衛除き歩兵連隊四八個体制に拡充)で初めて県内に部隊が設置された軍事化度合いでも標準的といえる地域であった。軍隊と地域の関係史を多様な側面から長期的に追跡するために、時期や課題により分析地域を移動して特徴的な動向をつなぐのではなく、定点観測地を設定して、時期ごとの変化の質に目を凝らし続ける方法を選んだが、その標準性・平均的性格からみても、全国的動向を推し量る有効な事例になりうるのではないかと見通した。

徴兵制開始期、静岡県は伊豆と駿河が第一軍管区、遠州地域(浜松県、ほぼ大井川以西)が第三軍管区であった。一八八三(明治一六)年の徴兵令改正で管区表が改正され、翌八四年の部隊増設計画で豊橋歩兵第十八連隊が設置されると、第一軍管に残った伊豆を除き、駿河と遠州は、第三軍管に組み入れられた。次いで、一八八八年、鎮台制から師団制への改正にともない、大隊区(後の連隊区)条例が制定されると、歩兵第十八連隊の徴集区に二つの大隊区が設置され、静岡大隊区に伊豆・駿河・遠州東部(大井川西岸地域)が入り、豊橋大隊区は愛知県三河地域および遠州西部(浜名湖周辺から天竜川流域地域)を管轄した。いずれにしても、師団編制に転換したこの時点から、静岡県内を本籍地とする壮丁は第一師管から離れ、歩兵は全県的に第十八連隊へ(近衛歩兵連隊入営者を除き)、そのほかの兵種は第三師団の隷下部隊に入営することになった。歩兵第十八連隊は、管轄地域であった静岡県内でも頻繁に行軍演習・軍用地外の機動演習を行ない、日清戦争を挟んで、静岡県の最初の郷土部隊として受け入れられていった。

日清戦後軍拡で静岡歩兵第三十四連隊が設置されると、上記静岡大隊区(この時点では静岡連隊区)地域が徴集管区に移行し、遠州西部は引き続き歩兵第十八連隊に入営した。こうして、静岡歩兵第三十四連隊が第一の郷土部隊に、第十八連隊が第二の郷土部隊となる。さらに、日露戦後の軍拡では、浜松に歩兵第六十七連隊が新設されると、新設部隊の徴集管区(浜松連隊区)は遠州全域、および大井川東岸の駿河の一部とされ、三十四連隊の徴集管区(連隊区)は、伊豆と大井川東岸地域を除く駿河に再編された。こうして静岡県地域の歩兵徴集は、三河地域から分離し、静岡県域を二分して、二つの郷土歩兵部隊をもつことになる(同時に両連隊ともに新設の第十五師団隷下に入り、旅団を編成)。

実弾射撃を含む実戦的演習が可能な大規模演習場については、富士裾野演習場は、第一師団の管轄であるが、県域内の演習場として静岡の歩兵連隊は使用を認定され、豊橋近隣の高師原演習場は、静岡・浜松の両連隊とも第十五師団隷下の団隊として使用指定されていた関係で、分析対象に含めた。

大正前期までの軍隊と地域関係は、具体的には、以上の変遷に沿って考察している。

第一次世界大戦期から大戦後にかけては、軍縮と軍装備近代化にともなう部隊の再編の影響が静岡県内では強くあらわれた。野戦重砲兵部隊は日露戦争を契機に編成され始めるが、一九二〇年、横須賀の野戦重砲兵第二連隊、和歌山の第三連隊を三島町(伊豆の中心都市)に移し、二個連隊による野戦重砲兵第一旅団が設置された。旅団ということで、三島は歩兵連隊の平時定員並の兵員の集積地となる。徴集管区は、第十五師管であり(第十五師団廃止後は第三師管)、当初は兵士の約半数を静岡県の壮丁が占め、また、静岡県東部の軍事教育の拠点機能もはたす新たな郷土部隊となった。次いで、一九二五年の軍縮(第十五師団含む四個師団廃止)により、浜松歩兵第六十七連隊が廃止され、代わって浜松には、翌二六年に飛行第七連隊が、二八年に高射砲第一連隊が設置された(ともに第三師団隷下)。前者は日本陸軍初の爆撃専門部隊であり、後者の高射砲連隊は内地では数カ所に限定された(第二連隊の設置は、一九三五年)数少ない専門部隊である。浜松は、日本では有数の先端的航空・防空関連部隊を置く軍事都市に変貌し、両連隊が、浜松市を衛戍地とする郷土部隊となり、防空演習などを通じて地域社会に受容されていった。

なお、軍縮後の歩兵連隊の徴集管区は、駿河・伊豆が静岡歩兵第三十四連隊の徴集区、遠州全域は愛知県三河地域とともに豊橋連隊区(歩兵第十八連隊)の管区に入り、歩兵部隊としては、第十八連隊が再び遠州地域の郷土部隊となった。静岡県の東部と西部地域においては、郷土部隊意識は、特科連隊を含む複数の部隊に折り重なってあらわれることとなり、大正後期以降の軍隊と地域関係は、このような新たな地域部隊の編成に即して構想した。

5　『軍隊と地域』後

地域論

本書の刊行後、引き続き「軍隊と地域」関係史にかかわるいくつかの作業を行なった。対象の全国性と長期分析という点では、『軍用地と都市・民衆』(山川日本史リブレット九五、二〇〇七年)である。軍事的拡大の過程を、都市(軍事都市)から郡部・農村、さらに林野(演習場・射撃場、軍用牧場)への空間的拡大として把握し、その過程であらわれる矛盾や軋轢を含めて、軍隊と地域社会、都市(都市計画、社会計画)との関係史を探った。軍用地に視点を置く軍事化過程論は、先述のように沖縄の基地問題から示唆を受けたものだが、植民地を含む軍用地面積や種類の地域別、経年変化、取得経緯などを系統的に追跡する作業は先例がなかった。そこでは陸軍馬政(軍馬政策)にかかわる面積・分布、変遷動向も視野に入れているが、軍用牧場がなかった第三師管のフィールドでは、気づかなかった領域である(軍馬徴発には若干触れた)。あわせて、本康宏史『軍都の慰霊空間』(吉川弘文館、二〇〇二年)など師団軍都論が提示されたこともあり、都市の軍事施設分布の視点からみた師団所在都市の構造や立地につき、時期的変化を含めて考察した。この作業の過程で、日露戦後から一九二〇年代にかけて、軍事施設の存在とその拡大が、民衆の生業・生活要求や都市計画と全国各地で衝突し、軍用地取得のために土地収用法の強権を発動する例が頻発したこともみえてきた。原著『軍隊と地域』における演習場使用や都市構想をめぐる矛盾は特異な事例ではなく、広がり、同時性をもっていたのである。

主要な地域論としては、日露戦争時の軍都広島の役割を追跡した「地域史としての日露戦争――陸軍輸送拠点・広島から」(小森陽一・成田龍一編『日露戦争スタディーズ』紀伊國屋書店、二〇〇四年)、東京を中心に関東の軍隊を描いた『地域のなかの軍隊2 関東 軍都としての帝都』(編著、吉川弘文館、二〇一五年)、戦前沖縄の軍事状況を追求した「内地と外地の間で――戦前沖縄の軍事的特色」(杉原達編著『戦後日本の〈帝国〉経験』青弓社、二〇一八年)である。三つ目の沖縄論の「はじめに」でも記したように、軍隊と地域が切り結ぶ関係性に注目した軍事史研究の方法論では「読み解きにくい」のが、北海道、東京(首都)、沖縄と考えてきた。北海道の個別分析は行なっていないが、徴兵制の特異性とともに、旭川に師団のほぼ全軍を集中した北海道の部隊配備は、他地域の軍隊・地域関係とは明らかに異なるだろう。東京は唯一、近衛・第一の二個師団を有した特別な軍都であり、軍の中枢機関と軍学校が集中した。首都圏の視野からみると、隣接する埼玉と神奈川両県ともに歩兵部隊の衛戍地となることはなく(県域に郷土部隊が不在)、千葉県の下総台地は東京の諸部隊にとって必須の演習地であった。県域を単位としては、軍隊と地域の関係性を読み解けない地域なのである。最後の沖縄については、そもそも沖縄戦直前まで駐屯軍が置かれず、しかも、沖縄の壮丁は、九州の諸部隊に分散入営した。郷土部隊観念が成立する条件がなかった唯一の県である。部隊配備と徴集兵の配賦からみた沖縄軍事史への問題意識は、「日本近代史における戦争と植民地」(『岩波講座アジア・太平洋戦争1　なぜ、いまアジア・太平洋戦争か』岩波書店、二〇〇五年)以来抱えてきたものである。

広島の論文では、日露戦時下の広島の役割を、軍事輸送の拠点性・大量の傷病兵の輸送拠点・凱旋部隊帰還地の三点から考察した。広島の軍都としての特異性は、先行研究が集中する日清戦争期については理解しているつもりだったが、この仕事を通じて、戦前期を通じた国内衛戍地と大陸の戦場をつなぐ中継拠点として、他の師団軍都にはない特別の役割をはたしていたことが認識できた。軍事医療体制からの軍隊・地域関係に目を開かれた仕事でもあった。

近年、前出『地域のなかの軍隊』(全九巻)や『軍港都市史研究』(全七巻、清文堂出版、二〇一〇～一八年)における集団研究によって、国内の多くの軍都・軍事都市と部隊との関係、海軍軍都である軍港都市、あるいは植民地に建設された軍事都市の姿が明らかになりつつある。これらの成果を摂取しつつ、軍港都市論や植民地軍事都市論に架橋する軍隊と地域論に接近していきたいと思う(6)。

戦死者葬儀論と身体の規律化

軍人墓地の研究、あるいは戦死者の慰霊・追悼に関する研究は、歴史学分野だけでなく、民俗学や宗教学などとも重なるためか、近年多くの業績が世に問われた。『軍隊と地域』では、戦争の記憶にかかわる領域まで広げることはできず、墓地・慰霊碑・招魂祭などは対象にしていないが、戦死者葬儀は、銃後形成の重要な装置として、さらに戦間期の部隊派遣時の戦没者に対しても地域ぐるみの大規模葬儀が執行され敵愾心(てきがいしん)が再生産され続けることにも注目して、葬儀の執行形態や費用負担、規模、回数、参加者などの時期的変化を追跡した。「兵士が死んだ時——戦死者公葬の形成」(『国立歴史民俗博物館研究報告』第一四七集、二〇〇八年)はその継続作業であり、戦死者葬儀をめぐって公葬と位置づけうるか否かという議論、あるいは遺骨遺品の扱い、それらの出迎え方式などを検討した日清・日露戦争期葬儀の実証研究である。関連して、国立歴史民俗博物館『基幹研究「戦争体験の記録と語りに関する資料論的研究」翻刻資料集1』として、関東軍独立守備隊に属し一九三二年(満州事変)に戦死した兵士の最期の状況や軍事郵便、軍歴、新聞報道、葬儀(部隊合同葬と出身村の葬儀)の模様にわたる郷里の記録(和綴四〇〇頁)を翻刻した(二〇〇五年)。本書(『軍隊と地域』)第四章において、満州事変時は、郷土「部隊」と銃後という関係ではなく、郷土「出身兵」の出征・戦死によっても戦時熱・排外熱が組織される傾向が強くあらわれたことを指摘したが、それを裏付ける個別事例である。

ところで、徴兵制施行早々に入営した大多数の兵士は、厳しく規律化された集団生活（動作、共通語、起床から就寝までの時間管理、週単位の生活）のもとに置かれた。武装訓練をし、体操や行軍で肉体を錬成し、兵士として必要な座学も施され、その評価と競争（昇進の選別）のなかで服従・忠誠、攻撃精神を叩き込まれた。他方で、生活ぶりに目を向ければ、軍服という洋服を着て、靴を履き、外套をまとい、ベッド・毛布を使い、毎日あるいは二日おきに入浴し、三食の献立管理された食事をし、少ないながらも給与をもらい、衛生兵と軍医により健康状態を管理された。そして日曜には、衛戍地の盛り場、商店街にくり出した。明治前期という時代に即してみれば、入営兵士たちは近代的生活の最初の集団的な体験者であり、かつ、否応なく、数年にわたり大都市の文化風俗を体験した。

こうした新体験が、地域（とくに農村や地方中小都市）の生活や文化にどう影響したのか興味深いところだが、そこを軍隊と地域の関係史としてすくい上げるのはたやすくない。こうした側面へのアプローチは、「規律化される身体」（小森陽一ほか編『岩波講座近代日本の文化史4 感性の近代』岩波書店、二〇〇二年）、「兵士と教師と生徒」（阿部恒久ほか編『男性史1 男たちの近代』日本経済評論社、二〇〇六年）などで試みたが、もう一歩視野を広げた分析は課題として残されている。

おわりに

本書「おわりに」は、今後の課題として、「軍隊観からみた十五年戦争体験の意味を、戦後における軍隊への現実の対処の仕方まで視野に入れながら探る」こと、すなわち戦後体験(占領・戦後期における軍事と民衆関係)を組み込みつつ戦時体験の意味を問い直すことを課題とした。その課題は、「東富士演習場と地域社会——占領期の基地問題」(粟屋憲太郎編『近現代日本の戦争と平和』現代資料出版、二〇一一年)で着手したものの、その後中断状態である。富士裾野(東富士)演習場は、陸軍=国軍の演習場化としての「軍事化」から占領下の再軍事化、日米安保条約による駐留米軍の管轄、そして自衛隊管理への転換(ただし米軍との共同利用)と軍事化の様相を変貌させてきた。戦後、演習場使用にかかわる現地協議制を再確立した東富士演習場という「定点」からみた「軍隊と地域」の関係史、その関係史的分析を通じて、軍事力に通底する共通性と軍事力の性格・目的による差異を解明することが、本書で積み残した私の重要課題である。

注　記

はじめに

(1) 当初の計画では、戦後の在日米軍、自衛隊を視野に入れて、軍隊の個々の特質により、地域社会との関係においてどのような差異が生じるのか、にもかかわらず、「軍隊」であるがゆえの共通性としてどのような側面が抽出できるのか、などを念頭におき軍隊を問うことを考えていたが、この課題は時間の関係ではたせなかった。準備作業の一つとして、「沼津今沢米軍基地の半世紀」(『沼津市史研究』第八号、一九九九年、一～六〇頁)をまとめたが、全体構想のまとめは次の課題としたい。

(2) 沖縄基地問題に関連する拙稿として、「「沖縄占領国際シンポジウム」に参加して」(『歴史学研究』六四五号、一九九三年五月)、「沖縄――同化的平和から自立・共生的平和へ」(『歴史学研究』六七六号、一九九五年一〇月)。

(3) 第一と第二の領域は、密接にからみつつ研究が進められてきたが、代表的なものとしては、藤原彰『軍事史』(東洋経済新報社、一九六一年)、同『天皇制と軍隊』(青木書店、一九七八年)、同『太平洋戦争史論』(青木書店、一九八二年)、江口圭一『日本帝国主義史論――満州事変前後』(青木書店、一九七五年)、同『十五年戦争小史』(青木書店、一九八六年)、同『日本帝国主義史研究』(青木書店、一九九八年)、大江志乃夫『日露戦争の軍事史的研究』(岩波書店、一九七六年)、同『徴兵制』(岩波書店、一九八一年)、同『昭和の歴史3　天皇の軍隊』(小学館、一九八二年)、加藤陽子『徴兵制と近代日本』(吉川弘文館、一九九六年)、纐纈厚『日本陸軍の総力戦政策』(大学教育出版、一九九九年)、永

井和『近代日本の軍部と政治』(思文閣出版、一九九三年)、山田朗『軍備拡張の近代史』(吉川弘文館、一九九七年)、由井正臣「日本帝国主義成立期の軍部」(『体系日本国家史5』東京大学出版会、一九七六年)、吉田裕『天皇の軍隊と南京事件』(青木書店、一九八六年)など。

(4) 現代史の会共同研究班「総合研究 在郷軍人会史論」(『季刊現代史』第九号、一九七八年九月)、由井正臣「軍部と国民統合」(『ファシズム期の国家と社会1 昭和恐慌』東京大学出版会、一九七八年)、功刀俊洋「日本陸軍国民動員政策の形成」(『鹿児島大学社会科学雑誌』第九号、一九八六年)、同「軍部の国民動員とファシズム」(『歴史学研究』五〇六号、一九八二年七月)、同「日本ファシズム体制成立期の軍部の国民動員政策」(日本現代史研究会編『日本ファシズム2 国民統合と大衆動員』大月書店、一九八二年)、遠藤芳信『近代日本軍隊教育史研究』(青木書店、一九九四年)、藤井忠俊『国防婦人会』(岩波書店、一九八五年)など。

(5) 黒田俊雄編『村と戦争——兵事係の証言』(桂書房、一九八八年)、小澤眞人・NHK取材班『赤紙』(創元社、一九九七年)、『上越市史 別編7 兵事資料』(二〇〇〇年)、吉見義明『新しい世界史7 草の根のファシズム』(東京大学出版会、一九八七年)、大江志乃夫『兵士たちの日露戦争』(朝日新聞社、一九八八年)、広田照幸『陸軍将校の教育社会史』(世織書房、一九九七年)、能川泰治「日露戦時期の都市社会」(『歴史評論』五六三号、一九九七年三月)、檜山幸夫「臨戦地広島の周辺」(大谷正・原田敬一編『日清戦争の社会史』フォーラム・A、一九九四年)など。

(6) 吉田裕「日本の軍隊」『岩波講座日本通史17 近代2』(岩波書店、一九九四年)。なお、先の第一〜三グループにあげた研究のいくつかは、軍隊と社会との関係史的視角をとり入れているが、そこでの「社会」領域は限定されている。最近刊行された藤井忠俊『兵たちの戦争』(朝日新聞社、二〇〇〇年一二月)は、日中戦争からアジア太平洋戦争期の「兵の戦場」を中心に考察したものである。本書がほぼまとまった段階で同書に接することになったので同書の成果を生かすことはできなかったが、〈軍隊秩序と日本社会の関係史〉という問題関心という点では、本書の問題意識と重なるところも多く、また日中戦争期とアジア太平洋戦争期の〈軍隊―社会関係史〉的にみた場合の差異については教えられることが多かった。

(7)　なお、管見の限りでいくつか新しい試みが行なわれつつある。前掲『上越市史　別編7　兵事資料』は、一九二七年から四五年までの村役場兵事史料で資料編全一冊を構成したおそらく初の自治体史資料集であり、『金沢市史　資料編11　近代一』(一九九九年)は、全五章構成のうち、一章を「軍事・戦争」として立て、「軍都」金沢の戦前史の特質を浮き彫りにしようとしている。また、『豊岡村史　資料編二　近現代』(一九九三年)は、静岡県磐田郡旧敷地村に残された豊富な兵事史料を多数盛り込んだ資料集である。そのほか対象時期は限定されているが、東京都の『都史資料集成　第1巻』(第一分冊「日清戦争と東京①」、第二分冊「日清戦争と東京②」、一九九八年)は、首都東京の日清戦時研究を飛躍的に引き上げる条件を提供した資料集である。なお、刊行後二〇年を超えたが、『東京百年史　第三巻』(一九七九年)の日清・日露戦争関係の叙述は、軍隊と地域の関係についての優れた考察である。

(8)　本書はいくつかの静岡県内関係(一部愛知県関係)の自治体史――主として資料編――を利用しており、これら自治体史研究の蓄積なしに成り立たなかったが、そのうち『静岡県史　資料編18〜20(近現代三〜五)』(一九九二〜九三年)、および『沼津市史　史料編　近代1〜2』(一九九七、二〇〇一年)の軍事関連部分は、荒川が編集・史料解説に当たった。また、『静岡県史　通史編5〜6(近現代一〜二)』(一九九六〜九七年)の軍事関連部分は、徴兵制導入期を除き荒川が執筆し、本書のベースになった。

(9)　本書で利用した主要地域紙は以下のとおり。

『静岡大務新聞』一八八三年七月創刊(『静岡新聞』を改称)。

『静岡民友新聞』は、『静岡大務新聞』の社内分裂、廃刊後一八九一年一〇月創刊。立憲改進党・進歩党系、昭和期は民政党系。一九〇〇年以降のものは、ほぼ欠号なくみられるので、最もベースの新聞史料として利用した。

『静岡新報』は、一八九五年創刊で政友会系。『静岡民友新聞』の対抗紙で『民友』をしのぐ発行部数を誇り、軍事関係情報も多いが、『民友』に比べ欠号が多いため、通しでは使えなかった。

『浜松新聞』は、一八九八年の創刊で、県紙統合まで続いたが、現在閲覧できるのは大正末から昭和初期の五年分程度(浜松市立図書館蔵)。

『静岡新聞』は、一九四一年の一県一紙統合で『静岡民友新聞』・『静岡新報』等県内六紙が統合されて創刊。

このほか、名古屋で発行された『新愛知』、豊橋の『新朝報』(一九〇〇年創刊、実業談話会=政友会系)を利用。豊橋には、このほか『参陽新報』、『豊橋日日新聞』などの地域有力紙があるが、欠号が少なく、長期にわたり閲覧可能な『新朝報』(豊橋市立図書館蔵)を利用した。また、一部『東京日日新聞 静岡版』を利用した。

第1章

(1)『陸軍省第十二年報』明治一九(一八八六)年。壮丁の体位により甲種、乙種を合格、丙種を徴集延期、丁種を不合格としたのは一八八九年二月二八日制定の陸軍省令「徴兵事務条例施行細則」から。ただしそれまでも合格者に甲乙の区分はされている。

(2) 前掲、加藤『徴兵制と近代日本』二〇頁。
(3) 前掲、大江『徴兵制』。
(4) 軍隊と地域住民の結合関係から本籍地徴集原則の意義を指摘した論考として、前掲、遠藤『近代日本軍隊教育史研究』第三部第一章。
(5) これらの点に関する全国レベルの動向については、遠藤芳信「一八八〇〜一八九〇年代における徴兵制と地方行政機関の兵事事務管掌」『歴史学研究』四三七号、一九七六年一〇月、同「在郷軍人会成立の軍制史的考察」『季刊現代史』第九号、一九七八年九月、後者は加筆のうえ、前掲、遠藤『近代日本軍隊教育史研究』所収。
(6) 『静岡県史 資料編17 近現代二』一九九〇年、五七〜七四頁。
(7) 佐野城東郡役所編纂『現行・静岡県令達類纂』一八九〇年、三一一頁。
(8) 原口清『明治前期地方政治史研究 下巻』(塙書房、一九七四年)は、静岡県民の徴兵逃れ願望が、この徴兵令改正を機に強まることを指摘している(二二一〜二二九頁)。
(9) 徴兵令改正と戸長官選の関係および静岡県における戸長官選の特質については、同前、原口『明治前期地方政治史研究 下巻』二二三〜二四三頁。
(10) 前掲『静岡県史 資料編17 近現代二』一三〇〜一三三頁。
(11) 静岡県『現行・静岡県令達類纂』明治三二(一八九九)年第三冊、六六三〜六六四頁。
(12) 『官報』一八八六年一〇月九日、八七年五月六日、六月二四日、『静岡大務新聞』一八八八年二月一五日、前掲、佐野城東郡役所『現行・静岡県令達類纂』二六五〜二六八、二七一〜二七三頁。
(13) 同前、二七三〜二七四頁、『静岡大務新聞』一八八六年四月二二日、一一月一二日。
(14) このような行政主導の兵役援護の限界が、旧村＝大字レベルで共有された徴兵忌避願望(第一章後述、第三章)としてあらわれたと思われる。
(15) 帝国聯隊史刊行会『歩兵第十八聯隊史』一九一八年、『豊橋市史3 近代編』一九八三年。
(16) 『陸軍省第二回統計年報』(一八八八年中の成績の編纂)。
(17) 『陸軍省第十年報』一八八四年。
(18) 『官報』一八八八年五月一四日、『静岡市史3』一九三二年、四六八頁。
(19) 菊池邦作『徴兵忌避の研究』立風書房、一九七七年。
(20) 富山昭・中村羊一郎『安倍川――その風土と文化』静岡新聞社、一九八〇年。
(21) 永松薫「日清戦争前後の竜爪山信仰」『静岡県近代史研究会報』一四一号、一九九〇年。なお、静岡県の徴兵逃れ信仰については『静岡県近代史研究』第五号、一九八一年。
(22) これらの記事の紹介からわかるように、この時期では、徴兵忌避に対する社会的非難は未だ合意を得ていないと思われる。日清戦争中の『新愛知』一八九四年一二月一日付に脱隊者を報じる記事があるが、この場合でさえ事実を淡々と記載するのみである。徴兵忌避や脱営に対する社会的批判が一般化するには、兵役に対する国民的義務観念が深く浸透する必要があったのである。
(23) なお、このほかに約一五万人の軍夫・職工を輜重輸卒(しちょうゆそつ)・兵站部の補助として使用した。大谷正・原田敬一編『日清戦争の社会史』フォーラム・A、一九九四年、第六章。
(24) 大本営陸軍参謀部『第一軍戦闘詳報其一』。
(25) 佐野小一郎編『日清交戦静岡県武鑑』松鶴堂、一八九六年、九五頁。
(26) 前掲『豊橋市史3 近代編』二六六頁。県別戦病死者数については、大濱徹也編『近代民衆の記録8 兵士』(新人物往来社、一九七八年)所収の「陸軍戦病死者統計」によると、愛知は四番目、静岡は三四七人で一四番目に多い。

(27) 二橋正彦『静岡県護国神社史』一九九一年、四〇頁。
(28) 『静岡県富士郡誌』一九一四年、一六六〜一六八頁。
(29) 磐田郡熊村役場『自明治二十七年至明治三十一年 本郡兵号』天竜市史編さん室所蔵。
(30) 『静岡県史 資料編22 近現代七(統計)』一九九五年。
(31) 『静岡民友新聞』一八九四年八月中の広告欄、および前掲『静岡県史 資料編17 近現代二』二七五〜二七七頁。
(32) 『静岡県引佐郡誌 上』一九二二年、二三七〜二四〇頁。
(33) 『沼津市史 史料編 近代1』一九九七年、五八〇〜五八一頁。
(34) 前掲『静岡県史 資料編17 近現代二』二七四〜二七七頁、前掲『沼津市史 史料編 近代1』。
(35) 愛知県内の郡市単位の軍事援護団体については、前掲、大谷・原田編『日清戦争の社会史』第四章で分析しているが、町村レベルの援護団体の組織化はほとんど進まなかったと推定している。
(36) 沼津本町間宮家文書『明治二十二年十二月より 教授参考統計書付録第二』沼津市明治史料館所蔵、鷹根村役場『明治三十一年以降 町村長会議関係綴』沼津市立図書館所蔵鷹根村役場文書。
(37) 沼津市明治史料館所蔵「石川森家文書」。
(38) 日清戦争前後の静岡県内地域新聞の残存状況はきわめて悪く、断片的に残る『静岡民友新聞』、および一部『新愛知』を参考にまとめた。
(39) そうであれば、町村当局や町村民が応召兵送別など軍事援護活動に無関心・冷淡な場合さえもありえ、軍事後援に能動的な村民の一部から批判を受けることもあったのである。『静岡民友新聞』一八九四年八月一〇日、『新愛知』九月二二日、一〇月二五日。
(40) 前掲『沼津市史 史料編 近代1』五八二頁の沼津町長への犒軍実施要求文書。

(41) 一九四〇年刊、同書は頁数記載なし。「日清戦争」の項。
(42) 前掲『沼津市史 史料編 近代1』五八二〜五八三頁、内浦村役場『明治二十七年度村会決議書綴』、鷹根村役場『明治二十五年以降村会議事録綴込』、大岡村『自明治廿七年四月至明治卅一年三月村会議事録』(いずれも沼津市史編さん室所蔵)。前掲、大谷・原田編『日清戦争の社会史』第三章でも、広島県内における軍事公債募集の特質として、地域有力者層を対象とする郡長主導——郡長の勧誘・示談——を指摘している。沼津市域の場合でも、同様に郡長主導である。
(43) 前掲『沼津市史 史料編 近代1』五八四〜五八六頁。
(44) 前掲『静岡県史 資料編17 近現代二』二七七〜二七九頁。岩田重則『ムラの若者・くにの若者——民俗と国民統合』(未來社、一九九六年、七五頁)でも、静岡県下における日清戦争前後からの青年層の自発的な軍事後援活動開始に注目している。
(45) 前掲『沼津市史 史料編 近代1』五八八頁。
(46) なお、出征兵士が持ち帰った民族的優越感、他民族蔑視については、大濱徹也『明治の墓標——庶民のみた日清・日露戦争』(河出書房新社、一九九〇年)三九〜四〇頁。同書六三頁では、当初他人事のように思われた戦争が、戦勝を重ねるにしたがって、民族的優越感を育てる役割をはたしたことも指摘している。
(47) 前掲『静岡県史 資料編17 近現代二』二八〇〜二八四頁。
(48) 前掲、大谷・原田編『日清戦争の社会史』第三章は、大本営が設置された広島市周辺の村落を対象に戦争と地域のかかわり、戦時協力体制に関する目配りのよい分析である。とくに、ここで指摘されている戦時下の民衆のやや醒めた意識の面——近代国家への民衆の意識形成の諸段階とのかかわり——については、史料的な問題から本書では論及できなかった。今後の課題としたい。

(49) 静岡市役所『静岡市会五拾年史』一九四一年、二一七〜二一八頁。
(50) 同前、九八頁。
(51) 『明治二十九年静岡市事務報告書』、「静岡練兵場開設史料」『静岡市史 近代 史料編』一九六九年。
(52) 前掲『静岡県史 資料編17 近現代二』二八九〜二九一頁。
(53) 静岡聯隊史編纂会『歩兵第三十四聯隊史』静岡新聞社、一九七九年、一五、一一八頁。
(54) 前掲『静岡県史 資料編17 近現代二』一四一〜一四二頁、前掲『沼津市史 史料編 近代1』五七九〜五八〇頁。
(55) 前掲、大濱『明治の墓標』三四頁、前掲、大谷・原田編『日清戦争の社会史』八二〜八四頁。
(56) 『静岡県史 資料編18 近現代三』一九九二年、一六二頁、『静岡民友新聞』一九〇一年一二月五日付。
(57) 一八九九年一〇月、第三師団長は日清戦争を契機に旗・吹き流しを林立させ、地域ごとに豪華な饗宴を競うかのように不相応な費用を使いはじめた新兵入営・満期退営者送迎行事を憂え、注意を促す通牒を発したが、その意は村当局から区長まで文書で伝達されている。沼津市歴史民俗資料館保管「江梨区有文書」。
(58) 大江志乃夫『日露戦争と日本軍隊』立風書房、一九八七年。
(59) 大江志乃夫「植民地戦争と総督府の成立」(『岩波講座近代日本と植民地2 帝国統治の構造』一九九二年)八頁、および許世楷『日本統治下の台湾』(東京大学出版会、一九七二年)。
(60) 『静岡民友新聞』一九〇二年七月二九日、三〇日、八月八日。なお、この南庄の事件は、台湾経世新報社編『台湾大年表』(一九二五年)にも記録されている。
(61) 荒川章二「台湾植民地化と郷土兵」『沼津市史研究』第四号、一九九五年。

(62) 山辺健太郎編『現代史資料21 台湾一』解説、みすず書房、一九七一年。

第2章

(1) 井口和起『日露戦争の時代』吉川弘文館、一九九八年、海野福寿『日本の歴史18 日清・日露戦争』集英社、一九九二年、一四七〜一五〇頁。
(2) 敷地村振武会『明治三十七八年戦役軍事日誌』磐田郡豊岡村役場所蔵、谷寿夫『機密日露戦史』原書房、一九六六年、一〇五〜一〇六頁によると、動員令発令自体はともにその前夜。
(3) 前掲『静岡県史 資料編18 近現代三』一一六頁。
(4) 槙日記刊行会『槙日記 第六巻』一九八六年、五四頁。
(5) 榛原郡榛原町「本間英之家文書」。
(6) 駿東郡金岡村役場の場合、戦争中の動員令収受回数三四回、一三五人の応召者を送別した。前掲『沼津市史 史料編 近代1』六八五、六八八頁。
(7) 県諭告および豊橋連隊区司令官申越文書(前掲『静岡県史 資料編18 近現代三』一〇〇、一二〇〜一二一頁)。
(8) 前掲、岩田『ムラの若者・くにの若者』(七四〜八四頁)は、熱狂的な戦勝祈願を行なう若者心理の奥底に、鬱積した不満、出征による家族の経済的窮乏を案ずるところからくる徴兵忌避的心理を読み込もうとしている。
(9) 一九〇四年四月二日、第三師団応召過員について憲兵司令官より陸軍大臣宛報告、陸軍省『密大日記』。
(10) 静岡県志太郡役所、一九一六年、五九七頁。

(11) 日露戦争の動員軍人総数は約一〇九万人、うち九四万五〇〇〇人、八七%が出征した。死者は、八万二〇〇〇人、入院傷病者は三九万人であった。前掲、大江『日露戦争と日本軍隊』九一頁。
(12) 陸軍の場合は、現役三年・予備役四年四カ月・後備役五年を終えた者、および軍隊教育を受けた補充兵で、七年四カ月の補充兵役を終えた者。
(13) 『静岡民友新聞』一九〇四年五月四日、鷹根村村長より東椎路常設委員宛文書、一九〇五年四月一日、沼津市明治史料館所蔵東椎路区有文書。
(14) 一九〇四年六月一三日「下士兵卒家族救助令施行ニ関スル心得事項」前掲『静岡県史 資料編18 近現代三』一三八〜一四一頁。
(15) 前掲『静岡県史 資料編18 近現代三』一五二頁。
(16) 相良町役場『明治三拾七年日露戦争関係書類』榛原郡相良町史料館所蔵。
(17) 『静岡民友新聞』一九〇四年二月一九日〜二〇日、『静岡県農会報』第七九号。農商務相の意を受けた農会が戦時下の農政を推進したことについては、前掲、大濱『明治の墓標』一九四〜一九六頁。
(18) 前掲『静岡県史 資料編18 近現代三』一三五頁。
(19) 恩賜財団軍人援護会静岡県支部編『静岡県軍事援護史稿』一九四〇年。
(20) 沼津市明治史料館所蔵「東椎路区有文書」(一九〇四年三月三〇日付および六月二二日付文書)。
(21) 前掲『静岡県軍事援護史稿』。
(22) 前掲『静岡県史 資料編18 近現代三』一五四〜一五五頁。
(23) 一九〇四年七月九日、町葬への公費支弁に関する沼津町の問い合わせに対する駿東郡役所回答、前掲『沼津市史 史料編 近代1』六八三〜六八四頁。
(24) 「日露戦争当時ノ戦病死者葬儀取扱方法」静岡市役所『戦病死者葬儀関係書綴』(一九三二年)静岡

市文書館。
(25) 沼津市内浦原田昭三氏所蔵日露戦争関係資料、沼津市大平原靖彦氏所蔵日露戦争関係資料。
(26) 上等兵で五二〇円、伍長五七五円(前掲『静岡県史 資料編18 近現代三』一四九頁)。
(27) 前掲、岩田『ムラの若者・くにの若者』「ムラの子供と日露戦争」は、長田村(現静岡市)長田南尋常小学校「校務日誌」の分析を通じて、日露戦争が小学校を「戦争一色に染め」、村内戦争行事に動員させるようになるさまを描いている。ただし、本書でこれまでみてきたように、小学校の戦争行事への動員は、日清戦争時から始まっており、岩田がこの事例から導く日露戦争から始まるという指摘は、一般化できない。
(28) 「徴税の指揮監督励行につき浜名郡指示」前掲『静岡県史 資料編18 近現代三』一〇四頁。
(29) 前掲『静岡県史 資料編22 近現代七(統計)』一六六頁。
(30) 前掲、沼津市明治史料館所蔵「東椎路区有文書」。
(31) 前掲『静岡県史 資料編18 近現代三』一〇〇頁。
(32) 同前、一三五頁、および一九〇四年四月一二日付、富士市立中央図書館所蔵資料。
(33) 庵原郡庵原村吉原区戦時規約、小笠郡朝比奈村勤倹貯蓄申合規約、駿東郡金岡村勤倹貯蓄規約、駿東郡鷹根村戦時生活改革規約など。前掲『静岡県史 資料編18 近現代三』および前掲『沼津市史 史料編 近代1』より。
(34) 清沢村役場『静岡県安倍郡清沢村沿革誌』静岡市文書館所蔵。
(35) 『三十七八年中に於ける坂部村の事歴』本間英之家文書。
(36) 橋本哲哉『近代石川県地域の研究』(金沢大学経済学部、一九八六年)第三章「日露戦争と県民」によると、石川県における地域紙の場合も「郷土の兵士」など同郷集団の団結力と他郷への競争心をあおる紙面づくりが行なわれている。

(37) 大本営陸軍副官部『明治三十七年十二月ヨリ明治三十九年五月マテノ分 俘虜ニ関スル書類綴』防衛研究所戦史部所蔵。

(38) 前掲『静岡市史3』四五八頁。

(39) 日露戦争時の捕虜収容の全体状況については、神田文人「第一次大戦前の日本の捕虜処遇とその転換」『横浜市立大学論叢 人文科学系列』第四五巻第一号、一九九四年三月。

(40) 日本軍捕虜数、捕虜発生の経緯、ロシアにおける日本軍捕虜の処遇、送還された兵士に対する日本軍の処遇については、前掲、大江『日露戦争の軍事史的研究』。静岡県における地域紙のこのような論調は、日露戦争段階では、戦陣訓的な思想が「軍の公式の思想ではなかった」という大江の指摘と照応する。ただし、大江は帰還兵に対する「郷党の迫害」を強調している。

(41) 杉山金夫「遠州の非戦論者 牧師白石喜之助」『静岡県近代史研究』第三号、一九八〇年。

(42) メソジスト派週刊紙『護教』六六三号、一九〇四年四月。

(43) 『社会主義』八年八号、一九〇四年六月、前掲『静岡県史 資料編18 近現代三』一五五～一五七頁。

(44) 荒畑寒村編『社会主義伝道行商日記』新泉社、一九七一年。

(45) 岩波書店、一九七四年、二一一頁。

(46) 前掲『沼津市史 史料編 近代1』六八〇頁。

(47) 凱旋門建設の流行とその意味については橋爪紳也『祝祭の〈帝国〉』講談社、一九九八年、第二章。

(48) 富士郡今泉村役場『郡達綴』富士市立中央図書館所蔵、磐田郡熊村役場『本郡兵乙号』天竜市史編さん室所蔵。

(49) 日露戦後の在郷軍人団の設立の特色、帝国在郷軍人会設立直後の分会活動の実態については、藤井忠俊ほか「在郷軍人会史論」序章、第一章(『季刊現代史』第九号、一九七八年)。日露戦争直後の在郷軍人団結成は、連隊区司令部が督促・監督機関となって県郡市町村に要請してできたものであったが、設立過程は必ずしも画一的でなかったことが指摘されている。同論文では、岐阜、長野、広島、愛知などの事例が分析されているが、これらに照らしてみると、静岡県の場合は、県市町村行政より軍の主導性が強かった組織化の類型になるようである。
(50) 愛鷹(あしたか)村役場「明治三十七年以降 町村長会関係書類」前掲『沼津市史 史料編 近代1』六六九頁。
(51) 「田方郡西浦村在郷軍人会会則」前掲『静岡県史 資料編18 近現代三』一六四頁。
(52) 『静岡民友新聞』一九〇五年三月一〇日(前掲『静岡県史 資料編18 近現代三』一六三頁)。
(53) 磐田郡熊村役場『本郡兵乙号』天竜市史編さん室所蔵。
(54) 帰郷兵への対応について一九〇五年一一月二〇日郡達、今泉村役場『郡達綴』富士市立中央図書館所蔵、および一九一二年一月八日在郷軍人への第一五師団長注意(『静岡県史 資料編18 近現代三』一七二頁)。
(55) 「師団長ノ意図ヲ受ケテ地方郡市町村長ニ対スル説示ノ要旨」一九〇九年一〇月二四日、磐田郡熊村役場『本郡兵号』天竜市史編さん室所蔵。
(56) 「磐田郡在郷軍人会々則」磐田郡熊村役場『本郡兵乙号』天竜市史編さん室所蔵、西浦村史料は注(51)と同じ。
(57) 『季刊現代史』第九号、一九七八年、七二、八六頁。
(58) 『静岡県史 資料編18 近現代三』一六九〜一七〇頁。
(59) 一九一二年一月八日在郷軍人への第十五師団長注意(『静岡県史 資料編18 近現代三』一七三頁)。

(60) ただし、支部規約をみても、一九一一年の最初の規約は、本部規約の補足程度のもので、一九一五年の改定で、事業・目的、会員の要件、機関等を規定した規約がようやく整備された。しかしこの改定規約でも、静岡支部が本部および第十五師団長、第二十九旅団長の指揮・監督を受けることは明記されているが、連合分会・町村分会に対する静岡支部長の指揮権にかかわる規程はとくにおかれていない。連合分会および分会規約が、支部規約に基づきそれぞれ定めるものとされ、支部長への報告を義務づけられているだけである。また、付則には、「市ノ連合分会組織ノ時期ハ当分之ヲ延期ス」とあり、実際の組織の整備には相当の時間を要したようである(「帝国在郷軍人会静岡支部規約」帝国在郷軍人会原里村分会『諸規定綴』御殿場市立図書館所蔵)。

(61) 「帝国在郷軍人会静岡支部規約」「帝国在郷軍人会小笠郡連合分会規約」『静岡県史 資料編18 近現代三』一七三~一七六頁、帝国在郷軍人会西浦村分会設立『沼津市史 史料編 近代1』六九〇~六九一頁。なお、村の分会役員は、除隊帰郷した下士が務める例が多いが、それらの下士は自立した農業経営の後継者となる見込みのない村の下層農民が多かった。分会が軍につながる組織として再編されたことで、これらの下層が、村において権威をもつ道が開け、村の秩序を変容させる因子となった(大江志乃夫『戦争と民衆の社会史』現代史出版会、一九七九年、一五五~一五六頁)。

(62) 『新朝報』一九〇六年一一月二五日、三〇日。同紙は豊橋の地元紙で浜松関係の記事も多い。この時期の浜松地方の新聞では『浜松日報』一九一二年四~六月分が残るだけなので、新聞史料としては『静岡民友新聞』と『新朝報』を利用する。

(63) 『浜松市史3』一九八〇年、一八八頁、『新朝報』二月二六日、七月四日。

(64) 前掲『浜松市史3』二六八頁。

(65) 防衛庁防衛研究所戦史部所蔵『明治四〇・一〇・九~大正一四・四・一八 歩兵第六十七聯隊歴

史』。

(66) 大元帥である天皇から授けられ、勅語への連隊長奉答をもって「拝受」する。

(67) こうした軍と地域との緊張関係があるゆえに前述の強制性もあらわれると思われる。

(68) なお、一九一〇年八月二〇日付、第十五師団長より陸軍次官宛「将校言動ニ関スル件回答」(一大隊長による同僚大隊長への公然たる批判事件の調査報告)では、軍内の事件が誇大に世間に報道されたことを強調する立場からであるが、「浜松ニ於ケル新聞記者ト軍隊トノ関係」につき一項を割き、「浜松ニ於テ発行スル新聞紙若クハ材料ヲ同地ニ取リタル新聞記事ハ常ニ軍隊及軍人殊ニ将校ニ対シ不利ナル記事ヲ以テ充タサル、ノ観アリ。其原因多々アルヘシト雖トモ恐ク軍隊創立ノ当時上級将校カ過度ニ記者ト狎昵(こうじつ)シタルハ其原因ノ大部分タルヘシト信ス」と記している。陸軍省『明治四十三年密大日記』。

(69) 『静岡県史 資料編18 近現代三』一七九頁。

(70) 日露戦後期に軍紀違反事件が多発し、かつそれが世論の関心を呼んだ背景については、第一に歩兵連隊の二年兵役制の実施(一九〇七年)によって、徴集率が二〇%台に一挙に高まり(甲種合格の三分の二が現役兵に)、民衆生活との矛盾が激化したこと(大江志乃夫「天皇制軍隊と民衆」遠山茂樹編『近代天皇制の展開』岩波書店、一九八七年)、第二に士気が低下し、軍紀が乱れた日露戦争の戦場を体験した青年将校の命令・服従関係への過度の依存、第三に、日露戦争体験を経ての軍隊に対する民衆意識の変化、などが考えられる。

(71) 前掲『豊橋市史3 近代編』三一六頁、『豊橋市政八十年史』一九八六年、二六頁。

(72) 同前『豊橋市政八十年史』三〇頁。

(73) 『高豊史』一九八二年、六一二〜六二六頁、『新朝報』一九〇六年一〇月八日、二四日、一二月二一日、〇七年一月一一日、〇八年四月二九日。

(74)『御殿場市史6 近代史料編II』一九七九年、三三五〜三三九頁、『御殿場市史9 通史編下』一九八三年、一四三〜一四四頁。

(75)杉本壽『林野入会権の研究』日本評論新社、一九六〇年、二五七〜二六二頁。

(76)前掲『御殿場市史6 近代史料編II』三三五〜三三六頁。

【補遺】「富士裾野大野ケ原御料地借用に関する件」明治四三年八月(C02031684600「富士裾野演習場内御料地借受の件」陸軍省『大日記乙輯』大正三年、防衛省防衛研究所)によれば、「大野ケ原御料地ハ明治三十三年以来」宮内省の承諾を得て陸軍演習場の一部として使用、とある。「大野原御料地を砲兵射撃場に使用の件」(C06083367600 陸軍省『明治三十三年 坤 貳大日記十一月』防衛省防衛研究所)にも「再三交渉の上」協定案成立とあり、正確には、一八九九年に宮内省との使用交渉が始まり、一九〇〇年末に使用に関する最初の文書が締結されたと推定される。この段階での使用面積は一九一六町、使用期間は八月から一一月の四カ月、その間は数週にわたる連続使用は行なわない、地元農民による御料地内借用地の開墾も可、ということでスタートしている(C06083367700)。その後、一九〇九年における関係村々との民有入会地の演習場使用協定締結を受けて、翌一〇年一二月に大野ケ原御料地の使用権を陸軍省に移転したが、従来帝室林野管理局が地域人民との間で交わした同一条件(土地の貸下げ、秣その他雑種物の払い下げ)で慣行の一切を継承履行するものとした宮内省と陸軍との新たな協定が締結された(「富士裾野御料地の内演習場として借用方の件」大正九年二月(C03011295400、陸軍省『大日記乙輯』大正九年、防衛省防衛研究所)。この経緯は、維新後国有化された旧入会地に対する地元農民の権利闘争が、陸軍との交渉力の基底にあることを示していよう。

同資料によれば、借用期間は、一九一一年四月から三〇年十二月までの二〇年間に設定された。この協定時点での御料地借用面積は、静岡県駿東郡下六カ村にまたがる二一二一町である。

(77) 菅沼武男「富士裾野陸軍廠舎建設の頃を語る(一)」『富士山(『北駿郷土研究』改題)』第一九号、北駿郷土研究会、一九三五年五月。

(78) 前掲『御殿場市史6 近代史料編Ⅱ』三〇三〜三〇四頁。

(79) 前掲『御殿場市史6 近代史料編Ⅱ』三三〇〜三三一頁、『御殿場市史7 近代史料編Ⅲ』一九八〇年、三五四〜三五七頁。

(80) 中畑区史編さん委員会編『中畑の歴史』中畑愛郷会、一九八八年、四五一頁。

(81) なお、地域が軍施設を受け入れる理由として、地域交通事情の改善(道路新設・改良)による地域発展の期待を無視することはできない。市町村道の軍用道路化にともない多額の県補助が組まれ、さらに県道や国道に昇格する場合もあったからである。演習地の場合は、重量の大きな軍用車両の頻繁な往来のため、道路は絶えざる修繕が必要で、その分町村の出費は嵩んだが、やはり、軍用道路化により道路改良補助金が速やかに組まれ、地元の県道昇格要求が早期に実現されることは魅力であった。

(82) 前掲、菅沼「富士裾野陸軍廠舎建設の頃を語る(一)」、『御殿場市史7 近代史料編Ⅲ』三五八頁、『御殿場市史6 近代史料編Ⅱ』三三一〜三三四頁。

(83) 中畑区の演習用廠舎敷地献納申請、『御殿場市史6 近代史料編Ⅱ』三三〇〜三三一頁。

(84) 前掲『御殿場市史6 近代史料編Ⅱ』二九一、三〇五頁。

(85) 『裾野市史4 資料編近現代1』一九九三年、七八八〜七九〇頁、前掲『中畑の歴史』四四七頁。

(86) 廃弾処理や人馬糞払い下げによる村の収益の大きさについては、筒井正夫「日露戦後大正期に至る農村行財政の展開——静岡県駿東郡原里村の場合」(『御殿場市史研究』第六号一九八〇年)が、詳細な分析を行なっている。

(87) 前掲『御殿場市史7　近代史料編Ⅲ』三五四～三六二頁。なお、この事例は、軍と地域行政当局の全国最初の公的協議ではないか。

(88) 前掲『御殿場市史6　近代史料編Ⅱ』三三六～三四一頁。

【補遺】 演習場使用協定の締結にともない、演習場内の監的、展望台、電線架設や道路整備など約七万円を投じた二年越しの本格的演習場整備が行なわれ、あわせて滝ヶ原演習廠舎の拡張なども実施された(「富士裾野演習場内整備に関する件」C02031343000、「富士裾野演習廠舎拡張敷地其他買収の件」(C02031327600)、ともに陸軍省『大日記乙輯』明治四四年、防衛省防衛研究所)。一九一〇年は陸軍が初めて演習場規則を制定した年であり、この年からの富士裾野演習場の安定的使用は、陸軍の演習場運営にとって重要な意味をもっていた。

(89) 前掲『御殿場市史7　近代史料編Ⅱ』三六一頁。

(90) 勝間田新治郎『印野村字北畑部落移転経過ノ顛末』一九二八年。

(91) 同前、一四三頁。

(92) ただし、印野住民を後援したのは、政友会系の『静岡新報』および『朝日新聞』で、他紙は「頑迷」「横暴」「国賊ノソレノ如ク」扱ったという。前掲、勝間田『印野村字北畑部落移転経過ノ顛末』一四四頁。

(93) 前掲、勝間田『印野村字北畑部落移転経過ノ顛末』。

(94) 同前、二九頁。

(95) 前掲『御殿場市史9　通史編下』三三八頁。

(96) 前掲、菅沼「富士裾野陸軍廠舎建設の頃を語る(五)」『富士山』第二三号、一九三五年九月。

(97) 前掲『御殿場市史6　近代史料編Ⅱ』三四一～三四四頁。

（98）前掲『御殿場市史9 通史編下』一七六～一八二頁。

第3章

（1）前述（本書一一八頁）。なお、一九一九年八月には豊橋の歩兵第十八連隊で演習召集予後備兵の下士官暴行事件が起こり、一一人が有罪となった。兵東政夫『歩兵第十八聯隊史』（改訂版、同刊行会、一九九四年）一四三～一四四頁。
（2）「奨兵会未納金整理ノ件」（一九一三年八月一九～二〇日）賀茂郡河津町教育委員会所蔵「町村長会文書」、駿東郡金岡村役場「明治十七年一〇月起 町村長会議書類」沼津市立図書館所蔵金岡村役場文書。
（3）御殿場市立図書館所蔵「大正二年起 郡長訓令綴」。
（4）前掲『静岡県軍事援護史稿』。
（5）敷地村振武会「大正三年戦役軍事日誌」『静岡県史 資料編19 近現代四』七三～七九頁。
（6）賀茂郡河津町教育委員会所蔵「町村長会文書」（「出征軍人優待並ニ家族保護ニ関スル件」一九一四年一〇月一五日）、小笠町役場所蔵「南山村奨兵会規約」（一九一四年一〇月二六日）。
（7）『静岡民友新聞』一九一四年一一月八日（『静岡県史 資料編19 近現代四』七九～八一頁）。
（8）山東人民出版社、一九九〇年、七八頁。訳出にあたっては、静岡大学情報学部の留学生李寧氏の協力を得た。
（9）なお同書、七五～七六頁には次のような記述もある。
日本軍の侵入したところでは、地元の住民を任意に駆使し、焼殺し、姦淫し、狼藉を尽くし、山東十数県が残害を受けた。九月一七日、「日本軍の約四〇〇人が膠県に侵入し、ただちに食物を奪い、お金を支払わないか、払っても少しだけであった。例えば、銅元二枚で鳥一羽、京銭二〇〇〇文で牛一匹という状況であった」。中立地区に侵入した日本軍は通常の「仮道方法」(他国を通過する際のきまり—引用者注)に違反し、敵区に侵入したように、電報局を奪い取り、検査を強行し、役所を占領した。そのうえ、中国行政主権を無視し、「日本のために力を尽くせ」と強制した。掖県、平度県、黄県、即墨県等で「日本軍の至った各地の住民は非常な苦痛をうけた。日本兵たちは民宅を占め、老人や子供を追出し、家畜を捕まえて食物にし、驢馬などは乗り物に、戸や窓は焚き木にし、稲や粟を馬の食料にした。成年男性を労工とし、女性を召し使いとした。びた一文も払わず、まるで強盗のような行動をした」。少しでもためらう民衆には殴りつけ、銃殺までもした。民衆は家畜や薪、衣服の強奪に不満をもち、労役を拒むので、このような悲惨な殺害事件は日本軍のいたった各県で発生し、山東人民は極大な恥を受けさせられた。

日本軍はどこでも猥褻な行為をほしいままに行なった。莱陽では、「日本軍は村の中の最も良い部屋を選んで侵入し、一旦入ると男性と老人や子供を追出し、青年女性だけ残らせ、性行為を求め、拒絶されれば、「男女間の歓楽をあの世に行って楽しむかい?」と言った」。掖県、平度県では、「日本軍は民宅に入ったら、老人や子供を追出し、少女と若い女性だけを残し、水汲みや食事の支度などの家事をさせ、そして姦淫を尽くした。多くの女性は悲憤して自殺した。掖県城内では、十数名の女性が死に追い込まれたことを皆知っていた」。

同書の記述によれば、中国の占領地における強奪的な現地調達、労役強制、女性への強姦は、すでにこの時期から始まっていたことになる。先に歩兵第六十七連隊についてみたような日露戦後の軍紀弛緩を想起すれば、ありえぬ事件とはいえないであろう(引用部分の原典は、台湾中央研究院近代史研究所編『中日関係史料——欧戦与山東問題』上冊)。

(10) 第一次世界大戦期の捕虜問題については、冨田弘『板東俘虜収容所——日独戦争と在日ドイツ俘虜』(法政大学出版局、一九九一年)、前掲、神田「第一次大戦前の日本の捕虜処遇とその転換」。
(11) 陸軍省『大正三年乃至(ないし)大正九年戦役俘虜ニ関スル書類』防衛研究所戦史部所蔵。
(12) 前掲『静岡県史 資料編19 近現代四』八一〜八六頁。
(13) 前掲、神田「第一次大戦前の日本の捕虜処遇とその転換」、あるいは油井大三郎・小菅信子『連合国捕虜虐待と戦後責任』(岩波書店、一九九三年)など、通例、第一次世界大戦までの日本の捕虜処遇は、「人道的」「厚遇」として評価されている。この評価そのものにはまったく異論はないが、本書では、その後の捕虜観の変化への「芽」に注目した。
(14) 藤原彰『日本軍事史 上巻戦前篇』日本評論社、一九八七年、一二八〜一三一頁。なお、地域紙『静岡新報』の青島戦報道記事でも、「肉弾を敵に抛付けると云ふ」「日本特有の精神」に日本兵の強さの源があるという将校談話が大々的に紹介され、「敵弾雨注」のなか、斥候に成功した「三勇士」の記事、戦死者を出すことが連隊の名誉であるとの記事など、「精神主義」のキャンペーンが行なわれている。
(15) 前掲、藤原『日本軍事史 上巻戦前篇』一六四頁。
(16) 前掲、菊池『徴兵忌避の研究』。
(17) 河津町教育委員会所蔵「町村長会文書」(「兵役義務観念ノ向上ニ関スル件」一九一六年七月二〇日)、小笠町役場所蔵、町村長会「指示注意事項」一九一六年八月五日。
(18) 静岡の連隊が第一次世界大戦に出兵し、銃後後援態勢を経験したこと、また、ちょうどこの時期が後述する第三師団の満州派遣期にあたることが、こうした趨勢に影響したと思われる。
(19) 前掲『静岡県史 資料編19 近現代四』九四〜九八頁。

(20) 徴兵忌避に対する罰則は三年以下の懲役。
(21) 前掲『静岡県史　資料編19　近現代四』九五～九六頁。
(22) 吉川弘文館、一九九九年。
(23) 静岡県の場合も、同様の傾向を示すのか否か、現段階で確認できていない。また、西遠地方でなぜこれほど徴兵逃れ祈願が盛んだったのか、県内でも地域差が生じる背景の解明は今後の課題である。
(24) 前掲『静岡県史　資料編19　近現代四』九八～九九頁。なお、海軍の兵員は徴兵と志願兵の両方から充足された。日露戦争当時は志願兵の割合が六～七割に達していたが、しだいにその割合は低下し、一九二七、八年ころには志願兵の割合は四割前後となった。徴兵事務は陸軍が行ない、連隊区司令官が海軍徴兵の割当数充足の任にあたった。沿海地方・島嶼の壮丁中心である。海軍の現役は四年、兵役法以後は三年で、陸軍より一年ずつ長い。志願兵に関しては、当初海軍志願兵徴募規則、一九二七年一一月三〇日からは海軍志願兵令で定められているが、志願資格は一七歳以上二〇歳まで、現役六年、志願兵令以後五年であり、この現役期間の長い志願兵に、技術水準の維持と艦内秩序の維持が期待されていた。志願兵の徴募区は横須賀、呉、佐世保の三カ所、静岡県は横須賀鎮守府の所管であった。池田清『日本の海軍　上』至誠堂、一九六六年、防衛庁防衛研修所戦史室『戦史叢書　海軍軍戦備(1)』朝雲新聞社、一九六九年。
(25) 『静岡民友新聞』一九二三年一月一四日、二五年一月一五日、安倍郡役所「海軍志願兵志願者ノ勧誘ニ関スル件」一九二四年一月一五日、『郡衙往復綴』静岡市文書館所蔵。
(26) 前掲『静岡県史　資料編19　近現代四』八七～八九頁、『豊岡村史　資料編2　近現代』一九九三年、三四二～三四三頁。
(27) 前掲『静岡県史　資料編19　近現代四』八九～九一頁。

(28)　「現役兵父兄会々則」（一九一一年五月二八日）磐田郡熊村役場「本郡兵号」、浜松連隊区司令官「入営者ノ父兄ニ対スル希望事項」（一九二〇年一〇月）同熊村役場「自大正八年至大正十年　本郡兵号」天竜市史編さん室所蔵。

(29)　浜松連隊区司令官「徴兵検査合格者ニ与フル注意並ニ其父兄ニ対スル希望」（一九二〇年）同前。

(30)　この事件から三年後の一九三〇年四〜五月にかけ、豊橋歩兵第十八連隊内で、被差別部落民に対する連隊将校の侮蔑的言辞から糾弾・謝罪要求闘争が展開されるが、この事件の折も『浜松新聞』は、詳細な報道に努めている。なお、一九三〇年の事件の経緯については、前掲『静岡県史　資料編19　近現代四』七七二〜七七五頁。北原泰作『賤民の後裔』（筑摩書房、一九七四年）は、軍当局がこの事件を不敬事件として扱おうとしなかったことに注目している。『浜松新聞』が、不敬問題を措いたのもこうした軍の対応を前提としたものであろう。また、同書には、この事件に対するいくつかの新聞の論評が資料として掲載されている。これらと対比すると、『浜松新聞』は、差別問題を社会一般の差別問題にただちに還元せず、軍内差別固有の問題に焦点を絞って批判を展開している点が注目される。

(31)　「動員袋につき口上」帝国在郷軍人会原里村分会『諸規定綴』御殿場市立図書館蔵。

(32)　安倍郡役所より井川村役場宛「軍服調整補助金送付方の件」（一九一七年六月二九日）によれば、連隊からの依頼で各町村は満期除隊者の軍服調整を補助した。静岡市文書館所蔵井川村役場文書。なお、『浜松新聞』一九二六年一〇月五日によれば、清水市では区長会の決定で、帰郷兵一人に対し八円五〇銭の軍服調整費補助金を支出することを協定している。

(33)　前掲『季刊現代史』第九号、一六七〜一七〇頁。

(34)　豊橋憲兵隊編『大正七年八月米価騒擾詳報』。

(35)　一八九頁。

(36) 在郷軍人政治問題関与につき帝国在郷軍人会静岡支部長通牒(『静岡県史 資料編19 近現代四』一〇二～一〇三頁)。
(37) 運動の全体状況については、前掲『季刊現代史』第九号、一三五～一四六頁。
(38) 金鵄勲章年金拝受者年金増額につき帝国在郷軍人会静岡支部長の要望(『静岡県史 資料編19 近現代四』一〇五頁)。
(39) 前掲『静岡県史 資料編19 近現代四』九二～九三頁。
(40) 前掲『季刊現代史』第九号、三二〇～三二六頁。
(41) なお、『浜松新聞』一九二八年三月一五日付は、兵卒を対象とする連隊内の「国体」思想教育についても、従来の単なる押し付けから「国体」尊重の理由を納得させる積極的教育への転換が行なわれたことを報じている。同年五月の帝国在郷軍人会第二回評議会において国体論、思想問題中心の議論が行なわれるが、その動きの先取り的報道であろう。
(42) 『浜松新聞』一九二七年八月一五日。なお、郡単位の連合分会に対しては、この年から国庫補助金が交付されている。『浜松新聞』一九二七年五月二八日。
(43) 『浜松新聞』一九三〇年二月二六日。一九二五年一月に発足した愛知県八名(やな)郡石巻村の在郷軍人母妻会が嚆矢である。『新朝報』一九二五年一月三〇日、二八年四月一日。
(44) 前掲『静岡県史 資料編19 近現代四』九三～九四頁。
(45) 入営者の職業保障問題については山本和重「満州事変期の労働者統合」(『大原社会問題研究所雑誌』三七二号、一九八九年一一月)。
(46) 野戦重砲兵第二連隊『聯隊歴史』一九三四年九月。この時期の陸軍軍備拡充計画の概要は、纐纈厚『総力戦体制研究』(三一書房、一九八一年)第四章。

(47) 丹那トンネル開通前は国府津―沼津をつなぐ現在の御殿場線が当時の東海道線。
(48) 少なくとも報道されていないし、のちの記録にも見当たらない。
【補遺】「野戦重砲兵第一旅団に要する敷地買収の件」(C03011017100)および「重砲兵旅団敷地買収の件」(C03011021400)(ともに陸軍省『大日記乙輯』大正七年、防衛省防衛研究所)によれば、一九一八年五月一八日付の陸軍大臣宛報告で買収協議はおおむね完了と報告されている。しかし、一〇月になっても買収価格での折り合いがつかない(陸軍文書では「不当の高価を主張し到底買収に応ぜざりし」とある)ための不承諾者がおり、陸軍側は内務省に図って土地収用法適用(強制執行)手続きに入ったが、翌一九年一月、同法執行前に協議が成立した(「野戦重砲兵第一旅団敷地買収の件」C03011118900、陸軍省『大日記乙輯』大正八年、防衛省防衛研究所)。この時期には、このようにしたたかに陸軍との価格交渉を行なう事例は少なくない。
(49) 前掲『静岡県史 資料編19 近現代四』一一八頁。
(50) 宇垣軍縮の意味については、前掲、纐纈『日本陸軍の総力戦政策』第五章。第十五師団師団長田中国重は多兵主義の立場に立つ宇垣軍縮批判の急先鋒であった。
(51) 兵営の存在が遊廓の存立とどの程度かかわるかについては、詳しくはわからないが、豊橋市における一九二三年七月一五日の祇園祭当日、市内吾嬬遊廓(豊橋市内芸妓五一四人、酌婦一六二人、『新朝報』一九二五年一月一〇日)への登楼人数は、「地方人」一九一九人に対し軍人三六六人、一九二四年正月は一日「地方人」二三五四人、軍人二二七人、二日「地方人」一九五七人、軍人一七〇人、三日「地方人」二〇一三人、軍人三〇六人。軍隊の「祭り」である一九二四年一〇月二三〜二四日の招魂祭では、二三日、「地方人」一一七四人、軍人六二九人、翌二四日「地方人」一〇七八人、軍人四一四人、二五年一月二日、「地方人」二〇三〇人、軍人七〇人、三日「地方人」一九四二人、軍人一五〇人(『新朝報』一九二三年七月一七日、二四年一月五日、一〇月二五日、二六日、二五年一月五日)。「地方人」と軍人という対比でみると、軍人の比率は予期したほど高くないが、招魂祭のような「軍隊の祭り」が遊廓の重要な集客日をなしていること、また、除隊・入営という軍隊恒例の行事にともなって初年兵・除隊兵および見送り人たちが遊廓にくり出していることを考慮すると(『新朝報』一九二四年一月二二日)、兵営設置が遊廓の集客力に与える影響は、先の「見かけ」をはるかに上まわるとみてよかろう。

(52)『静岡民友新聞』一九二五年三月二九日付の経済効果推計をもとに算出した数字。

(53) 陸軍軍縮に対する『豊橋日日新聞』の論調を分析した佃隆一郎「宇垣軍縮と〝軍都・豊橋〟」(『愛知史学』第四号、一九九五年三月)は、一九二四年の一時期、同紙が「脱・軍都」を主張していたこと、しかし地域経済との関係で軍事施設の存在を重視する立場から「脱・軍都」化の主張が変化しはじめ、二九年初頭には第三師団誘致の旗を振るにいたっていたことを指摘している。なお、当時のジャーナリズム、政党の軍縮論、軍部改革論については、前掲、纐纈『日本陸軍の総力戦政策』第五章。

【補遺】一九二三年、豊橋・岡崎(西三河の中心都市)・遠州の起業家五名が連名で、豊橋地域最大の地場産業である製糸業を輸出向け産業に改善すべく、その「起業の根本基地」として豊橋練兵場六万余坪の四分の一にあたる一万五〇〇〇坪の払い下げを陸軍省に請願した。練兵場(歩兵第十八連隊管轄)は、豊川に隣接する吉田城跡に立地していたが、同地がその豊川の豊富な流水を工業用水として活用できる最適地という理由だった。陸軍は練兵場の利用を制約することから「認可難相成」としたが、地方都市の工業都市化構想(産業振興)にとっても、市内軍用地の立地が障害となっていたことを示す事例である(「土地払下の件」C03011786700、陸軍省『大日記乙輯』大正一二年、防衛省防衛研究所)。

(54) 青年訓練所が、在郷軍人の社会的地位向上、組織の強化促進だけでなく、青年訓練所生徒の教育を通じて青年団幹部への影響を強めたことについては、古屋哲夫「民衆動員政策の形成と展開」『季刊現代史』第六号、一九七五年。

(55) 静岡県の青年訓練所規定については、前掲『静岡県史 資料編19 近現代四』一〇五八〜一〇六五頁。

(56) 私立の東洋紡績浜松工場青年訓練所は、男子工員募集の際、青年訓練所手帳提出を義務づけるなど、軍事教練を労務管理に利用していたため、例外的な好成績を記録した。『浜松新聞』一九二七年二月一八日。

(57) 『新朝報』一九二七年一月一二日、二月一四日。ただし、豊橋の場合も一九二八年初頭には出席率五割に低下(二八年二月一八日付)。

(58) 佃隆一郎「〝国防〟運動と〝軍都・豊橋〟」上・下(『愛知大学国際問題研究所紀要』第一〇七、一〇八号、一九九七年三月、九月)も、豊橋市における、一九二九年ころからの国防思想の段階的浸透状況を指摘している。

(59) 『浜松新聞』一九三〇年二月二七日、五月一二日。なお、同紙一九三〇年一月一五日付によれば、一月一〇日に豊橋歩兵第十八連隊に入営した初年兵のうち青年訓練所修了者が三八八人、未修了者が三七八人でほぼ半々である。

(60) 『浜松新聞』一九三〇年六月一九日。功刀俊洋「満州事変期の地域「国防」団体——栃木県国防同盟会の事例」(『鹿児島大学社会科学雑誌』第八号、一九八五年九月)は、満州事変前、一九三〇〜三一年ころの栃木県、とりわけ宇都宮市における青年訓練所の極端な不振状況を指摘している。静岡連隊区・豊橋連隊区とは青年訓練所振興において差異がみられるようだ。

(61) 三方原は、浜松以外の新聞では「三方ヶ原」と表記されている。引用の場合はそのまま用いる。
(62) 防衛庁防衛研修所戦史室『戦史叢書 陸軍航空の軍備と運用(1)』朝雲新聞社、一九七一年。
(63) 矢田勝「浜松陸軍飛行第七連隊の設置と十五年戦争」『静岡県近代史研究』第一二号、一九八六年九月。
(64) 『浜松新聞』一九二七年七月三日付は、〝天竜川尻一帯を海軍爆撃場に、海軍航空本部調査〟と報じており、天竜川流域を爆撃場として活用する可能性には海軍も注目していた。
(65) 『文化之浜松』一九二六年一〇月号。
(66) 一九七七年、三三頁。
(67) 一九二六年の日本楽器大争議の際、重大問題となったのは、陸軍省委託のプロペラが納入不能に追い込まれたことであった。
(68) 陸軍航空と日本楽器の関係については、前掲、矢田「浜松陸軍飛行第七連隊の設置と十五年戦争」が詳しい。
(69) 前掲『戦史叢書 陸軍航空の軍備と運用(1)』二六二〜二六三頁。
(70) 前掲『静岡県史 資料編19 近現代四』一二四〜一二五頁。
(71) 二六三頁。
(72) 高豊史編纂委員会『高豊史』一九八二年、六一八〜六二一頁。『新朝報』一九二三年一一月四日付によれば、陸軍省への損害賠償請願は、前年二三年にも行なわれているが、陸軍省との本格交渉はこの時からである。『新朝報』一九二四年三月三日、一四日、二〇日、四月一三日、二九日。
(73) 前掲『高豊史』。
(74) 『静岡民友新聞』一九二五年一一月九日。なお翌年の移転時点での報道では一八〇万坪。

(75) このほか放牧地・防風林・雑種地としての確保分が一二〇〇町歩。
(76) 『静岡民友新聞』一九二五年一〇月二八日。ただし、飛行連隊建設工事による三方原の立ち木伐採で、連隊用地南側の富塚村では懸念された洪水が発生し、水田五〇町歩にわたる大被害を受けた。そのため七月二二日、浜名郡町村長会議は、陸軍省に被害修理費の下付請願を決定する。『浜松新聞』一九二六年七月二三日。
(77) 『静岡民友新聞』一九二五年八月一四日、二六年五月二七日、『浜松新聞』一九二六年二月二三日、『大正拾四年通常県会速記録』。
(78) 『文化之浜松』一九二六年一〇月号。
(79) なお、一九二四年の宇垣軍縮発表当時の『静岡民友新聞』紙面をみると、〝陸軍整理方針、兵員縮小と科学的兵器の応用〟(七月八日付)、「最近欧州戦争で兵器が科学的になって来た」、飛行連隊をつくるには、世論に鑑みて師団廃止による捻出しかない、という論調(七月一一日付)、『民友』論壇「空軍完備の必要」(九月一四日付)など、科学兵器による国防論は、地域ジャーナリズムによっても早くから支持されている。宇垣軍縮は、軍に対する国民の支持を調達する新しいルート開拓の役割もはたしていたのである。
(80) 春日降四郎「空中防備と飛行機に関する通俗的智識」『文化之浜松』一九二六年一〇月号。
(81) この演習は従来富士裾野で実施されていたが、実績調査の利便から同地で実施とある。
(82) 『浜松新聞』一九二七年一月一六日、二八年一一月二一日、二九年一一月一日、三〇日、三〇年一月九日。
(83) 前掲『戦史叢書　陸軍航空の軍備と運用(1)』二一五頁。
(84) 『浜松新聞』一九二八年九月二八日付「飛行機の話　三」。

(85)『浜松新聞』一九二六年一〇月一三日、一二月一八日、二七年三月三日、一七日、二八年九月二二日、三〇年三月一六日、六月二六日、一二月一二日。
(86)『浜松新聞』一九二七年三月一七日、三〇年一月一四日、二月三日、二〇日、三月一六日、一二月一二日、三一年七月三〇日。
(87)『浜松新聞』一九二六年一〇月三一日、二七年五月一七日、二八年一一月二二日、二三日、三〇年六月二六日、一〇月三日、一五日、二五日。
(88)『浜松新聞』一九二七年一一月一日、七日、一四日、二八年九月二五日、二九年一一月五日、八日。
(89)『東京日日新聞 静岡版』一九二九年六月二七日。『浜松新聞』一九二九年一〇月二九日付によると、平壌までの飛行は成功した。
(90)『浜松新聞』一九二七年三月一四日、二〇日、二一日、四月六日。
(91)大阪の防空演習には、浜松に移駐したばかりの高射砲第一連隊が防空部隊として参加した。浜松市長の防空演習見学は、この関係であろうか。
(92)『浜松新聞』一九二八年三月四日、七月五日、一〇日、三〇年三月四日、一〇日、一一日、『東京日日新聞 静岡版』一九二九年二月九日。
(93)前掲、佃「〝国防〟運動と〝軍都・豊橋〟」下。満州事変前の防空演習を民衆動員政策との関係で考察した論文として、前掲、古屋「民衆動員政策の形成と展開」。
(94)静岡・清水両市にまたがる防空演習として企画された。『静岡県史 資料編20 近現代五』一九九三年、一四頁、『静岡市会五拾年史』年表。
(95)『東京日日新聞 静岡版』一九三一年一一月八日。なお前掲『静岡県史 資料編20 近現代五』九一頁。

(96) 飛行第七戦隊戦友会『飛行第七戦(聯)隊のあゆみ』一九八七年。一九日早朝には後発部隊が二万人の市民の見送りを受け、満州に出動した(『静岡民友新聞』一九三一年一一月一八日、『東京日日新聞 静岡版』一九三一年一一月一七日、二〇日)。

(97) なお、『浜松新聞』一九三〇年七月二六日付では、高師原演習場が、久しく手入れをされないので、橋梁、道路、井戸など破損し、使用に耐えないものが多く、樹木も伸びて演習実施上支障をきたすと報じており、一九二七年以降もほとんど演習に使用されなかったようである。また、一九三〇年四月には、豊橋歩兵第十八連隊の小銃実弾射撃場でも、地域住民が、賃貸借契約停止か報償金三倍値上げかを迫っており、高師原の紛争は地域一帯に波及効果をもったようだ。『浜松新聞』一九三〇年四月一七日。

(98) 高射砲第一連隊史編纂委員会編『高射砲第一聯隊概史』一九七七年、四八頁。

(99) 『新朝報』一九二六年一月八日、『浜松新聞』一九二七年八月一九日、『静岡民友新聞』一九二七年八月二〇日。

(100) 防衛研究所戦史部所蔵、陸軍省『密大日記』、前掲『静岡県史 資料編19 近現代四』一二七頁。

(101) 『浜松新聞』一九二七年五月一七日、一九日、二四日、『静岡民友新聞』一九二七年五月一一日、一五日、一七日。

(102) 陸軍省『密大日記』(『静岡県史 資料編19 近現代四』一二八頁)。

(103) 同前(『静岡県史 資料編19 近現代四』一二九〜一三〇頁)。

(104) 前掲『高射砲第一聯隊概史』。

(105) このような浜松論については、静岡総合研究機構編著『静岡県・企業家を生み出す風土』静岡新聞社、一九九九年。

(106)「郷土部隊」という場合、通例、徴集区域が狭い地域に限定された歩兵連隊に対して用いられるが、本書では、三島野戦重砲兵部隊・浜松飛行第七連隊・浜松高射砲第一連隊など歩兵連隊以外の部隊の場合も、これまで述べてきたような形で兵営が設置された地域との密接な関係を形成したと考え、このような表現を使用している。

(107)外務省編『日本外交年表竝主要文書 上』原書房、一九六五年、四四一〜四四四頁。

(108)「陸軍の執りたる措置」『現代史資料6 関東大震災と朝鮮人』みすず書房、一九六三年、一〇七頁。

(109)前掲『静岡県史 資料編19 近現代四』一三一〜一四二頁。

(110)同前、および『新朝報』一九二三年九月一九日。

(111)一八〇頁。

(112)日本国際政治学会太平洋戦争原因研究部編『太平洋戦争への道1 満洲事変前夜』朝日新聞社、一九六三年、新装版三〇二頁。

(113)一九二八年七月九日付。ただし、中国人とじかに接するにしたがって、逆上した頭が冷静になったと続けている。

(114)以下は、第三師団に動員令が発動される前後の現地日本軍の残虐行為に関する『日本侵略山東史』一七八〜一八〇頁の記述である。先にみた、第一次世界大戦期の残虐行為がさらにエスカレートし、かつ組織的に行なわれており、日中戦争期以降の戦争犯罪行為を先取りするようにあらわれている。戦争犯罪行為のあらわれも、山東出兵という戦争の性格、戦争目的に密接にかかわっていよう。

五月一一日、済南は敵の手に落ちた。日本軍は残酷に皆殺しにし、非道な殺害、略奪、姦淫をした。入城後、北伐軍を捜索する口実で下記の者を見ればすぐ殺した。角刈りや学生風の髪型を持つ者、髪の短い女、草履を穿くもの、ベルトを使う者、灰色服を着るもの、南方人の名刺をもつ者、日本軍を怖がる者、中央貨幣を持つ者、検査を受ける際に門を開けるのが遅い者、自衛の銃のある者、開国記念幣を持つ者、家に軍用品を持つ者、革の靴を穿く者、南方方言で話す者、カメラを持つ者、金の入れ歯のある者、学生格好の青年、国民党の党旗と書籍を持つ者等。例えば、「日本軍は、警備範囲に最適の小緯六路北一横街の住民を追出し、老人や子供にも拘らず六〇人を一列に並ばせ広場に行かせ、五人を一組で横に並ばせ、機銃で全員を射殺した」。

日本軍は西関東流水街を捜索する時、ボロ船の下に隠れていた一八人家族を殺した。霍家巷で、七〇代の茶屋の人は開門に遅れたため、その場で殺された。普利門外の順祥緞店で、戸が開かれないため、穴を開け、中の店員一二名を刺殺した。一人は隣に逃走したが、日本軍は追い駆け、隣家の女と乳児までも刺殺した。一三日、商埠七大馬路を歩いていた一八人は南方なまりがあり、草履を履いていたため、南軍私服隊とみられ、済南医院に連行されて殺害された。日本軍は時間と場所を問わず獣欲を撒き散らした。強姦暴行は毎日発生し、輪姦されて殺害された女もいたが、解体されて死亡した女もいた、強姦されて服毒自殺した女も数多かった。

日本軍の最も残虐な行為は、負傷者、病人を殺害し、俘虜も死刑にしたことである。入城後、傷兵医院で各部屋を捜索し、組織的に集団殺害をした。調査によると、汪家池と西門外前方医院では、逃走者を除く三〇〇名の負傷者のほか、医者・看護員がともに全員惨害された。被害者はベッドで刺殺され、死体には多数の傷口があり、ある人は百以上もあった。民宅に隠された負傷者は一旦見つかればその家族と一緒に殺害された。俘虜には、可能な限りの侮辱を尽くし、残酷な刑罰と虐待を与えて殺害し、一七〇〇名の中国兵士の俘虜は二〇日まで一〇八一人に、二四日まで一〇五一人になり、七〇〇名以上は行方不明になった。「住民の報告によると、日本軍に土匪と名付けられて銃殺され、死体は車で運ばれた」。

同時に、日本軍は略奪をほしいままにした。五月二六日から、済南城北にある当時山東最大の新城兵工場は、工場内の機械設備と飛行機の爆弾、手榴弾、迫撃砲等総価値六〇〇万元以上のものが日本軍に汽車で運ばれた。城内の民宅、商店に対して、鍵を禁じ、無人の地に入るように自由に侵入して略奪した。五月九日夜一一時、十数名の日本軍は東関の聚盛合商店へ侵入して全部の財産を奪った。……五月中旬の一日、日本軍は銃を持ち、南関正覚寺街券門巷趙宅に侵入し、紙幣一二〇〇元、現洋一五〇〇元、アクセサリー四件、鴉片(アヘン)三〇両等計約五〇〇〇元の財物を略奪した。

日本帝国主義者が血腥い暴行をし、惨殺を行なっていた時、済南城は日本侵略軍の恣意横行の世界になった。どの家にも泣き叫ぶ声が満ち、人々は悲憤の涙を流した。中国人民は恥辱を受けさせられ、生命と財産は想像できないほど失われた。残虐行為が発生した時、済南惨案外交後援会の実地調査だけでも、中国軍民の死亡者は三九四五人、負傷者は一五三七人、二九五七万元の財産を損失したのであった。(引用部分の原典は、『済南五三惨案親歴記』中国文史出版社、一九八七年、『東方雑誌』第二五巻第九号)

(115) 前掲『静岡県史　資料編19　近現代四』九七〇〜九七六頁。

(116) 同前。

(117) 青年訓練所の影響と思われる。

(118) 「思想上より見たる第三師団動員下令前後の諸状況」藤原彰編『資料日本現代史1　軍隊内の反戦運動』大月書店、一九八〇年。

(119) 前掲『静岡県史　資料編19　近現代四』一四二～一四三頁。

第4章

(1) 前掲『静岡県史　資料編20　近現代五』八八～九一頁。国防思想普及運動の経緯、目標、性格などについては、藤原彰・功刀俊洋編『資料日本現代史8　満州事変と国民動員』「解説」(大月書店、一九八三年)、前掲、功刀「軍部の国民動員とファシズム」。また、前掲、纐纈『日本陸軍の総力戦政策』第四章は、陸軍省に対する参謀本部主導型の軍備拡充計画への着手との関係で、国防思想普及宣伝強化の意味をとらえている。

(2) 「昭和六年　静岡市事務報告書」静岡市文書館所蔵。

(3) 豊橋支部については、前掲、江口『日本帝国主義史研究』第六章「満州事変と民衆動員」二二六頁。なお、一〇月三一日時点で憲兵隊がまとめた各師団別国防思想普及講演回数・聴衆人員報告によれば、第三師団は開催回数・人員ともに全国一であった。聴衆人員数は二八万九六六〇人である。前掲、藤原・功刀編『資料日本現代史8　満州事変と国民動員』七二頁。

(4) 前掲『静岡県史　資料編20　近現代五』一五頁。

(5) 同前、九一頁。

(6) 満州事変時の大新聞の役割については、前掲、江口『日本帝国主義史論』第五、六章。

(7) 静岡市にみるように、在郷軍人会の影響が考えられる。また、浜松市の場合には、一二日、先の浜松市満蒙時局憂国同志会が、市当局と新聞社の応援を求めて慰問募集に着手しており、親軍的政治潮流が市当局を動かしているケースも考えられる。

(8) 一〇日後の二五日、第一師団電信隊と自動車隊が満州派遣部隊として静岡県内を通過したが、この時には、旅団司令部が、盛大な見送りの希望を表明したこともあり、午前四時の静岡駅通過時に四〇〇〇人、金谷町で六〇〇人、掛川町で三〇〇〇人が見送りに立った。

(9) 前掲『静岡県史　資料編20　近現代五』九四頁。

(10) 『静岡県公報』一九三二年四月一九日、五月一九日、七月二三日。

(11) 『静岡新報』三月二七日、前掲、江口『日本帝国主義史研究』二五七頁。

(12) 一九三〇年三月二〇日公布。軍事救護法改正の意図・経緯については、前掲、山本「満州事変期の労働者統合」。

(13) 内務省社会局「軍人及遺家族救護の制度と其の概況」『静岡新報』一九三二年三月六日。

(14) なお、一九三三年九月までの満州事変関連静岡県出身者の死者は六〇人、『静岡民友新聞』一九三三年九月一八日。

(15) 詳しくは『静岡県史　通史編6』第一編第一章「政党政治の展開と衰退」(荒川執筆)参照。

(16) 『昭和六年度　静岡県議会速記録』。なお、戦争熱高揚の推進力となった軍部の国防思想普及運動は、反幣原外交・反若槻内閣の政治宣伝的側面を有していた。知事への批判もその一環であり、知事側も強いられた戦争支持行動に反発をもっていたものと思われる。

(17) 在郷軍人を中心とする国家主義団体。

(18) 稲森誠次編集『静岡市会五拾年史』静岡市役所、一九四一年、六三五〜六四二頁。『浜松市史3』一九八〇年、三六二頁。

(19) 市町村長会議県知事訓示要旨(一九三二年一、二月および九月)磐田市史編さん室所蔵。

(20) 『静岡県史　資料編20　近現代五』一一〇頁。

(21) 一九三三年八月一四日「静岡県国防協会組織完成事業遂行ニ関シ後援ノ件」鷹岡町分会「昭和八

年度発来翰綴」富士市立中央図書館。他地域におけるこの時期の国防団体設立状況については、前掲、功刀「軍部の国民動員とファシズム」。

(22) なお、飛行連隊や高射砲連隊などの特科連隊には連隊旗がない。

(23) 富士郡鷹岡町分会「昭和八年度発来翰綴」富士市立中央図書館。

(24) 『裾野市史5 資料編近現代Ⅱ』一九九九年、二四〇〜二四二頁。

【補遺】「富士裾野御料地の内演習場として借用方の件」(C03011295400、陸軍省『大日記乙輯』大正九年、防衛省防衛研究所)によれば、一九二〇年の時点で陸軍省が借用していた大野ケ原御料地面積は二四七三町であるが、このうち一九一一年以来の借用分二一一二町のなかで耕作地は三一七町、植樹地を含めると三五二町に達した。注(24)の地元文書は、この公認貸下げ(借地料支払い)以外の「侵墾地」が増加しつつあったことを示している。同年三月、演習場南端の富岡村村民は、演習場内の開墾を請願している。同村民は、第一次世界大戦期の物価騰貴による生活難を打開すべく演習場内の新規開墾を進めてきたが、一九一九年に演習場主管によって停止させられ、その復活を請願したものである。請願書はその冒頭に「吾人の最大希望は社界(ママ)の幸福にあり、幸福の根源は人民の繁栄にあり、人民の繁栄は産業の隆盛にありと惟ふ」とあり、陸軍に対する当時の農民要求の典型的考え方である。請願書に対し、第一師団参謀長は、新たな開墾には絶対に貸与せずとの意見を付しているが(「開墾の為御料地貸下ケの件」C03011444900、陸軍省『大日記乙輯』大正十年、防衛省防衛研究所)、農民の生産拡大欲求は、実戦的大規模演習場の整備活用を押し進めつつあった陸軍にとって無視できない障害となっていた。

この時期の農民の生産拡大欲求と陸軍の演習場拡張方針がぶつかる例は第十五師団が管轄する渥美半島の高師原演習場でも見られる。一九一八年、陸軍は、宮内省に対し同演習場に隣接する御料地一八三町を戦闘演習の適地として借用する交渉を進めていたが、希望の御料地は「貸下開墾計画中の趣にて人民より出願しあるも出願者多数なる」という状況で所要面積全部の借入れは不可能と判断せざるを得なかった(「御料地借入の件」C03011126800、陸軍省『大日記乙輯』大正八年、防衛省防衛研究所)。

(25)　無断開墾は、昭和初期まで確認できる。一九二六年一二月一一日、須山村長は、御料地内三二町歩の「侵墾許可願」を第一師団長に提出、また、一九二七年一二月、演習場主管は、原里村長に対し許可なき耕作・植林や芝の剝ぎ取り取り締まりを要望している。前掲『裾野市史5　資料編近現代Ⅱ』二五七～二五八頁、前掲『御殿場市史9　通史編下』四〇六頁。

(26)　前掲『裾野市史5　資料編近現代Ⅱ』二四七頁。なお、使用継続協定後の御料地貸下料値上げは、協定に対する違約として、一九二二年六月の値上げ提案に際し、地元町村側の強い抗議が行なわれた。

(27)　前掲『御殿場市史6　近代史料編Ⅱ』八四一～八四九頁。

(28)　『東富士演習場重要文書類集　上巻』御殿場市役所、一九八二年、七～八頁。

【補遺】　地元町村長が一九二二年九月に記した文書によれば、この時の改定交渉では「地方民より或は区域の縮小、或は産業交通の不便軽減等幾多の希望続出し為に殆ど難局に陥らんとせしが」(原文カタカナ、以下同)と指摘されている。地域の側の要求が噴出し、軍の担当官が「円満なる解決」を目指し、「斡旋協調」に努めた交渉であった(「富士裾野演習場敷地として民有地継続借用方の件」C03011651800、陸軍省『大日記乙輯』大正十一年、防衛省防衛研究所。以下も同資料)。この経緯もあって、第二次使用協定締結当日の一九二二年一月九日、陸軍第一師団経理部と地元は、演習時の損害賠償について「民有地に対し特別著大なる損害を与へたる時は詮議の上相当賠償をなすこと」との覚書を交わしている。また、前日の一月八日の覚書では、継続使用に当たっては「関係地方民の農産業務等に対し努めて其不便を減却する如く速かに調査研究し軍隊と地方との交渉を円満ならしむることを図る」ことも確認された。経理部は、この覚書に基づき「演習場使用法研究委員」(教育総監部や演習場担当者も参加)を設置し、同年四月から六月まで二十数回の研究会を重ねて対策案を練り、地元はその案に「頗る満足の意」を表したという。経理部報告書は「今後軍隊と地方との関係も頗る円満を来し」と結んでいる。これが、後述の印野村共有地にかかわる一九二三年の協定にも反映していると推測される。

(29) 前掲、菅沼「富士裾野陸軍廠舎建設の頃を語る(五)」『富士山』第二三号、一九三五年九月。
(30) 前掲『御殿場市史6 近代史料編Ⅱ』八五七～八五八頁。
(31) 前掲『裾野市史5 資料編近現代Ⅱ』二五九～二六〇頁。
(32) 『小山市史5 近現代資料編Ⅱ』一九九五年、二六八～二六九頁。
【補遺】一九三二年六月の陸軍省より第一師団経理部長宛通牒には、演習場内の町村共有地・個人所有地の借用では演習場の拘束、支障が多いので、必要な地域を自由に使用すべく、昭和七～八年の買収予算として八七万円を手当したとある(「富士演習場土地買収其他の件」C01006617200、陸軍省『大日記乙輯』昭和十年、防衛省防衛研究所)。
(33) 前掲『御殿場市史7 近代史料編Ⅲ』三五四～三六二頁。
(34) 同前、三六二～三六六頁。
(35) 菅沼武雄「富士裾野陸軍廠舎建設の頃を語る(七)」『富士山』第三〇号、北駿郷土研究会、一九三六年四月。
(36) 同前、菅沼「富士裾野陸軍廠舎建設の頃を語る(七)」および前掲『御殿場市史7 近代史料編Ⅲ』三六七～三六八頁。

(37) 前掲『御殿場市史7　近代史料編Ⅲ』三六七頁。
(38) 『東富士演習場重要文書類集　上巻』一三～一四頁。他に『裾野市史5　資料編近現代Ⅱ』四九七～四九八頁に富岡村と第一師団の継続協定書。
(39) 前掲『御殿場市史9　通史編下』五〇八～五一〇頁。
(40) 前掲『御殿場市史7　近代史料編Ⅲ』付表。
(41) 前掲『裾野市史5　資料編近現代Ⅱ』三五八頁、一九三八年泉村事務報告。
(42) 前掲『御殿場市史7　近代史料編Ⅲ』三八一～三八三頁。ちなみに一九一三年の滝ヶ原廠舎の使用は六～一〇月、前掲『御殿場市史6　近代史料編Ⅱ』八三八頁。
(43) 御殿場市役所高根支所所蔵の「富士演習場関係」史料中、一九五五年七月九日付文書にメモ書きされた戦時開墾面積によれば、一九四三年焼畑二五一町歩、四四年甘藷増産七二町歩とある。
(44) 小山町長「満鮮視察報告」小山町史編さん室所蔵。
(45) 前掲『歩兵第三十四聯隊史』二五八頁、『静岡民友新聞』一九三六年五月二四日。
(46) 「自昭和九・四至一一・五　歩兵第十八聯隊在満間行動調査資料」防衛研究所戦史部所蔵、および『静岡民友新聞』一九三五年八月二六日。
(47) 前掲『歩兵第十八聯隊史』一九四頁。
(48) 水見色青年団機関紙『若人』四五号、一九三四年一二月、『静岡民友新聞』一九三五年一一月一四日付でも掃討作戦における飛行機の利用が報告されている。
(49) 前掲『静岡県史　資料編20　近現代五』三九七頁。なお、Ⅰは第一大隊、Ⅱは第二大隊。
(50) 岡部牧夫『満州国』三省堂、一九七八年、七〇～七二頁。
(51) 賀茂郡町村長会長より各町村長宛通知、一九三四年一一月二四日、下河津村役場「昭和九年以降昭和十一年町村長会文書」河津町役場所蔵。
(52) 前掲「自昭和九・四至一一・五 歩兵第十八聯隊在満間行動調査資料」。
(53) 帝国在郷軍人会静岡支部長「国防思想講演会実施ノ件通牒」一九三六年六月一八日、富士市立中央図書館所蔵。
(54) 原秀男ほか編『検察秘録二・二六事件Ⅰ』角川書店、一九八九年、二一〇頁。
(55) 前掲『静岡県史 資料編20 近現代五』三八六頁。
(56) 一九三六年四月二二日「分会長会議席上指示事項」、鷹岡町分会『昭和十一年度発来翰綴』富士市立中央図書館所蔵。
(57) 前掲『静岡県史 資料編20 近現代五』七三三頁。
(58) 在郷軍人会静岡支部長「大日本国防婦人会設置方ノ件」一九三五年五月一四日、鷹岡町分会『昭和十年度発来翰綴』富士市立中央図書館所蔵。
(59) 前掲、鷹岡町分会『昭和十一年度発来翰綴』、原里村分会「昭和十三年度発来翰綴」御殿場市立中央図書館所蔵。
(60) 前掲『静岡県史 資料編20 近現代五』一三二頁。
(61) 伊東市立図書館所蔵。
(62) 昭和一二年七月市町村長会議県知事訓示要旨、河津町役場「昭和一二〜一四年 町村長会文書」。
(63) 功刀俊洋「日本ファシズム体制成立期の軍部の国民動員政策」(日本現代史研究会編『日本ファシズム2 国民統合と大衆動員』大月書店、一九八二年)、および粟屋憲太郎・小田部雄次編『資料日本現代史9 二・二六事件前後の国民動員』(大月書店、一九八四年)「解説」では、宇垣内閣流産・林内閣成立をめぐって高揚した国民の反軍感情を解消すべく、軍部は国防宣伝を展開し、これが沈静化していた国民の戦争支持熱を、日中戦争開始によって再び沸騰させる「前提」あるいは「一要因」になったと指摘している。

(64) なお、前掲、功刀「日本ファシズム体制成立期の軍部の国民動員政策」によれば、軍部は盧溝橋事件を利用して軍部の政治目標実現に都合のよい宣伝活動・世論工作を展開した。

(65) 愛国婦人会県支部が七月中に行なった慰問袋寄贈は「在満支」の県出身兵を対象としているが、地元紙のキャンペーンや各団体の戦争支持の主張では、郷土兵の姿があらわれていない。

(66) 「防護団関係書類」小笠郡大東町鷲山淑夫家文書。

(67) 『沼津市史　史料編　近代2』二〇〇一年、七五四頁。

(68) 纐纈厚『防諜政策と民衆』昭和出版、一九九一年。軍事機密の保護法制としては、一八九九年七月公布の軍機保護法・要塞地帯法があり、軍人・軍属だけでなく一般国民も対象に、軍事上の秘密の探知・収集への罰則を定めていた。軍機保護法は一九三七年、国家総力戦に見あう軍装備の近代化・戦争技術の革新によって軍機の種類・範囲が拡大し保護の必要性が増大したという理由をもって全面改正され、八月公布された。改正の背景には、国民の目から総合的な軍事情報をまず遮断し、そのうえで一方的に軍・政府の与える軍事情報を与えること、他方で国民の軍事機密保護への関心を喚起し、機密漏洩に対する国民相互の監視体制を形成するという軍や官僚のもくろみがあった。軍機保護法改正にあたっては、何が軍事上の秘密なのか、軍事秘密認定者は誰なのかにつき帝国議会での攻防があったが、軍事秘密の認定に対する軍当局の主観的判断が事実上認められる形で改正案が通過した。その結果、軍事秘密の範囲は運用者の裁量に任せられ、軍機保護法は広範囲にわたる情報操作を利用して国民を戦争に駆り立て、軍事上の機密を口実に警察・憲兵が国民を監視する手段ともなったのである。現実に、国民の相互監視・警戒体制をつくり、防諜意識を高めるために軍機保護法改正後、全国各地で防諜組織の結成が推進された。
(69) 富士郡鷹岡村「国民精神総動員懇談会の記録」富士市立中央図書館所蔵。
(70)「昭和十二年九月一日〜昭和十四年一月二十日軍事後援関係」金岡村役場文書、沼津市立図書館所蔵、西浦村役場「支那事変出征・応召兵身上関係綴」西浦村役場文書、沼津市明治史料館所蔵。
(71)「昭和十一年度、同十二年度西椎路区長日誌」西椎路区有文書、沼津市明治史料館所蔵。
(72) 前掲『歩兵第三十四聯隊史』、前掲『歩兵第十八聯隊史』。
(73) 前掲、吉田『天皇の軍隊と南京事件』四四頁、『浅羽町史　資料編3　近現代』一九九七年、四五五頁。
(74) 帝国在郷軍人会総務「帰還対策ノ件通牒」一九三八年二月二三日、帝国在郷軍人会静岡支部長「在郷軍人指導ニ関スル件通牒」一九三八年五月五日、原里村分会『昭和十三年度発来翰綴』御殿場市立中央図書館。
(75) 吉田裕・吉見義明・伊香俊哉編『資料日本現代史10　日中戦争期の国民動員1』(大月書店、一九八四年)「解説」は、一九三八年一〇月の漢口占領前後、陸海軍・内務省は民心動向につき危機感をもち、治安維持・世論指導強化への転換点となったことを指摘している。
(76) 前掲『浅羽町史　資料編3　近現代』四五六頁。
(77) 日中戦争期の戦意の全般的推移については、田崎宣義・荒川章二「総動員体制と民衆」(藤原彰・今井清一編『十五年戦争史2　日中戦争』青木書店、一九八八年)。
(78) 在郷軍人会静岡支部長「防護団結成指導に関する件通牒」一九三七年八月二三日、原里村分会『昭和十三年度発来翰綴』。
(79)『静岡県警防』一九三九年一一月号、小山町史編さん室所蔵。

(80) 静岡県「家庭防空組合組織要綱」『静岡県警防』一九三九年一一月号。
(81) 前掲『静岡県史　資料編20　近現代五』三九四頁。
(82) 警防団についての地域事例研究としては、大日方純夫『近代日本の警察と地域社会』（筑摩書房、二〇〇〇年）、第一二章「戦時防空体制と警防団の活動」。
(83) 敷地村役場「支那事変関係書類」豊岡村役場所蔵。
(84) 『静岡県社会事業概覧』一九四一年、三頁、小笠郡大東町鷲山淑夫家所蔵。
(85) 前掲『沼津市史　史料編　近代2』五八四頁。
(86) 大井新一「躍進社会事業の一年を回顧して」『静岡県社会事業』一九三七年一二月号。
(87) 「軍事援護事業の概要に就て」『静岡県社会事業』一九三八年一一月号。
(88) 『静岡県社会事業』一九四〇年六・七月号。
(89) 『静岡民友新聞』一九三七年九月三〇日、三八年一月七日、前掲『静岡県社会事業概覧』二頁。
(90) 静岡市役所「自昭和八年至昭和十三年度統計関係」静岡市文書館所蔵。
(91) 前掲『静岡県史　資料編20　近現代五』三三六〜三三七頁。
(92) 前掲、静岡市役所「自昭和八年至昭和十三年度統計関係」。
(93) 同前。
(94) なお、軍事援護事業の拡大が、一般社会事業の犠牲の代償であったことは、以下の静岡県方面委員大会における磐田郡からの発言からもうかがえる。「刻下社会経済相は甚だしき跛行（はこう）状態を呈し、且つ一面には物資不足と同時に価格暴騰し、労働力を有する者は順調の波に乗るも之に反し労働力なき者、特に方面委員対象者の多くは一層生活困難に陥る状態なり」。「長期戦下に於ける方面事業は軍事援護事業の緊要なるに反し事変勃発以来稍顧みられざるの感あるも、事変長期に亘るに伴ひ諸物価の騰貴其他に依り救護法、母子保護法適用者及カード階級としては生活上一層の脅威を感ずるやに思考せらる」。『自昭和十五年一月　方面委員関係書類』御殿場市立中央図書館所蔵。
(95)『昭和十二〜十四年町村長会文書』河津町役場文書、『静岡民友新聞』三八年一月二一日。
(96) 日中戦争期の軍事援護の全体像については、佐賀朝「日中戦争期における軍事援護事業の展開」『日本史研究』三八五号、一九九四年九月。
(97)「昭和十四年六月市町村長会議書類」、静岡県学務部「軍事援護事業に関する件通牒」一九三九年九月二八日、金岡村役場『昭和十四年度　軍事援護関係』。
(98) 前掲『静岡県史　資料編20　近現代五』三三七頁。
(99) 同前、三三八〜三四一頁。
(100) 龍山村「銃後奉公会関係書類」一九四一年、龍山村役場所蔵。
(101) 浜松市戦災資料「雑録」浜松市立中央図書館所蔵。
(102)『静岡県公報』五〇九八号、一九四四年一月二六日。
(103) 前掲『歩兵第三十四聯隊史』九七一頁。
(104) 隣接の駿東郡金岡村でも兵士慰問用の「村報」が毎月発行・発送されている。
(105) 前掲『沼津市史　史料編　近代2』七六七〜七六八頁。
(106) 前掲『沼津市史　史料編　近代2』七六一〜七六二頁。前掲、黒田編『村と戦争』において、富山県庄下村兵事係出分重信は、召集令状発送の時間・召集兵の歓送・帰還兵歓迎などが、日中戦争末期(一九四〇年末ごろないし四一年半ば)に変化し、歓送・歓迎が縮小するさまを証言している。この変化は、四一年七月の関東軍特種演習(関特演)にともなう秘密大動員と関係して生じたものと思われる。この静岡連隊区のこの事例や他の史料・証言と合わせてみると、関特演からアジア太平洋戦争の初期にいったん歓送迎が縮小するが、緒戦の勝利のなかで、通達にもかかわらず、再び歓送迎の規模がやや拡大し、一九四三年ころより再度厳しい引き締めが行なわれたものと思われる。

(107) 沼津市明治史料館所蔵「中沢田区長　昭和十七年度諸通達書類綴」、「沼津市中沢田町内会　昭和19年諸通達書綴」、「昭和19～20年各種通知綴」。

(108) 同前、中沢田区有文書による。なお金岡村は一九四四年四月に沼津市と合併し、村内の区は町内会となった。

(109) 現地での慰霊祭の折の慰霊者数などを挙げた本文の記述と戦病死者名簿の数が食い違う場合があるが、その場合は、数の多い本文の数で算出した。

(110) 前掲『歩兵第三十四聯隊史』。

(111) 前掲、兵東『歩兵第十八聯隊史』。

(112) 補充隊は連隊出動中の入営兵の教育、動員部隊の編成、出征部隊への人員補充、帰還者受け入れ、戦傷病者援護などを業務とした。

(113) 岡野勉『ある郷土部隊の航跡――静岡歩兵第百十八連隊とその周辺』自由な市民の教養大学、一九九一年、二七～二八頁。

(114) 同前、二一頁。

(115) なお、百十八連隊動員下令後、静岡では再び補充隊が編成された。同補充隊は、一九四五年四月一日、名古屋師管区歩兵第二補充隊(通称東海第二十五部隊)に改編し本土防衛部隊となった。大隊二個の部隊編制であるが、人員・馬匹(ばひつ)・兵器等は不十分で完全編制はとれなかった(前掲『歩兵第三十四聯隊史』九七〇～九七三頁)。

(116) 前掲、岡野『ある郷土部隊の航跡』三四～五一頁。

(117) 独立歩兵第十三聯隊誌刊行会編『独立歩兵第十三聯隊誌』一九八〇年。
(118) 独立歩兵第十三聯隊関係収集資料(『静岡県史 資料編20 近現代五』四〇一〜四〇五頁)、無住区作戦については、姫田光義・陳平『もうひとつの三光作戦』(青木書店、一九八九年)。
(119) 前掲、岡野『ある郷土部隊の航跡』六四頁。
(120) 前掲『独立歩兵第十三聯隊誌』二五頁。
(121) 独歩一六四大隊戦史編集委員会『ある郷土部隊の歩み――独歩一六四大隊史』一九七六年、八九頁。同書「結び」には「私たちの行動は、一面加害者であったが反面被害者であったことも事実」と記している。兵士の立場から戦場の現実を見据え、戦後の慰霊と収骨活動記録まで含んだ「部隊史」である。
(122) 同前、一四九頁。
(123) 同前、二一七〜二一八頁。
(124) 滝利郎編『ナマのガダルカナル島戦記――静岡連隊のガ島戦』一九七七年、二三頁。前掲『歩兵第三十四聯隊史』九七六頁。
(125) 前掲、滝編『ナマのガダルカナル島戦記』六八、七六頁。
(126) 同前、九八頁。
(127) 同前、一七六頁。
(128) 大東町菊浜区所蔵文書(『静岡県史 資料編20 近現代五』四一六〜四一九頁)。
(129) 支払いの大部分は国債で行なわれたという。浅岡芳郎『南遠の記録――陸軍遠江射場と住民』一九八五年。
(130) 「東京第一陸軍造兵廠遠江射場拡張ニ伴フ土地(地上物件)買収問題ニ関スル件」一九四二年五月

七日、静岡県知事より内務・農林両大臣宛報告、農林水産省農業総合研究所所蔵。

(131) 満州移民を勧められている。

(132) 松本芳徳『大井海軍航空隊』一九九〇年版、同一九九三年版。なお、同航空隊は一九四五年五月、特攻作戦隊に編成替となる。

(133) 前掲『静岡県史　資料編20　近現代五』四一九〜四二二頁。

(134) 同前、四二二〜四二五頁。

(135) 枝村三郎「大井川町の飛行場基地の歴史と地域住民」『静岡県近代史研究』第一七号、一九九一年。

(136) 金岡村役場『昭和十七年五月以降　軍用地関係綴』沼津市立図書館所蔵、金岡村役場『昭和十八年日誌』沼津市立図書館所蔵、『沼津史談』一八号、前掲『戦史叢書　海軍軍戦備(2)』。

(137) 第二復員局『第二海軍技術廠引渡目録』防衛研究所戦史部、『沼津技研物語』一九八一年、『沼津史談』一一号、『海洋音響研究会会報』五巻三号、前掲『戦史叢書　海軍軍戦備(2)』。

(138) 『沼津市史　史料編　近代2』七九一頁。

(139) 同前、六七一頁。

(140) 第二復員局『「反復」静岡県区内接収関係』防衛研究所戦史部。

(141) 同前。

(142) 防衛庁防衛研修所戦史室編、朝雲新聞社、一九七一年。

(143) 『静岡県近代史研究』第一六号、一九九〇年。

(144) 第二復員局『突撃隊引渡目録』防衛研究所戦史部。

(145) 第十五突撃隊『第十五突撃隊戦時日誌』防衛研究所戦史部、同前『突撃隊引渡目録』。

（146）『沼津史談』四六号、『沼津市史　史料編　近代2』八三五〜八三六頁。
（147）村瀬隆彦「静岡県に関連した主要陸軍航空部隊の概要（下）」『静岡県近代史研究』第一九号、一九九三年。航空機を利用した毒ガス戦は、すでに紹介したように飛行第七連隊設置時の一九二〇年代から注目されていたが、日中戦争開始から半年後の一九三八年二月、浜松陸軍飛行学校は「中支方面ニ於ケル爆撃効果ノ調査」という報告書をまとめている。上海、南京等の爆撃効果に関する調査研究である。報告では、爆撃が陣地破壊を目的とするのか、それとも人命殺傷を目的とするのか爆撃目的を確立する必要があると指摘し、さらに爆撃法の再検討と並んで、爆撃の威力を高めるためには、瓦斯弾・焼夷弾の効力につき研究を進める必要があるとして以下の提言をしている。「右ノ如キ目標（野戦陣地攻撃など―引用者注）ニ対シテハ瓦斯弾（一時弾若クハ持久弾何レニテモ可ナリ）ノ殺傷効力ハ爆弾ニ比シ遥カニ大ナルモノアルベク研究ノ要アリ」、「中支那方面支那家屋ニ対シテハ焼夷弾ノ効力ハ大ナルモノアルベシ。支那家屋ノ破壊ニハ五十瓩或ハ百瓩ノ短延期信管附爆弾ヲ以テ破壊シ得ルガ如キモ爆風ニヨリ破壊スル為ニハ二百五十瓩以上ナルヲ要スルガ如ク、従ツテ焼夷弾ニ依ル焼却ノ方遥カニ容易ナリ」（村瀬隆彦氏所蔵資料）。すべては、いかに効率的に人を殺傷できるか、都市を破壊できるかという観点からの提言であり、攻撃目標に対して軍と民間の区別がないことが特徴であった。こうした発想の延長上に、航空機毒ガス攻撃の部隊レベルの訓練が始まったのである。
（148）前掲『静岡県史　資料編20　近現代五』四二五〜四二七頁。
（149）村瀬隆彦「静岡県に関連した主要陸軍航空部隊の概要（上）」『静岡県近代史研究』第一八号、一九九二年。
（150）「米国戦略爆撃調査団報告書」『静岡県史　資料編20　近現代五』一〇二〇〜一〇三四頁。
（151）『新居町史2　通史編下』一九九〇年、三六〇〜三六八頁、清野次男編『浜名海兵団の思い出』一

九七八年、杉浦克巳編『艦砲射撃のもとで――新居の戦争』一九九七年。

(152) 前掲『「反復」静岡県区内接収関係』。ただし肝心な武器はほとんどゆきわたらなかった。

(153) 前掲『静岡県史 資料編20 近現代五』四一一～四一五頁。

おわりに

(1) 宮地正人「日本的国民国家の確立と日清戦争」(比較史・比較歴史教育研究会編『黒船と日清戦争』未來社、一九九六年)は、日本が帝国主義的国家段階に移行していく過程を視野に入れたスケールの大きな魅力的な論考であり、国民国家の確立が「すべて日清戦争に関係し、日清戦後の時期に求められる」という指摘は、宮地の論旨の限りで非常に説得力をもつ。本書もまた、宮地と同様に日清戦争および日清戦後期は、国民意識の確立にとって不可欠な時期であったと考えている。しかし同時に、国民形成・国民統合の日本的達成には、やはり日露戦争の国民的経験が不可欠ではなかったのか、と考えている。

(2) 土田宏成「陸軍軍縮時における部隊廃止問題について」『日本歴史』五六九号、一九九五年一〇月。

(3) 歩兵連隊以外の諸部隊への郷土部隊意識の本格的定着は、満州事変時と考えている。

(4) 満州事変は大戦争ではないので、民衆は日露戦争時のような勤倹貯蓄・生活改革・国債購入・増税負担というわが身を削る奉公を強いられたわけではない。にもかかわらず国土が大規模に拡大し国威は広がった。街頭的熱狂の生成はこのような事態とかかわろうか。

(5) 学校生徒・児童も、従来以上に徹底した銃後後援を展開し、戦争熱の盛り上げに貢献した。その背景には軍事教練・青年訓練を通じて、学校と教師が軍事教育に恒常的にかかわりはじめたことがあろうが、この点の検討は今後の課題としたい。

（6）ただし、第二次改定交渉に当たって、農民の生存そのものにかかわる権利として土地所有権という観念が堅持されたことは、戦後の東富士の運動につながるものとして注目しておかねばならない。また、演習激化により演習場からの廃弾収入が大幅増加する一方で耕作のためには演習場に入れないという関係——村財政には利益を与えるが、地域農民の日常生活には脅威、不便を強いる——は、地域農民と軍を金銭的でドライな関係、すなわち演習場利用関係からみても地域と軍隊の関係の稀薄化をもたらしたのではないか、と考える。

（7）国民精神総動員運動の長期的展開、大政翼賛運動への発展、町内会・部落会・隣組の全国的整備は、このような銃後の変容という面からも検討する必要があるのではないかと考えている。

（付記）本書校了まぎわに、桧山幸夫編著『近代日本の形成と日清戦争——戦争の社会史』（雄山閣、二〇〇一年）が刊行された。同書は、国民形成過程における日清戦争の意義、日清戦争期の民衆の戦争動員に関する本格的な共同研究・地域実証研究の成果と思われる。この地域事例研究の成果をふまえ本書での日清戦争期の位置づけにつき再検討をする必要があろうが、その点は今後の課題としたい。

補　章

（1）近世の城は兵力の集中・出動拠点であったとはいえ、常態としては行政拠点であったが、近代国家では軍事と一般行政が分化し、東京を除けば、城を軍事部隊が占有し、行政機関は城外に押し出された。都市構造の軍事性は強まったといえよう。

（2）「兵営で活きる封建思想を脱して産業繁栄で活きる方策を講ぜよ」（第三章）という軍事依存脱却の都市自立論・産業立国論である。

(3)　ある意味では、このような親和性と批判性の微妙なバランスが形成されたからこそ、軍隊は地域社会に受け入れられることができたともいえる。軍権力による社会の制圧が強まれば反発は内攻し、親和性・共存関係もまた弱体化した。

(4)　私事であるが、静岡県東部に生まれ育ち、たまたま県中部の静岡市で就職先を得、数年の後、本研究調査の利便性も考慮し、現在も軍事都市性を有する県西部の浜松市に住居を構えた。

(5)　遠藤芳信「一八八〇～一八九〇年代における徴兵制と地方行政機関の兵事事務管掌」『歴史学研究』四三七号、一九七六年一〇月。

(6)　拙稿「「軍隊と地域」研究の現状と課題」(『横浜開港資料館紀要』第三七号、二〇二一年三月)において『地域のなかの軍隊』(全九巻)の紹介と論評を行なった。

あとがき

元来、民衆運動史・民衆生活史を専門にしてきた私が、このようなテーマで最初の単著を書くことになるとは、夢にも思っていなかった。十数年前、静岡大学に赴任する直前まで、私は法政大学大原社会問題研究所の兼任研究員として、二村一夫氏の指導のもとで『社会・労働運動大年表』の編集作業に携わる一方で、船員の戦時史をまとめあげるため、海事産業研究所や日本郵船史料室、防衛研究所戦史部図書館(徴用船史料)に通い続けていた。

しかし、その研究計画は静岡に行くと同時に、もろくも破綻していった。私は黒羽清隆氏の後任として職についたのだが、黒羽氏の戦争史を聴いてきた学生たちに、横山源之助の下層社会論を語ってもなかなか受けいれてもらえず、教育学部という学部での歴史教育という面も考慮して、次年度からの講義は、政治史中心に切り替えた。こうして私の政治史・軍事史の再学習が始まった。研究時間に大きく食い込んだのは、静岡への赴任早々に引き込まれた『静岡県史』の仕事だった。『静岡県史　近現代編』は私が参加した時期には繁忙期を迎え、毎年一冊を専門委員総がかりで刊行する体制をとっていた。私が編集や執筆に当たった『静岡県史　近現代編』は七冊に及ぶが、その県史で私が担当した分野は、主として軍事史、および政治史であった。理由は単純明快、当時の専門委員のなかで、この分野を担当できる者が不足していたこと、そして私が一橋大学社会学研究科で藤原彰氏のゼミに所属していたことであった。こうして、船員史の史料は埃をかぶりはじめ、私の研究室は静岡県内各地で収集した兵事史料であふれていった。

もう一つは、これも静大赴任早々、静岡県近代史研究会事務局長という役が回ってきたことであった。私が事務局長を受けた当時(以後七年に及ぶ)、会員数は一八〇人程度だったが、この研究会が共同研究の目標に掲げていたのが、静岡県下の十五年戦争研究であった。この共同研究の成果は『史跡が語る静岡の十五年戦争』(青木書店、一九九四年)としてまとまった。

また、その間の一九九二年度後半、国内研究制度を利用して、琉球大学に滞在する機会を得た。ここでは、沖縄戦および沖縄の復帰運動と基地問題史料を収集しつづける一方で、好んで普天間基地の付近に住いを構えて実地に得がたい基地体験をした。沖縄では、金城正篤氏に大変御世話になった。

こうして、いつの間にか私は静岡県内では、軍事史、政治史を看板に掲げることになってしまった。一九九七年春、私は静大内で新設の情報学部に移ったため、浜松市に住居を移したが、ここでも毎日、航空自衛隊浜松基地の訓練を眺めつつ、浜松の基地問題史を調べはじめ、そして距離的にぐっと近づいた戦前の軍都豊橋が視野に入ってきた。また、県東部では、一九九一年から『沼津市史』(近現代部会長中村政則氏)に参加し、主として軍事史を担当させてもらったことで、県史の時よりさらに大量の、この地域の兵事史料を集める条件に恵まれた。

そしてこのような地域にどっぷり浸かった研究生活を送っていた一九九五年末、旧知の金澤史男氏から本シリーズへの参加の誘いを受け、その巧みな弁に乗ってしまったのが、そもそもの「苦難」の始まりであったが、金澤氏をはじめ大門正克・柳沢遊・安田浩氏ら本研究会各氏の広く鋭い問題意識に刺激を受けるなかで、何とか一応のまとまりを得ることができた。民衆運動史・民衆生活史を研究領域としてきた者が、社会史的観点から描いた軍隊と地域の関係史論として、研究史に一石を投じることができれば幸いである。

本書は、書き下ろしによるものであるが、全体のベースは『静岡県史　通史編5〜6(近現代一〜二)』(一九九六〜九七年)、および『静岡県史　資料編18〜20(近現代三〜五)』(一九九一〜九三年)での私の執筆部分であり、第一章の一部で「静岡県における初期兵事行政と徴兵援護団体の成立」(『静岡県史研究』第八号、一九九二年)、および「台湾植民地化と郷土兵」(『沼津市史研究』第四号、一九九五年)を用い、第二章・第三章の一部で「基地の町浜松の歴史的前提」(平成一〇年度〜一一年度科学研究費補助金基盤研究A研究成果報告書「情報化社会における地域産業・社会の階層構造変容と地域住民の生活変容――広域圏内での静岡県浜松市の比較調査研究」)を利用した。これらに大幅な加筆・修正を行ない、さらに第二章の後半および第四章を中心に本書のための書き下ろしを加えた。

本書は、上記の自治体史や静岡県近代史研究会への参加なしにはまとまりえなかった。静岡県史近現代史部会の原口清、海野福寿氏ら専門委員・協力委員の方々、沼津市史近現代史部会専門委員の諸氏、そして静岡県近代史研究会の会員の皆さんに感謝したい。とくに研究会の村瀬隆彦氏には、資料提供も含めて御世話になった。また、史料の閲覧関係では、『静岡民友新聞』『静岡新報』、その他県史収集資料につき、静岡県歴史文化情報センターに、富士裾野関係の史料については御殿場市立図書館に、豊橋・浜松の地域紙や郷土資料については豊橋市立図書館および浜松市立中央図書館に大変御世話になった。

ふり返ってみれば、早稲田大学の時代は由井正臣氏に卒論をみていただき、修士時代は立教大学で粟屋憲太郎氏に政治史の原史料解読など研究上の手ほどきを受け、一橋大学社会学研究科では藤原ゼミに所属した。また、大学院時代産業報国会研究で指導を受けた神田文人氏は、その後次々と軍事史の成果を発表されている。結局、私は軍事史・政治史の専門家を師とし、大学院まであゆみ続けたことになる。これらの諸先生との出会いなしに、本書はありえなかった。また、当時の藤原ゼミは須崎慎一・吉田裕・功刀俊洋・纐纈厚氏ら軍事史・政治史の若手論客を集めていた。彼らの刺激的な報告を日常的に聞きつづけるという経験なしに、本書は生まれなかったであろうし、本書を書くうえで、目標となり、導きの糸となったのも彼らの研究業績であった。

最後に、大学をめぐる状況が厳しく、学内の諸業務にエネルギーを割かれる日々が続いたとはいえ、原稿執筆は遅れに遅れ、本シリーズ刊行開始当時の青木書店編集部の島田泉氏、そして現在の担当者である末松篤子氏には、御世話になりました。感謝いたします。

二〇〇一年五月

荒川章二

岩波現代文庫版あとがき

本書『増補　軍隊と地域――郷土部隊と民衆意識のゆくえ』は、二〇〇一年に刊行した単行本『軍隊と地域』に補章を加えたものである。補章では、同単行本執筆の背景にあった問題関心や方法論、そして対象の性格、および刊行後に執筆した軍事史と社会史が交錯する分野での私のいくつかの仕事を、研究史の中に位置づけてみた。

ちょうど二〇年前に刊行した同単行本は、補章の最初にも記したように、〈シリーズ　日本近代からの問い〉の一冊として刊行したものであり、その際には、〈軍隊と地域〉関係史の視点に拠って「日本近代からの問い」を受けとめる、という執筆意図によりあえて副題は付していない。しかしながら、本文庫版は同シリーズから切り離して刊行されるため「軍隊と地域」だけでは内容が伝わり難いということから、岩波書店編集部の議論も参考にして新たに副題を付した。補章でも触れたように、「郷土部隊」(および郷土兵)は、私の〈軍隊と地域〉関係史の議論のキー概念をなす。そして近代の各地域社会が、そこで育った成年男子を徴集・召集して編成した部隊を、しだいに郷土部隊と認識し支えていく過程(郷土部隊意識を媒介にして国軍意識が形成されてゆく)、にもかかわらず対外侵略戦争が拡大・長期化するなかでそのような軍隊と地域社会の関係性が稀薄化し、敗戦・被占領によって「関係性」の終焉としての軍隊の解体を迎え、その現実を受容する歴史過程の「揺れ」を「ゆくえ」に込めた。

ところで、社会運動史(一九六〇年代社会論)や震災史などあれこれ寄り道しつつも、最近の自身の仕事の中心に据えているのは、二つの師団の衛戍都市として最大の軍都であった東京を中心とした首都の軍隊論である。『地域のなかの軍隊2 関東 軍都としての帝都』(編著、二〇一五年)以来の遅々とした取り組みであるが、近衛師団という、他師団とは異なる全国区の徴集・召集体制を敷き、天皇・皇居の親衛隊的守衛を主任務とする軍隊を包み込んだ首都の軍事環境を、軍隊と地域社会・地域民衆あるいは軍隊と東京市民という視角(とりわけ東京市民の郷土・地域住民意識の異質性)から追跡する作業は、否応なく静岡県という一地方を主たるフィールドとして提示した認識枠組みの再考、修正を迫ってくる。すでに脳が硬くなる歳ではあるが、資料と事実に寄り添って歴史を細部から直視し、柔軟に認識枠組みを鍛え直していく、そのような歴史学の基本的作法を心に留めつつ、自問自答をくり返している昨今である。私にとっての「軍隊と地域」論が二度目の山を迎えている時、増補版として、自著の研究史的意義と課題を再確認する貴重な機会を与えていただいた吉田浩一氏ら岩波書店編集部に感謝したい。

二〇二一年二月

荒川章二

『軍隊と地域』は〈シリーズ　日本近代からの問い〉の一冊として二〇〇一年に青木書店より刊行された。岩波現代文庫への収録に際し、「補章　『増補　軍隊と地域』に寄せて」を加え、書名を『増補　軍隊と地域――郷土部隊と民衆意識のゆくえ』とした。

索　引

あ 行

か 行

さ 行

た 行

な 行

は 行

ま 行

や 行

ら 行

増補 軍隊と地域――郷土部隊と民衆意識のゆくえ

2021 年 4 月 15 日　第 1 刷発行

著　者　荒川章二（あらかわしょうじ）

発行者　岡本　厚

発行所　株式会社 岩波書店
〒101-8002 東京都千代田区一ツ橋 2-5-5
案内 03-5210-4000　営業部 03-5210-4111
https://www.iwanami.co.jp/

印刷・精興社　製本・中永製本

ISBN 978-4-00-600436-1　　Printed in Japan

岩波現代文庫創刊二〇年に際して

二一世紀が始まってからすでに二〇年が経とうとしています。この間のグローバル化の急激な進行は世界のあり方を大きく変えました。世界規模で経済や情報の結びつきが強まるとともに、国境を越えた人の移動は日常の光景となり、今やどこに住んでいても、私たちの暮らしは世界中の様々な出来事と無関係ではいられません。しかし、グローバル化の中で否応なくもたらされる「他者」との出会いや交流は、新たな文化や価値観だけではなく、摩擦や衝突、そしてしばしば憎悪までをも生み出しています。グローバル化にともなう副作用は、その恩恵を遥かにこえていると言わざるを得ません。

今私たちに求められているのは、国内、国外にかかわらず、異なる歴史や経験、文化を持つ「他者」と向き合い、よりよい関係を結び直してゆくための想像力、構想力ではないでしょうか。

新世紀の到来を目前にした二〇〇〇年一月に創刊された岩波現代文庫は、この二〇年を通して、哲学や歴史、経済、自然科学から、小説やエッセイ、ルポルタージュにいたるまで幅広いジャンルの書目を刊行してきました。一〇〇〇点を超える書目には、人類が直面してきた様々な課題と、試行錯誤の営みが刻まれています。読書を通した過去の「他者」との出会いから得られる知識や経験は、私たちがよりよい社会を作り上げてゆくために大きな示唆を与えてくれるはずです。

一冊の本が世界を変える大きな力を持つことを信じ、岩波現代文庫はこれからもさらなるラインナップの充実をめざしてゆきます。

（二〇二〇年一月）